JN194394

水産・食品化学
実験ノート

落合芳博・石崎松一郎・神保 充　編

恒星社厚生閣

発刊にあたって

　日本水産学会の水産教育委推進員会において，水産教育の見直しや改革がいろいろと議論されてきました．その流れの中で，学生実験も検討の対象となり，情報共有や意見交換が行われました．全国に点在する水産系の教育機関では，さまざまなテーマで教育が行われてきたにもかかわらず，どのようなことが行われてきたのかについては，お互いによく知らなかったというのが実状です．そこで，先ずは水産化学系の問題点を探ることを目的として平成29年3月にミニシンポジウム「実験・実習再考－水産化学・食品系で扱うべき内容」を開催し，情報や意見の交換を行いました．それを受けて，水産系で使える学生実験のテキストを上梓しようということになり，協力者を募ることにしました．ミニシンポジウムの準備のために収集したデータをもとに，テーマと執筆者の選定にあたり，多くの先生方にお声掛けしたところ，ほとんどの方からご快諾いただきました．

　授業の一環としての位置づけにもかかわらず，多種多様なテーマが，授業時間内で完結し最大の効果をあげるように工夫されているという意味では，学生実験といえども内容は洗練されています．水産化学・食品系の学生実験について全国規模の内容をこの一冊に盛り込んだという点では，初めての集大成と言えますし，水産学関連の資源の一つとも考えられます．本書でカバーした内容は基礎から応用，古典的なものから先端的なものまで多岐にわたります．紙面の都合で盛り込めなかったテーマも少なくありません．水産系のみならず，食品系の実験授業，さらには学生実験の教材として扱われる場合は，それぞれの設備や環境に合わせて多少のアレンジが必要かと考えます．また，高校での実験やクラブ活動においても活用いただけるものと思いますし，水産生物や食品などに興味をお持ちの方々にも手に取っていただければ幸いです．なお，本書で紹介した実験法は公定法ではないため，そのまま研究に適用されることがないよう，ご留意ください．

　編集を進めて気がついたことは，同じ実験項目でも操作や器具の扱い方などで各々の「流儀」があるため全体の統一感に欠けることでしたが，いわば大同小異であり，本質的には違わないものと判断しました．そのような溝もいずれ解消されていくものと信じています．それよりも，実に多様なテーマが取り上げられ教育実践されていたことが改めて浮き彫りにされました．実験に割ける時間は年々，減少傾向にあることを耳にしますが，不足分を補うためにも本書を役立てていただければと思います．本書を通して読んでいただければ，「こんな事もできるのか」，「こんなやり方もあったのか」など，驚きや発見があろうかと思います．また，「学生の時に習っていれば」とか「これから是非試してみたい」などと思われる方もおられることでしょう．ということは，座学の教科書，あるいは読みものとしても有用ではないかと感じ始めているところです．

　末筆ながら，多忙なスケジュールを割いて寄稿いただいた先生方，必ずしもオープンではなかった内容を公開していただいた先生方に対して，ここに深く感謝申し上げます．また，終始ご協力いただいた恒星社厚生閣の小浴正博氏にこの場を借りて感謝致します．

2019年2月吉日　冬景色の青葉山にて

編者を代表して　　落合　芳博

水産・食品化学実験ノート
執筆者一覧 (50 音順)

浅 川　　学　1957 年生，北海道大学大学院（水・博）修了．
現在，広島大学大学院生物圏科学研究科教授．

荒 川　　修　1960 年生，東京大学大学院（農・博）修了．
現在，長崎大学大学院水産・環境科学総合研究科教授．

安 藤 正 史　1964 年生，京都大学大学院（農・博）中退．農博．
現在，近畿大学農学部教授．

*石 崎 松 一 郎　1964 年生，東京水産大学大学院（水・博）中退．水博．
現在，東京海洋大学学術研究院食品生産科学部門教授．

井 上 徹 志　1966 年生，京都大学大学院修了．博士（理学）．
現在，長崎大学大学院水産・環境科学総合研究科教授．

潮　　秀 樹　1964 年生，東京大学大学院（農・博）修了．
現在，東京大学大学院農学生命科学研究科教授．

大 泉　　徹　1956 年生，北海道大学大学院（水・博）修了．
現在，福井県立大学海洋生物資源学部教授．

尾 島 孝 男　1956 年生，北海道大学大学院（水・博）中退．水博．
現在，北海道大学大学院水産科学研究院教授．

*落 合 芳 博　1957 年生，東京大学大学院（農・修）修了．農博．
現在，東北大学大学院農学研究科教授．

金 子　　元　1977 年生，東京大学大学院修了．博士（農学）．
現在，ヒューストン大学ビクトリア校 Assistant Professor.

小 山 智 之　1967 年生，琉球大学大学院修了．博士（医学）．
現在，東京海洋大学学術研究院食品生産科学部門准教授．

佐 伯 宏 樹　1958 年生，東京水産大学水産学部卒．博士（水産）．
現在，北海道大学大学院水産科学研究院教授．

嶋 倉 邦 嘉　1962 年生，東京水産大学大学院（水・博）修了．
現在，東京海洋大学学術研究院食品生産科学部門准教授．

白 井 隆 明　1953 年生，東京大学大学院（農・博）修了．
現在，東京海洋大学サラダサイエンス（ケンコーマヨネーズ）
寄附講座特任教授．

*神 保　　充　1967 年生，東京工業大学大学院（博士（理学））修了．
現在，北里大学海洋生命科学部准教授．

埜 澤 尚 範　1963 年生，神戸大学大学院（自然科学・博）中退．農博．
現在，北海道大学大学院水産科学研究院准教授．

平 山　　真　1978 年生，東京大学大学院修了．博士（農学）．
現在，広島大学大学院生物圏科学研究科講師．

福 島 英 登　1975 年生，東京大学大学院修了．博士（農学）．
現在，日本大学生物資源科学部准教授．

真 鍋 祐 樹　1988 年生，京都大学大学院（農・博）中退．
現在，京都大学大学院農学研究科助教．

水 田 尚 志　1965 年生，京都大学大学院（農・博）修了．
現在，福井県立大学海洋生物資源学部教授．

森 岡 克 司　1962 年生，京都大学大学院単位取得退学．博士（農学）．
現在，高知大学教育研究部自然科学系農学部門教授．

山 口 健 一　1968 年生，九州大学大学院単位取得退学．博士（農学）．
　　　　　　　現在，長崎大学大学院水産・環境科学総合研究科准教授．

良 永 裕 子　1958 年生，東京大学大学院（農・博）修了．
　　　　　　　現在，麻布大学生命・環境科学部食品生命科学科教授．

和 田 律 子　1972 年生，京都大学大学院指導認定取得退学．博士（農学）．
　　　　　　　現在，国立研究開発法人水産研究・教育機構水産大学校准教授．

＊は編者

目 次

発刊にあたって　　　　　　　　　　　　　　　　　　　　　　　（落合芳博）…3

第1章　実験をはじめる前に　………………………………………………10

　1．実験の心得と注意点　　　　　　　　　　　　　　　　　（落合芳博）…10
　2．安全対策　　　　　　　　　　　　　　　　　　　　　　（荒川　修）…12

第2章　化学実験の基礎　……………………………………………………16

　1．容量分析　　　　　　　　　　　　　　　　　　　　　　（埜澤尚範）…16
　　　1）中和滴定（16）　2）酸化還元滴定（19）
　2．重量分析　　　　　　　　　　　　　　　　　　　　　　（埜澤尚範）…22
　　　コラム　天秤の精度について（23）
　3．一般成分分析　　　　　　　　　　　　　　　　　　　　（森岡克司）…24
　　　1）水分（24）　2）粗タンパク質（24）　3）粗脂質（26）　4）粗灰分（28）
　4．比色分析　　　　　　　　　　　　　　　　　　　　　（石崎松一郎）…30
　　　コラム　妨害物質（33）

第3章　栄養素の基本分析　…………………………………………………34

　1．ビタミンの定量　　　　　　　　　　　　　　　　　　　（小山智之）…34
　　　コラム　ビタミン類の定量法（37）
　2．ミネラルの定量　　　　　　　　　　　　　　　　　　　（小山智之）…38
　　　1）ナトリウムとカリウムの定量法（38）　2）鉄の定量法（40）
　　　コラム　食品成分表に掲載されている13種類のミネラル（43）　食塩相当量（43）
　3．有機酸の定量　　　　　　　　　　　　　　　　　　　　（福島英登）…44
　4．食物繊維の分析　　　　　　　　　　　　　　　　　　　（小山智之）…46
　　　コラム　食物繊維のカロリー計算（51）　変遷する食物繊維の分析法（51）
　5．グリコーゲンの定量　　　　　　　　　　　　　　　　　（良永裕子）…52
　　　コラム　デンプンとグリコーゲン（54）　二枚貝の味（55）
　　　　　　　マイクロプレートリーダー（55）
　6．高分子物質の粘度と分子量の測定　　　　　　　　　　　（和田律子）…56

第4章　タンパク質分析　……………………………………………………60

　1．タンパク質の分画と比色定量　　　　　　　　　　　　（石崎松一郎）…60
　　　1）タンパク質の分画（60）　2）分画した魚肉タンパク質の比色定量（63）
　　　コラム　イオン強度（65）　筋肉の構成タンパク質（65）
　2．ゲル電気泳動によるタンパク質の純度検定と分子量の推定　（尾島孝男）…66

3. 質量分析によるタンパク質の同定　　　　　　　　　（尾島孝男）…70

4. 魚類の消化酵素の反応特性（温度，pH 依存性）　　　（神保　充）…74
　　コラム　粗酵素液の取り扱いについて（77）

5. 酵素の活性染色　　　　　　　　　　　　　　　　　（神保　充）…78

6. 魚類筋原繊維タンパク質の調製　　　　　　　　　　（大泉　徹）…80

7. ATPase 活性の測定　　　　　　　　　　　　　　　（大泉　徹）…82

8. 熱変性速度恒数の算出　　　　　　　　　　　　　　（大泉　徹）…86

9. コラーゲンの分離および定量　　　　　　　　　　　（水田尚志）…88
　　1）ペプシン消化による未変性コラーゲンの分離法（88）
　　2）比色分析によるコラーゲンの定量法（90）
　　コラム　Hyp 含量からコラーゲン含量への換算係数（92）
　　　　　　Hyp 定量における加水分解後の試料調製（92）　水産動物筋肉のコラーゲン含量（93）
　　　　　　コラーゲン溶液の透析（93）

10. 筋肉色素の抽出と定量　　　　　　　　　　　　　　（落合芳博）…94
　　コラム　ミオグロビンとヘモグロビン（97）

11. 海藻の色素タンパク質（抽出および吸収スペクトルの測定）　（山口健一）…98
　　コラム　フィコビリタンパク質とフィコビリソームの構造・機能（100）

第5章　脂質の分析　　　　　　　　　　　　　　　　　　　　　　　　102

1. 脂質の染色，含量測定および酵素分解　　　　（潮　秀樹・金子　元）…102
　　1）Oil red O 染色（102）　2）脂質含量の測定（Bligh & Dyer 法）（103）
　　3）酵素反応による脂質の分解（104）
　　コラム　魚種によって異なる脂質分布（107）

2. 薄層クロマトグラフィーによる脂質の分離　　　　　（安藤正史）…108
　　コラム　麻酔にも？　使えたジエチルエーテル（110）
　　クロマトグラフィーの父：ツウェット（111）

3. 脂質の過酸化物価と酸価の測定　　　　　　　　　　（真鍋祐樹）…112
　　1）過酸化物価の測定（112）　2）酸価の測定（113）
　　コラム　脂質の酸化と化学構造（115）

4. 脂肪酸の分析　　　　　　　　　　　　　　　　　　（安藤正史）…116

第6章　食品中の危害物質分析　　　　　　　　　　　　　　　　　　118

1. 微生物実験（食品中の細菌数測定と細菌の形態観察）　（井上徹志）…118
　　コラム　細菌の形態（121）　食品に対する微生物の規格基準（121）

2. アレルゲンの検出と定量　　　　　　　　　　　　　（嶋倉邦嘉）…122
　　コラム　パルブアルブミンの精製（125）

3. ヒスタミンの検出と定性　　　　　　　　　　　　　（良永裕子）…126

第7章　応用分析　………………………………………………………………… 128

1. エキス窒素および遊離アミノ酸の定量　　　　　　　　　　　（森岡克司）…128
   1) エキス窒素の定量（128）　2) 遊離アミノ酸の定量（129）
   コラム　生体中の遊離アミノ酸（131）
2. 物性測定　　　　　　　　　　　　　　　　　　（和田律子・福島英登）…132
   1) 魚肉の物性測定（和田律子）（132）　2) かまぼこゲルの物性測定（和田律子）（133）
   3) 魚肉すり身の坐り速度解析と活性化エネルギーの算出（福島英登）（136）
   コラム　食品の物性測定では「噛んで」みる（138）　かまぼこのゲル形成の仕組み（139）
3. 酵素反応速度の解析　　　　　　　　　　　　　　　　　　　（埜澤尚範）…140
4. ATP 関連化合物の抽出と鮮度判定　　　　　　　　　　　　　（埜澤尚範）…146
5. 缶詰・レトルト食品における殺菌効果の評価　　　　　　　　（佐伯宏樹）…152
   コラム　ボツリヌス菌を対象とした安全性確保（155）
6. 核酸の分析による魚種判別　　　　　　　　　　　　　　　　（平山　真）…156
   1) DNA の抽出（通常）（156）　2) DNA の抽出（簡易法：アルカリ溶解法）（158）
   3) PCR-RFLP 法による DNA 分析（159）
7. バイオインフォマティクス　　　　　　　　　　　　　　　　（平山　真）…162
8. キチンの精製と D- グルコサミン結晶の単離　　　　　　　　（浅川　学）…166
   1) ズワイガニ甲殻からのキチンの精製（166）
   2) D-グルコサミン（塩酸塩）の精製（169）　3) 融点の測定（172）
   コラム　キチンの表面構造（173）
9. 食品中の色素の分離と定性　　　　　　　　　　　　　　　　（良永裕子）…174
   コラム　海藻の主な脂溶性色素（176）　注目される水産物カロテノイド（177）
10. 食品添加物の分離と定量　　　　　　　　　　　　　　　　　（良永裕子）…178
    コラム　食品添加物の使用基準（181）
11. 味の官能検査　　　　　　　　　　　　　　　　　　　　　　（白井隆明）…182
    1) 濃度差識別検査（182）　2) 5 味の識別検査（183）
    コラム　官能検査（185）

第8章　実験を行った後に　……………………………………………………… 186

1. データのまとめ方　　　　　　　　　　　　　　　　　　（石崎松一郎）…186
   コラム　有効数字（188）　変量データ解析（189）
2. 情報処理実習　　　　　　　　　　　　　　　　　　　　　（安藤正史）…190
   コラム　有意差検定の悩み（192）　IT 進化の功罪（193）
3. レポートの書き方　　　　　　　　　　　　　　　　　　　（落合芳博）…194
   1) 作成上の注意点（194）　2) 図表の体裁と引用（195）　3) 文献の引用（196）
   4) 仕上げ（196）　5) 著作権（知的所有権）への配慮（196）　6) 口頭発表（197）
   7) 文献リストの書き方（例）（197）

索　引　　　　　　　　　　　　　　　　　　　　　　　　　　　　　　　…198

第1章 実験をはじめる前に

1. 実験の心得と注意点

　実験は座学（講義）で学習した内容を実際に確認して身につけるという位置づけにあり，非常に重要である．講義内容をすべて実験により確認することは，時間や設備などの関係で可能ではない．しかし，特に重要なテーマについて実験講義が開かれるのが普通であるから，最大の学習効果をあげられるように臨むべきである．以下に，心得と注意点をまとめる．

1) 予　習

- 実験テキストが配られていれば事前によく読んで，目的，方法（原理，手順など）について理解しておく．必要に応じて関連書籍などをあたり，不明な点は解決しておく．
- 専用の実験ノートを準備し，予習をかねて，実験テキストの内容を自分なりにまとめ直しておく．
- 実験中は机上にノートを置くスペースは一般になく，また使用する薬品などによって汚損することがあるので，実験経過や測定データを書き込めるように，あらかじめ記入欄を設けておくなど，ノートを整理しておくとよい．あわせて問題点も整理しておく．実験には万全の態勢で臨むことが重要である．

2) 講義説明

- 実験の開始にあたり担当教員などから重要なポイント，使用テキストの変更点などについて注意があることが多い．説明をよく聞き，要点を書き留めておく．
- 特に危険を伴う操作，毒劇物などの使用法，実験廃液の処理法については，くれぐれも指示に従うようにする（本章2. を参照）．

3) 服　装

- 作業に入るまでに実験衣（自分の体のサイズにあったもの）を着用する．ボタンはすべてはめ，袖口をしぼる．実験着は汚れやすいので，こまめに洗濯して清潔を保つようにする．
- 履物はスニーカーなど身動きしやすいものとし，ヒールの高いもの，サンダルなどは避ける．サンダルは，試薬が足にこぼれたり，刃物が机上から落下して足を怪我したりする危険性があるので，特に危険である．
- 髪が長い場合は，実験操作の邪魔にならないように束ねておく．火気を使用する場合，髪への引火を防ぐためにも重要である．
- 危険な操作を行ったり，有害な試薬を使用したりする場合などには保護メガネを着用する．マスクや手袋を着用する必要とする場合があるので，担当教員の指示に従う．

4) 実験に際して

- 共同研究者と役割分担を明確に決めておき，間違いなく進行しているかどうかを互いに確認しながら操作を進める．共同で行う場合は他人任せにせず，積極的に関わるようにする．
- 不安な点があれば担当教員らに適宜，質問し，自分たちの判断で進めない．
- 私語を慎み，実験に集中する．実験中の態度を成績評価の項目として設定している場合が多い．
- 実験に関係ないものは所定の場所に片付けておき，実験台には持ち込まない．実験室での飲食は禁止されている．
- 実験台は常に整理整頓を心がけ，不要になった試薬や器具などは元の位置に戻しておく．
- 器具などが破損した場合，試薬をこぼした場合は，担当教員に速やかに報告した後，その場で片付ける．ガラス器具の破損により生じたガラス片，危険な試薬のこぼれの取扱いには慎重に対応する．
- 実験では指定講時内で終了させるため，時間制限を伴う場合もあるが，早く終わらせようとして，一つ一つの操作が雑になるようでは，実験を行う意味がない．
- 軽率な実験操作は失敗や予期せぬ事故を招くことがあるため，それぞれの操作は慎重に行い，試料の状態の変化（色，臭いなど）を確認しながら進めるようにする．
- 予想通りの結果が得られなかった場合，どの段階が適切でなかったのかを追跡出るように，こまめに記録を取っておくとよい．
- 実験室内では速足，駆け足は禁物である．移動が必要な場合は，周囲によく注意を払い，声がけしながら，ゆっくりと足を進めることが，衝突，転倒事故および付随するさまざまな事故の防止のため必須である．ドアの開閉も，周囲に人がいないかどうかを確めて静かに行う．

5) 後片付け

- 実験操作と同様に重要である．実験開始前の状態に戻すように，器具の洗浄，ごみの廃棄や，実験台とその周辺の整理整頓，清掃を行う．
- 実験廃液の処理については，流しにそのまま捨てられないことが多いので，担当教員の指示に従う．
- 後片付けの内容や手順は実験項目，実験室の環境などにより変わりうるので，指示を仰ぎながら適切に行う．

6) データ整理

- 詳細については第8章1に譲るが，データは実験終了後，出来るだけ早い機会に整理する．実験時間内にデータまとめの指示がある場合には，それに従う．

7) レポート作成

- 整理したデータをもとに，その解釈や考察を行うが，実験そのものと同等に重要な段階であるので，十分な労力と時間をかけて，レポートを書き上げる（詳細については第8章3に譲る）．
- 担当教員からレポート作成などに関する注意事項が紹介されていれば，レポートの内容に必ず反映させる．既に講義で習っている内容であれば，習得内容と関連付けておく．

　ここまで（予習からレポート作成）が実験における一連の流れである．授業時間内に行われる実験は，卒業研究，ひいては大学院などでの高度な実験の基礎となるものであるから，実験を行う意義を最大限とするためには，時間と労力を惜しまずに内容の習熟を心掛けることが大切である．

2.　安全対策

　実験には危険が伴う．ここでは，不慮の事故を未然に防ぎ，実験を安全に行うために必要な，初歩的，一般的，あるいは最低限守られるべき注意点，ならびに万一事故が起きてしまったときの対処法について簡単に述べる．それぞれの実験項目にある「安全管理上の配慮」をあわせて参照するとともに，詳細については「実験を安全に行うために」（化学同人）などの専門書を参照されたい．

1)　基本的な安全対策

　実験中の事故は，知識不足や気の緩みから起こることが多い．使用する試薬や器具，機材の安全な取扱いについて十分に理解しておくとともに，体調を整え，集中力を高めておく．

- ・実験室では整理整頓を心がけ，物を置いたりして通路や出入口をふさぐことがないようにする．
- ・作業に適した清潔な保護衣（実験用の白衣など）を着用する．
- ・緊急シャワー，洗眼設備，自動体外式除細動器（AED）などの位置と操作法を確認しておく．

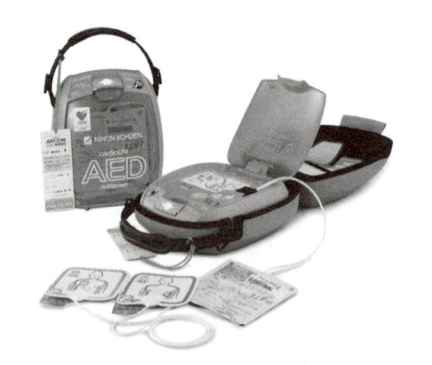

緊急シャワー　　　　　　　自動体外式除細動器（AED）　　　　　　消火器

（写真提供：日本光電工業株式会社）

2)　電気・ガスの使用と火気の取扱い

　電気・ガスの不適切な使用は，感電事故ややけど，火災，爆発などにつながる．電源コードやガス管の劣化による漏電，ガス漏れにも注意を払う必要がある．

- ・高電圧，大電流の機器にはアースをつけ，漏電が起こらないよう定期的に点検する．
- ・延長コードを使用する際は，タコ足配線を避け，許容電流を超えないよう注意する．
- ・接続部分に水がかからないよう注意する．
- ・コンロ，ガスバーナー，ストーブなどを使用する場合は可燃物を遠ざける．
- ・実験室を離れるときは必ず火を止める．
- ・ガスを使用したあとは必ず元栓を閉める．
- ・引火の恐れのある薬品を使用するときは火気厳禁とする．

・消火器や火災報知器の設置場所，火を出したときの対処法，避難路などを確認しておく．

表1　危険な物質と有害な物質

分　類		特　徴	例
危険	危険物	火災や爆発を起こす	可燃性固体，引火性液体，自己反応性物質など
	高圧ガス	火災，爆発，または中毒，酸欠を起こす	可燃性ガス，毒性ガス，液化石油ガスなど
	低温物質	凍傷や酸欠を起こす	ドライアイス，液体窒素などの低温液化ガス
有害	有毒物質	急性／慢性中毒を起こす	腐食性物質，刺激性物質，毒物・劇物など
	環境汚染物質	人の健康や生態系に影響を与える	水質汚濁物質，大気汚染物質，土壌汚染物質など

表2　分別収集区分の例

分　類			対 象 成 分
A	有機溶剤系	a 可燃性有機溶剤	炭化水素系，脂肪族酸素系，芳香族系，含窒素系などの化合物
		b 含ハロゲン系有機溶剤	脂肪族，芳香族のハロゲン系化合物
		c ホルマリン	標本用のホルマリン液
		d 重金属含有有機溶剤	重金属キレート化合物の有機溶媒溶液など
		e 廃油	石油類，植物油など
		f 水系難燃性有機廃液	水を主成分とする有機化合物の水溶液廃液など
B	シアン系	a 無機シアン化合物	遊離シアン液廃液
		b 特定シアン化合物	シアンメトヘモグロビン試薬反応液，杏仁水など
		c シアン錯化合物	難分解性シアン錯体
C	フッ素・りん酸系	a 無機フッ素・りん酸系	無機系フッ素・りん酸化合物水溶液
		b 有機物・重金属含有フッ素・りん酸廃液	有機系フッ素・りん酸化合物水溶液など
D	水銀系	a 金属水銀	金属水銀
		b 水銀化合物	無機水銀化合物，有機系水銀化合物水溶液
E	写真関係	a 現像液	写真現像液
		b 定着液	写真定着液
F	クロム硫酸系		クロム酸混液
G	重金属系	a 無機重金属	無機重金属イオン水溶液であって，フェライト妨害物質を含まないもの
		b 有機物含有重金属	フェライト生成妨害物質を含むもの
H	その他		酸，アルカリ，アミン水溶液

3) 試薬，器具などの取扱い

　実験で使用する試薬などは，それぞれが固有の危険性をもっており（表1），火災，爆発，中毒，皮膚や目，鼻，のど，呼吸器の障害など，様々な事故を引き起こす可能性がある．一方，壊れたガラス器具は外傷の原因となることが多い．実験機器，特に高温・低温装置，高圧装置，大型機械，高エネルギー装置などは操作を誤ると重大事故につながるので，使用する際は十分な知識と注意が必要である．

■試薬など

- ・安全データシート（SDS；インターネット上で入手可能）などを見て，事前に各試薬の危険性，有害性，保管・廃棄・取扱い上の注意点，事故が起きたときの措置などを十分に理解しておく．
- ・取扱いの際は，必要に応じて手袋，保護めがね，マスク，ドラフトなどを使用する．
- ・危険物は保管庫の下の方に置き，毒物・劇物は施錠できる薬品庫に入れて保管する．
- ・有機溶媒などの引火性物質は，ガスバーナーなど火気の近くに置かない．
- ・高濃度の酸・アルカリを希釈する場合は，大量の水に少しずつ添加する．
- ・試薬をこぼしたときは，すぐに取り除く（方法がわからないときは担当教員に知らせる）．
- ・試薬を使用した後は，すぐに所定の場所に戻す．
- ・ドライアイス，液体窒素などの低温物質やそれらで冷却した容器などに直接手や肌をふれない．
- ・低温液化ガスを取り扱う場合，初心者は必ず経験者の指導のもとで一緒に行う．

■ガラス器具など

- ・ガラス細工を行う場合は，保護メガネ，軍手を着け，やけどに注意する．
- ・ガラス細工や器具の破損で生じた細かなガラス片は，掃除機などを用いて完全に取り除く．
- ・壊れた器具や使用済みの注射針，刃物などは産業廃棄物用の専用容器に廃棄する．
- ・器具類は，使用後，速やかに洗浄し，所定の位置に戻す．

■機器など

- ・事前に使用説明書や操作マニュアルをよく読み，取扱い上の注意点を十分に理解しておく．
- ・必要に応じて防具を装着し，担当教員などの指示に従って操作する．

4) 廃液の処理

　実験では様々な廃液が発生する．これらのうち，実験室で処理できないものは試薬ごとに定められた方法で貯えておき，所属機関の処理施設または外部処理業者に委託して処理する．廃液の量はできるだけ少なくするよう努め，可能なものは分離・精製して再利用する．廃液をむやみに混合すると，分離に大きな手間がかかったり，回収・処理が不可能になるケースがあるだけでなく，爆発，発熱，発火，有毒ガス発生などの危険性もある．

- ・基本的に，廃液は少量でも流しに流さず，区分ごと（表2）に定められた廃液容器に貯える．
- ・酸・アルカリ廃液は，pH 7付近まで中和し，流水で希釈しながら排出する．
- ・使用器具や空の試薬ビンの洗浄液（2回目まで）は廃液として扱う．
- ・各容器に入れる廃液の量は容量の90%程度までとし，漏れないよう蓋をしっかり閉める．

5) 救急措置

　事故が起きた時は，冷静に，大きな声で事故の発生を担当教員や周りの者に知らせる．被災者を安全な場所に移動し，速やかに下記の応急処置を施すとともに，必要に応じて学内の保健管理施設を利用したり，救急車の出動を要請する．試薬による障害に対して緊急に行わなければならない処置は，各試薬の SDS に記載されているので予め確認しておく．心肺蘇生法は，知識を備えるだけでなく，救命講習などに参加して体得しておく必要がある．AED についても講習を受けるなどして，緊急時に使用できるよう備えておく．

■試薬による障害

- **皮膚に付着**：大量の流水で皮膚を十分に洗う．衣服にも付着した場合はすぐに脱がせる．水洗後，強酸の場合は飽和炭酸水素ナトリウム水溶液で，強アルカリの場合は 2% 酢酸で洗う．
- **目に入った**：十分にまぶたを広げ，流水で 15 分以上洗眼する．
- **飲み込んだ**：飲み込んだ化学物質を吐かせる（腐食性薬品の場合は吐かせてはいけない）．酸やアルカリを飲んだ時は，大量の水，牛乳，生卵，デンプンなどの水乳濁液を飲ませる．意識不明，けいれん時には，呼吸を維持することを除き，医師以外は手を下さない．
- **ガスを吸入した**：速やかに空気が新鮮な場所に移し，酸素を吸入させる．安静にして保温し，必要に応じて人工呼吸を行う．

■その他の障害

- **外傷**：ガラスや金属の破片などを除去し，傷口を洗浄後，消毒ガーゼをあてて圧迫止血を行う．指や四肢が切断されている時は，切断面を洗わずに清潔な厚手のビニール袋などに入れ，氷水で冷やしながら負傷者と一緒に救急車で病院に搬送する．
- **やけど**：やけどを負った部分の衣服や指輪などを取り除き，できるだけ早く流水（10 〜 15℃）で冷やす（最低 30 分）．軽度の場合を除き，後の処置は医師に任せる．
- **凍傷**：凍った部位を 40℃（これ以上の温度にはしない）に温めた湯の中に 20 〜 30 分間浸す．
- **骨折**：骨折箇所を確認し，副木（板，棒など）をあて，動かないよう手拭，包帯などで縛って痛みを和らげる．その後の処置は医師に任せる．
- **感電**：被災者を電源から離し，呼吸や脈拍がなければ，直ちに以下の心肺蘇生法を行う．

■心肺蘇生法

　呼吸が止まり，心臓も動いていないと思われる人に対して行う救命のための応急処置

- **人工呼吸（マウス・トゥー・マウス）**：仰向けにしてあご先を持ち上げ，気道を確保する．鼻を覆い，口から息を吹き込む．
- **心臓マッサージ（胸骨圧迫）**：胸の中央部に両手を重ねて置き，肘を伸ばし体重をかけて，100 〜 120 回／分のテンポで 30 回圧迫する．人工呼吸 2 回，胸骨圧迫 30 回を交互に繰り返す．

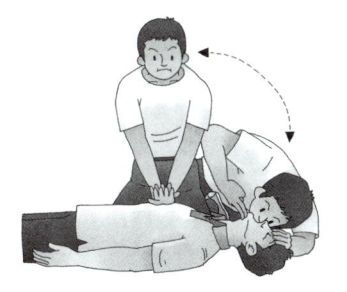

第2章

化学実験の基礎

1. 容量分析

　定量分析は化学実験の基礎として大変重要であり，容量分析，重量分析，比色分析，機器分析に大別される．このうち容量分析とは，濃度未知の検体試料溶液を一定容量とり，ここに検体と反応する濃度既知の標準液を添加して検体と反応させ，反応に要した容量から，検体試料の濃度を計算するという分析方法である．様々な反応が利用されるが，ここでは「中和滴定」と「酸化還元滴定」について述べる．

1）中和滴定

■目的

　酸とアルカリの中和反応を利用した中和滴定により濃度未知試料の定量を行う．

■理論

　試料が酸性の場合はアルカリ標準液で，アルカリ性の場合は酸標準液で中和を行う．検体試料には，あらかじめフェノールフタレインやメチルレッドなどの pH 指示薬を加えておき，中和の終点を色の変化によって判断する．酸・アルカリ標準溶液も，あらかじめ精秤し（0.0001 g の桁まで量る）作製した一次標準液により中和滴定し，正確な濃度（ファクター）を算出しておく．

■試薬・器具

試薬

0.05 M 炭酸ナトリウム標準液：無水炭酸ナトリウム（Na_2CO_3）約 1.0 g をるつぼに入れ，砂皿上で 270〜300℃，約 30 分間加熱し，デシケーターに入れて放冷する．ここから約 0.53 g をとり精秤する．蒸留水で溶解して 100 mL にメスアップする．

0.1 M 塩酸：濃塩酸（35% HCl）8.8 mL をメスシリンダーで量り，蒸留水で 1 L にメスアップする．市販の容量分析用滴定液を利用してもよい（この場合，標定は不要）．

0.1 M 水酸化ナトリウム：水酸化ナトリウム（NaOH）4.0 g をとり，蒸留水で溶解して 1 L にメスアップする．混在する Na_2CO_3 を除去するため，全量を 1 L ビーカーに移し $Ba(OH)_2$ 飽和溶液を 1.0 mL 加えてよく混ぜる．しばらく静置して上清に $Ba(OH)_2$ 飽和溶液を滴下し，まだ沈殿が生じるようであれば，上清に沈殿が生じなくなるまで，静置→滴下操作を繰り返す．上清液をポリ試薬ビ

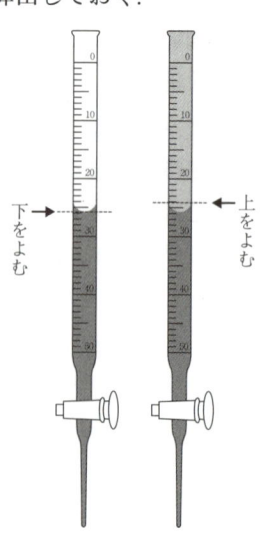

図1　白色ビュレット（左）と褐色ビュレット（右）のメニスカスの違い． 白色が下縁で，褐色は上縁で測定する．

ンに保管する．このようにして炭酸イオンを難溶性の炭酸バリウムとして除去する．反応式は下記の通り．塩酸同様，市販の容量分析用滴定液を利用してもよい（標定は不要）．

$$Na_2CO_3 \quad + \quad Ba(OH)_2 \rightarrow \quad BaCO_3 \downarrow \quad + \quad 2NaOH$$

滴定用指示薬

0.1% (w/v) メチルレッドエタノール溶液：調製する場合は，メチルレッド 0.1 g をエタノールに溶解し 100 mL にメスアップする．褐色ガラス試薬ビンに保存する．

1.0% (w/v) フェノールフタレインエタノール (90) 溶液：調製する場合は，フェノールフタレイン 1.0 g をエタノール 90 mL に溶解し，蒸留水で 100 mL にメスアップする．

器具

三角フラスコ（100 mL），ホールピペット（10 mL），ビュレット（50 mL），メスシリンダー（10 mL），メスフラスコ（100 mL, 1 L），るつぼ，ビーカー（1 L）

■操作手順

【0.1 M 塩酸の標定】

❶ 0.05 M 炭酸ナトリウム標準液 10 mL をホールピペットでとり，100 mL 三角フラスコに入れる．

❷ メチルレッドエタノール溶液を 2, 3 滴加える．この指示薬は pH 4.4 ～ 6.3（赤～黄）で変化する．

❸ 0.1 M 塩酸をビュレットにとり，コックを開けて先端までの空気抜きをする．コック操作は片手で行う．0.1 M 塩酸を足し，メニスカスを目盛 0 に合わせる（図 1 参照）．

❹ ビュレット先端に気泡がないこと，液だれがないことを確認し，滴定を開始する．開始目盛を 0.00 の桁まで読み記録する．内容液がよく混ざるように，三角フラスコを振りながら，塩酸を滴下する．

❺ 液全体が最初に黄色から橙色に変わったら，一旦，滴下をやめる．

❻ 金網上で三角フラスコをおだやかに数分間煮沸して炭酸ガスを追い出すと，色が黄色に戻る．戻らない場合は塩酸を加え過ぎている．

❼ 滴定を再開する．色が橙色から橙赤色に変わったら滴下をやめる．

❽ 滴定終点の目盛を読み記録する．以上の操作を 3 ～ 5 回繰り返す．

〈計算例〉

0.05 M 炭酸ナトリウム標準液のファクター（f_A）の求め方

精秤値が 0.5328 mg だった場合，ファクター（f_A）は，

0.5328（精秤した重量）/0.52995（式量）= 1.005

となる．つまり濃度は，0.05025 M である．

0.1 M 塩酸のファクター（f_B）の求め方

中和の反応式は，

$$Na_2CO_3 \quad + \quad 2HCl \rightarrow \quad 2NaCl \quad + \quad CO_2 \uparrow + \quad H_2O$$

滴定に要した塩酸容量が平均 10.20 mL だった場合，

10.00 mL × 0.05 M × 2 × f_A = 10.20 mL × 0.1 M × f_B

（炭酸ナトリウムのグラム当量）＝（塩酸のグラム当量）

なので，$f_B = 10.00 / 10.20 \times f_A = 0.980 \times 1.005 = 0.985$
となる．つまり濃度は 0.0985 M である．

【0.1 M 水酸化ナトリウムの標定】

基本的な操作は 0.1 M 塩酸の標定の場合と同様

❶標定した 0.1 M 塩酸 10 mL をホールピペットでとり，100 mL 三角フラスコに入れる．

❷メチルレッドエタノール溶液を 2, 3 滴加える．

❸0.1 M 水酸化ナトリウムをビュレットにとる．メニスカスを目盛 0 に合わせる．

❹開始目盛を 0.00 の桁まで読み記録し，滴定を開始する．三角フラスコを振りながら，水酸化ナトリウムを滴下する．

❺液全体が橙色を呈したら滴下をやめる．

❻滴定終点の目盛を読み記録する．以上の操作を 3 〜 5 回繰り返す．

〈計算例〉

0.1 M 水酸化ナトリウムのファクター（f_C）の求め方

中和の反応式は，

$$NaOH + HCl \rightarrow NaCl + H_2O$$

滴定に要した水酸化ナトリウム容量が平均 9.75 mL だった場合，

$$10.00 \text{ mL} \times 0.1 \text{ M} \times f_B = 9.75 \text{ mL} \times 0.1 \text{ M} \times f_C$$

（塩酸のグラム当量）＝（水酸化ナトリウムのグラム当量）

なので，$f_C = 10.00 / 9.75 \times f_B = 1.026 \times 0.985 = 1.011$
となる．つまり濃度は 0.1011 M である．

【検体の中和滴定】

　標定した塩酸または水酸化ナトリウムを用いて濃度未知試料の定量を行う．一例として酢酸を定量する場合の操作を説明する．

❶検体（酢酸）10 mL をホールピペットでとり，100 mL 三角フラスコに入れる．

❷フェノールフタレインエタノール溶液を 2, 3 滴加える．この指示薬は pH 8.3 〜 10.0（無色〜紅色）で変化する．

❸0.1 M 水酸化ナトリウムをビュレットにとる．メニスカスを目盛 0 に合わせる．

❹開始目盛を 0.00 の桁まで読み記録し，滴定を開始する．三角フラスコを振りながら，水酸化ナトリウムを滴下する．

❺液全体が紅色を呈したら滴下をやめる．

❻滴定終点の目盛を読み記録する．以上の操作を 3 〜 5 回繰り返す．

〈計算例〉

検体の酢酸濃度の求め方

中和の反応式は,

$$CH_3COOH \quad + \quad NaOH \quad \rightarrow \quad CH_3COONa \quad + \quad H_2O$$

滴定に要した水酸化ナトリウム容量が平均 10.30 mL だった場合,

$$10.00 \text{ mL} \times (酢酸のモル濃度) = 10.30 \text{ mL} \times 0.1 \text{ M} \times f_C$$
$$(酢酸のグラム当量) = (水酸化ナトリウムのグラム当量)$$

なので, 酢酸の濃度は

$$10.30 \text{ /} 10.00 \times 0.1 \times f_C = 1.030 \times 0.1011 = 0.1041 \text{ (M)}$$

となる.

2) 酸化還元滴定

■目　的

酸化還元反応を利用した滴定により COD（Chemical Oxygen Demand, 化学的酸素要求量）の測定を行う.

■理論

河川や工場排水などの検体に硫酸酸性下, 一定量の過マンガン酸カリウム溶液を加えて熱すると, 検体中の有機化合物などが酸化される. ここに, 添加した過マンガン酸カリウム溶液と当量のシュウ酸を加えると残存している過マンガン酸カリウム溶液が還元される. ここで未反応のシュウ酸を過マンガン酸カリウム溶液で逆滴定すると, 最初に使用された過マンガン酸カリウム溶液の量がわかり, 検体中の被酸化物質の酸化に利用される酸素量が算出できる.

■試薬・器具

試薬

20%（w/v）硝酸銀水溶液

9 N 硫酸：濃硫酸（36 N）を蒸留水で4倍に希釈する. 必ず水に硫酸を加えること.

標準液（市販の各種滴定用規定液を利用してもよい）

12.5 mM（1/40 N）シュウ酸ナトリウム標準液：シュウ酸ナトリウム（$Na_2C_2O_4$）を 150 〜 200℃の乾燥器で 60 分間加熱した後, デシケーター内で放冷する. ここから約 1.6750 g を精秤し, 蒸留水で1Lにメスアップする.

5 mM（1/40 N）過マンガン酸カリウム溶液：過マンガン酸カリウム（$KMnO_4$）0.8 g を蒸留水に溶解し1Lにメスアップする. 沸騰水浴上で2時間加熱し, 一晩放置してガラスフィルターでろ過し, 褐色ビンに保存する. シュウ酸ナトリウム標準液で滴定し標定する.

器具

三角フラスコ（200 mL）, ホールピペット（10, 50 mL）, 褐色ビュレット（50 mL）, メスシリンダー（10 mL）, メスフラスコ（100 mL, 1 L）, ガラスフィルター

■操作手順

【過マンガン酸カリウム溶液の標定】

❶蒸留水 50 mL をホールピペットでとり 200 mL 三角フラスコに入れる.

❷9 N 硫酸をメスシリンダーで 10 mL 加える.

❸12.5 mM シュウ酸ナトリウム標準液をホールピペットで 10 mL 加え 60 ～ 80℃に加温する.

❹5 mM 過マンガン酸カリウム溶液を褐色ビュレットにとり, 滴定を開始する. メニスカスは上縁で読み（図 1）, 開始目盛を 0.00 の桁まで記録する.

❺液全体が無色から薄紅色に変わり 15 秒以上消えない点を滴定終点とする. 以上の操作を 3 ～ 5 回繰り返す.

〈計算例〉

12.5 mM シュウ酸ナトリウム標準液のファクター（f_S）の求め方

精秤値を式量で除し, ファクター（f_S）を算出する

（例）1.6802（精秤した重量）/1.6750（式量）＝ 1.003

5 mM 過マンガン酸カリウム溶液のファクター（f_K）の求め方

硫酸酸性下, 過マンガン酸カリウムは 5 個の電子を奪い, シュウ酸は 2 個の電子を与えるので, 滴定に要した過マンガン酸カリウム溶液量が平均 10.50 mL だった場合,

$$10.00 \text{ mL} \times 12.5 \text{ mM} \times 2 \times f_S = 10.50 \text{ mL} \times 5 \text{ mM} \times 5 \times f_K$$

（シュウ酸ナトリウムのグラム当量）＝（過マンガン酸カリウムのグラム当量）

なので, $f_K =$ 10.00 /10.50 × f_S ＝ 0.952 × 1.003 ＝ 0.955 となる.

【COD の測定】

❶検体 50 mL をホールピペットでとり 200 mL 三角フラスコに入れる.

❷9 N 硫酸をメスシリンダーで 10 mL 加える（0.3 ～ 1.7 N となるのがよい）.

❸5 mM 過マンガン酸カリウム溶液をホールピペットで 10 mL 加え, 直ちにセラミック板上で加熱する. 沸騰したら水浴上に移し 100℃で 15 分間保持する. この段階で赤紫色が残っていることを確認する（無色であれば 5 mM 過マンガン酸カリウム溶液をホールピペットで 5 または 10 mL 追加する）.

❹水浴から出し 12.5 mM シュウ酸ナトリウム標準液をホールピペットで 10 mL 加え, よく撹拌する. ここで無色となる.

❺これを 60 ～ 80℃を保持しながら, 5 mM 過マンガン酸カリウム溶液を褐色ビュレットにとり, 滴定を開始する. メニスカスは上縁で読み, 開始目盛を 0.00 の桁まで記録する.

❻液全体が無色から薄紅色に変わり 15 秒以上消えないところで滴定終点とする. 以上の操作を 3 ～ 5 回繰り返す.

❼検体試水の代わりに蒸留水を用いて同様の滴定（空試験）を行う.

❽検体試水に Cl⁻ が多い場合は正しく滴定できないので, 事前に 20%（w/v）硝酸銀水溶液 5

mL（Cl⁻約 200 mg と当量）を振り混ぜながら検体に加え，Cl⁻を塩化銀として沈殿させてから酸化操作を行う．

〈計算例〉

COD の求め方

検体量を V mL，滴定に要した 1/40 N 過マンガン酸カリウム溶液を a mL，空試験の結果を b mL とすると，COD（ppm = mg O/L）は下記の式で求められる．

$$COD (ppm) = (a - b) \times f_K \times 0.2 \times 1000/V$$

*硫酸酸性下，過マンガン酸カリウム 2 分子から酸素 5 原子が生成する．1/40 N（5 mM）過マンガン酸カリウム溶液 1 mL は 0.2 mg O に相当する．COD は酸素濃度の他，過マンガン酸カリウム消費量（mg $KMnO_4$/L），ミリ当量（meq/L）でも示される．

$$COD : 8 ppm (8 mg/L) O = 31.6 mg/L KMnO_4 = 1 meq/L$$

■安全管理上の配慮

1. 濃塩酸，濃硫酸，水酸化ナトリウムは劇物で刺激性もあるので，試薬調製の際は白衣，手袋，安全メガネを着用し，取扱いに注意する．
2. 濃塩酸，濃硫酸の分取は安全ピペッターを用い，希釈操作もドラフト内で行う．
3. 水酸化ナトリウムは粒状で潮解しやすいので素早く秤量する．薬包紙ではなく時計皿や樹脂製ディスポトレイを用いる．少量の水と接触すると高温となるので，最初に十分な蒸留水で溶解する．水酸化ナトリウムの溶解・希釈操作もドラフト内が望ましい．
4. 過マンガン酸カリウムを含む溶液は，専用廃液タンクに回収し法令に従い処理する．

2. 重量分析

　定量分析は化学実験の基礎として大変重要であり，容量分析，重量分析，比色分析，機器分析に大別される．このうち重量分析は，検体試料が秤量可能な固形物などや，検体試料中の特定成分を沈殿させて分離したその重量を，化学天秤で秤量して検体試料を定量する分析方法である．

■目的

　硫酸銅五水和物中の4分子結晶水の定量を行う．

■理論

　硫酸銅は通常5分子の結晶水を含む五水和物となっている．このうち4分子の結晶水は比較的結合が緩く110℃で加熱すると失われる．ここでは検体試料を加熱し，加熱前後の試料の重量を精秤して，その減少量から失われた4分子結晶水の重量を算出する．

■試薬・器具

試薬

　硫酸銅五水和物：$CuSO_4 \cdot 5H_2O$ の結晶が大きい場合は乳鉢で軽く砕き荒い粉末にしておく．

器具

　ガラス秤量ビン，時計皿，デシケーター，化学天秤（0.0001 gの桁まで測定できるもの），るつぼばさみ，電気恒温乾燥器

■操作手順

【結合水の測定】

❶ ガラス秤量ビンを時計皿の上にのせて110℃電気恒温乾燥器に入れ約30分間保持する（図1）．

❷ デシケーターに入れ30分間放冷する（図2）．

❸ 化学天秤で0.0001 gの桁まで精秤する（秤量ビンの空重量を量る）．

❹ 秤量ビンに硫酸銅五水和物を約1 gとり，化学天秤で精秤する．

❺ 検体の入ったガラス秤量ビンを110℃電気恒温乾燥器に入れ約1時間保持する．

❻ すぐに栓をしてデシケーターに入れる．30分間放冷したのち，精秤する．

❼ もう一度，検体の入ったガラス秤量ビンを110℃電気恒温乾燥器に入れ約30分間保持する．

❽ すぐに栓をしてデシケーターに入れる．30分間放冷したのち，精秤する．この操作を恒量となるまで繰り返す．前後の秤量差が0.3 mg以内となれば恒量とみなす．

図1　乾燥器内の秤量ビン

図2　放冷中の秤量ビン

〈計算例〉

失われた水分量の算出

乾燥前重量から乾燥後重量（恒量）を差引く．

秤量ビン空重量	10.2345 g
乾燥前重量	11.3488 g
乾燥後重量	11.0313 g

の場合，失われた水分量は，11.3488 – 11.0313 = 0.3175 g

結晶水の重量%の算出，理論値との誤差の検定

採取した5水和物（検体）量は，11.3488 – 10.2345 = 1.1143 g

結晶水の重量 % は，0.3175 /1.1143 = 28.49%

理論値は，$4H_2O/CuSO_4 \cdot 5H_2O = 4 \times 18.015/ 249.69 = 28.86\%$ なので，

絶対誤差は 28.49 – 28.86 = –0.37%，相対誤差は 0.37/28.86 × 100 = 1.28% となる．

■安全管理上の配慮

　硫酸銅は劇物なので取扱いに注意する．使用後は水溶液とし法令に従い適切に廃液処理する．

天秤の精度について

　重量分析や容量分析の標準液調製で使用する天秤は，0.0001 g の桁まで測定できる天秤を使用する．このような天秤を化学天秤または分析天秤と呼び，これらを使用した秤量操作を精秤という．化学天秤は専用の天秤台や除振台に設置し，できれば定温定湿に管理された天秤室に設置することが望ましい．一般的な試薬の場合は，0.01 g の桁を測定できる電子天秤を使用すれば十分である．

3. 一般成分分析

■目的

　食品の一般成分は，通常，水分，タンパク質，脂質，炭水化物および灰分を指す．これらのうち，水産物，特に魚肉の場合，炭水化物の含量が1%以下と少ないことから，炭水化物を除く，4つの成分を分析し，一般成分とすることが多い．また，魚肉の一般成分は，同種でも季節，漁獲場所，年齢，雌雄，部位などでも変動することが知られており，その栄養学的特性や"旬"を正確に把握するために分析される．分析に際しては，分析対象に関する上記データを正確に記録しておく必要がある．

　なお，それぞれの成分の分析には，下記に紹介した方法以外にも多くの方法がある．詳細については，成書を参考にされたい．

1）水　分

■理論

　常圧加熱乾燥法．試料を105〜110℃で加熱し，その減量より求める．

■試薬・器具

器具

秤量ビン，るつぼばさみ，恒温乾燥器，電子天秤（最小表示0.1 mg），デシケーター，薬さじ

■操作手順

❶秤量ビンを105℃の恒温乾燥器に入れ，約4時間乾燥する．

❷るつぼばさみで乾燥器から取り出し，デシケーター中で30分間放冷後，電子天秤で放冷後の秤量ビンを精秤し，容器の恒量（A）を求める．

❸包丁で細切りした試料約1 gを秤量ビンに入れ，ガラス棒で広げた後，秤量ビンの重量（B）を精秤する．

❹105℃で一定時間（1.5〜2時間）加熱し，デシケーター中で30分間放冷後秤量ビンを秤量する．

❺恒量になるまで乾燥・放冷・秤量を繰り返す．直近3回の秤量値が±0.5 mg以内の変動になれば恒量（C）と見なしてよい．

❻水分（%）は，｜(B − C) ／ (B − A)｜ × 100により求める．

2）粗タンパク質

■理論

　ケルダール（Kjeldahl）法．ほとんどのタンパク質が窒素を14〜19%（平均16%）含有していることから，試料中の全窒素含量を測定し，窒素係数6.25［= 100（%）／ 16（%）］を乗じ，おおよそのタンパク質含量を求める．試料を触媒存在下で濃硫酸とともに強熱し，含まれる窒素をア

ンモニア（硫酸アンモニウム）として回収する．回収した硫酸アンモニウムを水酸化ナトリウム溶液とともに（強アルカリ下で）加熱し，揮発したアンモニアをホウ酸溶液に補捉し，中和滴定により全窒素量を求め，窒素係数を乗じる．

■試薬・器具

試薬

濃硫酸，分解触媒（硫酸カリウム：硫酸銅 ＝ 9：1），30％水酸化ナトリウム溶液，4％ホウ酸溶液，混合指示薬（0.05％ ブロムクレゾールグリーン -0.05％ メチルレッド -95％エタノール溶液）．

器具

ケルダールフラスコ，加熱分解装置（図 1），ビウレット，メスフラスコ（100 mL），三角フラスコ（100 mL），ケルダール蒸留装置，硫酸紙（小），電子天秤（最小表示 0.1 mg），デシケーター，薬さじ，ケルダール分解ビン，駒込ピペット（10 mL），ホールピペット（10 mL）

図 1　加熱分解装置およびケルダールフラスコの例

■操作手順

試料の分解，アンモニアの蒸留，中和滴定の 3 つの工程からなる．

【1】試料の分解

❶細切りした試料約 1.5 〜 2.0 g を硫酸紙に精秤する（W g）．

❷試料を硫酸紙で包み，ケルダール分解ビンの奥まで入れる．

❸分解触媒約 0.5 〜 1 g を入れた後，濃硫酸約 10 mL を駒込ピペットで加え，ゆっくりと撹拌する．

❹ドラフト内においた加熱分解装置に置き，初めは緩やかに，その後徐々に強く加熱する．

❺試料液の色が"黒→茶→黄緑→青緑色"と変わるまで加熱し，ここからさらに約 1 時間加熱する．

❻分解ビンの内壁に未分解の黒い粒がないことを確認して，分解を終了し，室温まで冷却する．
　黒い粒があれば，少量の蒸留水で黒い粒を流し込み，黒い粒が消えるまで再度分解を行う．

❼ケルダールフラスコを振盪しながら約 50 mL の蒸留水を少しずつ加える．このとき，水を急に加えると突沸することがあるので注意する．

❽室温になるまで放冷後，100 mL メスフラスコを使ってメスアップする．

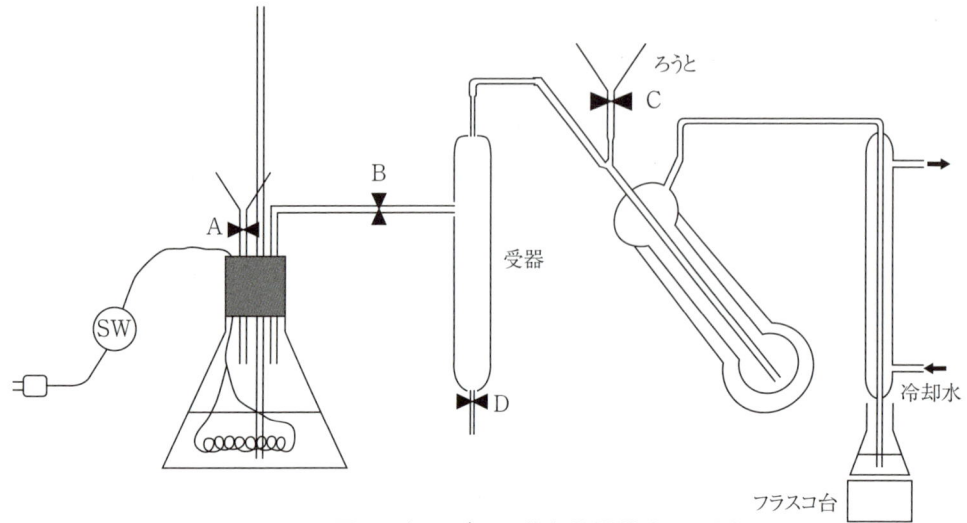

図2　ケルダール蒸留装置構成の一例

【2】アンモニアの蒸留・中和滴定

❶予め2Lの三角フラスコの電熱線の電源を入れ，脱イオン水を加熱しておく（図2左側）.

❷100 mL 三角フラスコに駒込ピペットで4% ホウ酸約10 mL，混合指示薬1，2滴を入れた後，冷却管の先端に置く.

❸Cを開け，試料液10 mLをホールピペットでろうとから正確に入れる.

❹30 % NaOH 約10 mLを駒込ピペットで入れて，Cを閉じ，すばやくBを開ける.

❺冷却水を流し，電熱線の電源を入れ，蒸留を開始する（図2）. この時，AやDは予め閉じておく.

❻ホウ酸の入った三角フラスコの液量が約50 mL以上になるまで蒸留する.

❼フラスコ台を外して液面から離した冷却管の先端を，少量の純水で洗い込む.

❽電熱線の電源を切り，すばやくBを閉じる. 蒸留室中の液体（廃液）が受器に逆流する.

❾Cを開け，Dから廃液を排出・回収した後，Dを閉じ，Bを開ける.

❿三角フラスコ中の試料を，予めファクター（F）を求めておいた0.05 M 硫酸標準液により滴定する.

　このとき，2回の滴定値が0.05 mL以内になるまで行う. 2回の滴定値の平均値（V）を最終的な滴定値とする.

⓫粗タンパク質（%）は，次の式で求める.

$$\{0.05 \ (M) \times F \times 2 \times V \ (mL) \times 10^{-3} \times 14.01 \ (g/mol) \times 100/10 \times 6.25 \ / \ W \ (g)\} \times 100$$

なお，装置のタイプにより操作が異なる.

3）粗脂質

■理論

ソックスレー抽出器を用いるエーテル抽出法. 脂質がエーテルなどの有機溶媒に可溶性であるこ

とから，試料から有機溶媒で脂質画分を抽出・回収後，その重量を求める.

■試薬・器具

試薬

ジエチルエーテル，無水硫酸ナトリウム

器具

ソックスレーフラスコ，ソックスレー抽出器（図3），恒温水槽（蓋付き），乳鉢，乳棒，脱脂綿，円筒ろ紙，電子天秤（最小表示 0.1 mg），デシケーター，薬さじ，るつぼばさみ，乾燥器，ピンセット

■操作手順

❶ソックスレーフラスコを105℃の恒温乾燥器に入れ，約2時間乾燥する.

❷るつぼばさみで乾燥器から取り出し，デシケーター中で30分間放冷後，電子天秤で放冷後のフラスコを秤量し，容器の恒量（A g）を求める.

❸試料約5 gを精秤し，乳鉢に移す（W g）.

❹試料の約5倍量（25 g）の無水硫酸ナトリウムを加え，乳棒でよく混ぜ，均一にする. 但し，あまり細かく潰さないように注意する.

❺数時間放置し，試料が脱水されたら，これを全量，こぼさないように薬さじで円筒ろ紙に移す.

❻乳鉢，乳棒および薬さじを脱脂綿でよく拭いた後，この脱脂綿を円筒ろ紙中の試料の上に置く.

❼上記円筒ろ紙をソックスレー抽出菅に入れ，冷却管をつなぐ.

❽恒量を求めたソックスレーフラスコにエーテルを容器の約3分の2容（約140 mL）入れ，ソックスレー抽出菅につなぎ，恒温水槽にセットする.

❾冷却水を流し，恒温水槽の温度を55〜60℃にして抽出を開始する. このときエーテルが毎秒1滴程度滴下するように温度を調整し，約15時間加温を続ける.

❿抽出後，冷却管を外してピンセットで円筒ろ紙を取り出し，再度冷却管をつなぎ，フラスコ中のエーテルを抽出菅に回収する.

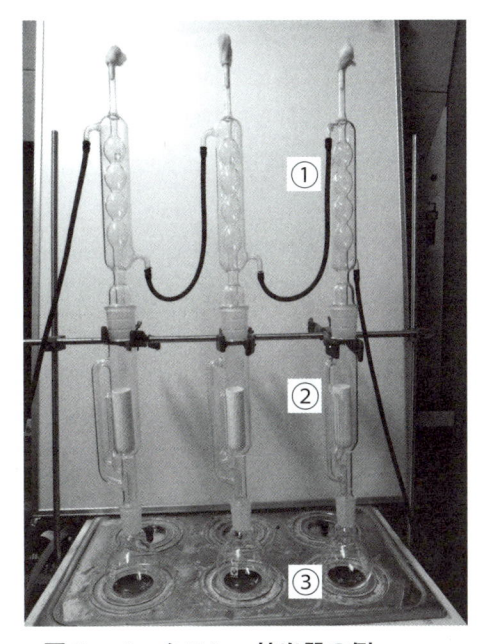

図3 ソックスレー抽出器の例
①冷却管，②抽出菅，③ソックスレーフラスコ

⓫フラスコ中のエーテルの回収が完了したら，冷却管を外した後，抽出菅を外し，エーテルを廃液として回収する.

⓬フラスコの内部に窒素ガスを吹き付け，エーテルが残っていないことを確認する.

⓭フラスコを 105℃で約 2 時間乾燥した後，るつぼばさみで乾燥器から取り出し，デシケーター中で 30 分間放冷後，電子天秤で精秤する.

⓮以後，105℃で 1 時間乾燥，放冷，秤量を繰り返し，恒量（B g）を求める.
脂質酸化のため，フラスコ全体の重さは減少を続けた後，増加に転じる. この増加の前の段階の重さを恒量とする.

⓯粗脂質（%）は，$\{(B - A) / W\} \times 100$ により求める.

4）粗灰分

■理論

直接灰化法. 試料に含まれる有機物を高温（550 ～ 600℃）で加熱し，燃焼した後，残存する無機物を含む灰分を定量して求める.

■試薬・器具

器具

磁性るつぼ（蓋付き），るつぼばさみ，電気炉，電子天秤（最小表示 0.1 mg），デシケーター，薬さじ，ガラス棒

■操作手順

❶磁性るつぼに蓋をかぶせて電気炉に入れ，550℃で約 4 時間加熱する.

❷電気炉のスイッチを切り，扉を少し開け 30 分放置し，さらにデシケーター中で 30 分間放冷後，るつぼ（蓋付き）の重量（A g）を秤量する.

❸細切りした試料約 3 g をるつぼに入れ，ガラス棒で広げた後，るつぼ（蓋付き）の重量（B g）を精秤する.

❹電気炉に入れて約 100℃で数時間加熱し，試料を乾燥させる.

❺乾燥後，徐々に加熱する.（例えば，200，250，300，400，500，550℃で各約 1 時間）

❻さらに 550℃で 5 ～ 6 時間加熱を続ける.

❼電気炉のスイッチを切り，扉を少し開け約 30 分放置し，電気炉の温度が約 200℃以下となってからるつぼを取り出し，デシケーター中でさらに 30 分間放冷後，るつぼ（蓋付き）の重量を秤量する.

❽灰が灰色または黒色であれば，少量の純水を加えた後，約 100℃で乾燥させ，さらに約 130℃で 1 時間程度乾燥させた後，電気炉を 550℃にし，数時間加熱し，灰化する. 灰化後，上記手順で恒量（C）を求める.

❾粗灰分（%）は，$\{(C - A) / (B - A)\} \times 100$ により求める.

表1　養殖ブリおよびカンパチの可食部の一般成分（%）

魚種	部位	水分	粗タンパク質	粗脂質	粗灰分
ブリ	背部肉	67.2 ± 3.3	23.9 ± 1.1	9.0 ± 3.9	1.2 ± 0.1
ブリ	尾部肉	69.8 ± 2.4	24.8 ± 0.9	5.4 ± 2.3	1.2 ± 0.1
カンパチ	背部肉	71.5 ± 1.7	23.2 ± 0.5	4.8 ± 1.8	1.5 ± 0.0

ブリ：n=17（Thakur *et al., J. Sci. Food Agric.*, 2002）
カンパチ：n=30（Thakur *et al., Fisheries Sci.*, 2009）

■データ

　表1は，養殖ブリおよびカンパチを周年サンプリングし，可食部（筋肉）の一般成分を測定した結果を示したものである．同じブリ属でも，ブリの背部肉の粗脂質は，カンパチに比べ有意に低い値を示し，逆に水分および粗灰分は有意に高い値を示した（*P*<0.05）．一方，粗タンパク質には，有意差がなかった．

■安全管理上の配慮

1. 分析用試料を調製する際は，メス，フードプロセッサーなど鋭利な刃物を使用するので，取り扱いに注意すること．
2. 水分や灰分を測定する際に乾燥器や電気炉は高温になるので，やけどをしないよう注意すること．
3. ケルダール法では，濃硫酸，水酸化ナトリウム溶液の取り扱いに注意すること．安全ゴーグルなどを着用し，絶対に目などに入れないようにする．また濃硫酸をケルダールフラスコに入れる際は，濃硫酸のビンの近くにケルダールフラスコを持って行き，駒込ピペットで慎重かつ素早く入れること．
4. ゲルダール法での試料の分解は，ドラフト内など換気のよい場所で行うこと．
5. ソックレー法での抽出は，ドラフト内など換気のよい場所で行うこと．エーテルは，揮発性で引火性が高いので，換気など取り扱いには注意すること．麻酔作用もあるので吸い込まないように注意するか，専用のマスクを着用すること．

■文献

　日本食品科学工学会，食品分析法編集委員会編；新・食品分析法（Ⅰ），光琳（1996）．

4. 比色分析

■目的

　魚肉タンパク質の定量，食品中のビタミンCの定量など，本書で紹介する様々な食品分析に用いられる手法の中で最も多く採用されているのが比色分析法である．永年，肉眼で色の濃さを比べていたので比色分析法（colorimetry）と呼ばれていたが，現在では分光光度法，吸光光度分析法（absorption spectrophotometry）と呼ぶのが一般的である．人間の目は色の濃さを比べて，どちらが濃いかを漠然と判断することは可能であるが，何倍濃いかというような定量的な判定を下すことは残念ながらできない．そこで，定量成分を段階的に濃くした濃度既知の標準溶液を用意し，分光光度計（spectrophotometer）を用いてその発色度合いから，検体（未知濃度溶液）の濃度を定量する方法が採用されている．ここでは，鉄の1, 10-オルトフェナントロリン錯体を一例として，比色分析法の実際を紹介する．

■理論

　比色分析は試料中の目的成分に関連した色調の濃淡によって定量する分析法である．一般には液体についての呈色（化学反応の一種で，特定の試薬に対し特定の成分が発色または変色する反応を指す）が利用されるが，固体あるいは気体についても行われる場合がある．定量する物質に単色光の光束を当てると溶液中の物質による光の吸収が起こる．この吸収の度合い（吸光度）を測定するのが一般的方法である．この分析法は，Lambert-Beer の法則に基づいて行なうものであるが，10^{-3} 〜 10^{-5} mol/L 程度の低濃度の物質について行なわれる．

　例えば，ガラスのコップの中にオレンジジュースがあったとする．この液体は透明ではなく，オレンジ色（橙色）をしているはずである．我々の目に映るそのオレンジ色は，光の余色であることを忘れてはいけない．すなわち，表1に示すとおり，オレンジジュースの場合，ある特定の波長の光（この場合は 435 〜 500 nm の光，すなわち青〜青緑）を吸収する物質（主としてカロテノイド色素や食用色素）が存在するため，白色光から青〜青緑の色が取り除かれ，その結果として我々の目にはオレンジ色に見えるのである．

表1　光の波長，色，余色の関係

波長（nm）	光の色	余色
750 〜 800	紫赤	緑
610 〜 750	赤	青緑
595 〜 610	橙	緑青
580 〜 595	黄	青緑
560 〜 580	黄緑	紫
500 〜 560	緑	紫赤
490 〜 500	青緑	赤
480 〜 490	緑青	橙
435 〜 480	青	黄
400 〜 435	紫	黄緑

　図1に示すとおり，強さ I_0 の光が濃度 C，液相の厚み l の着色溶液を通過したのちの強さを I とすると，通常次のような関係が成り立つ．

$$I = I_0 \cdot e^{-kCl} \tag{式1}$$

　ただし，k は光の波長，光を吸収する物質の種類，温度などによって決まる比例定数である．この関係を Lambert-Beer の法則という．Lambert-Beer の法則は比色分析の基本となる重要な法則である．（式1）を書き直すと，

$$\log \frac{I}{I_0} = -kCl \tag{式2}$$

　とくに l を cm，C を mol/L で表すとき，k を ε で示し，

$$\log \frac{I}{I_0} = -\varepsilon Cl \quad または -\log \frac{I}{I_0} = \varepsilon Cl \tag{式3}$$

　$-\log \dfrac{I}{I_0}$ を吸光度(absorbance)といい A で表し，$\dfrac{I}{I_0}$ を透過度(transmittance)といい T で表す．または，透過率（percent transmittance）として $T\%$ で表すこともある．ε はモル吸光係数（molar absorption coefficient）と呼ばれる．実験的には I_0 と I は容器にそれぞれ溶媒および溶液を入れて測定したときの透過度から求められるが，多くの分光光度計では測定すると自動的に吸光度に換算される機能が備わっている．ε は物質固有のものであることから，物質の純度検定に用いることができる．（式3）によれば，液相の厚さ l が一定ならば，吸光度 $-\log \dfrac{I}{I_0}$ は濃度に比例することがわかる（Beer の法則）．したがって，ある波長であらかじめ濃度の異なった数個の標準着色液について吸光度を測定し，それらの値を濃度に対してプロットすれば直線が得られるはずであり，これを検量線と呼んでいる（図2）．図3は1, 10-オルトフェナントロリン−Fe（Ⅱ）錯体の可視部の吸収スペクトルであるが，極大吸収点の波長で吸光度を測定して検量線を作成すれば，他の波長で行う時に比べて最も感度が良く，定量結果も正確を期すことができる（3章2.2）を参照）．

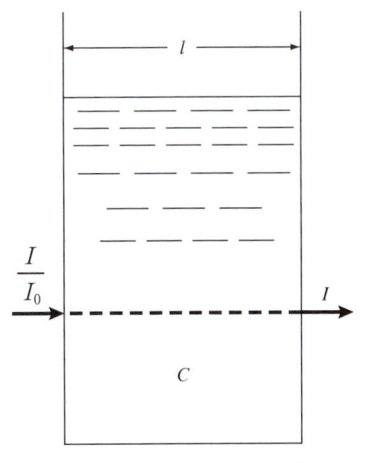

図1　溶液中の物質による光の吸収

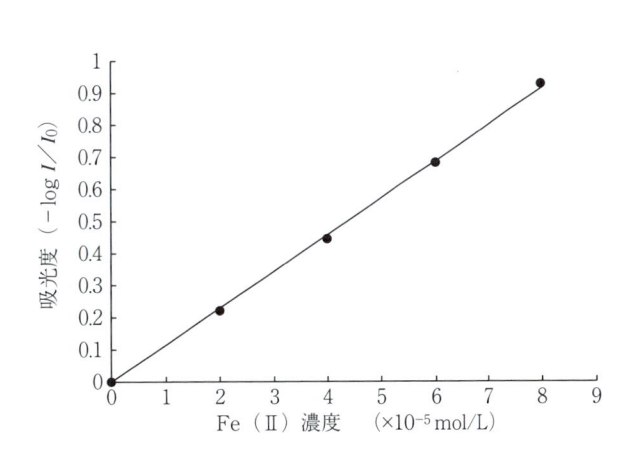

図2　鉄標準溶液の検量線

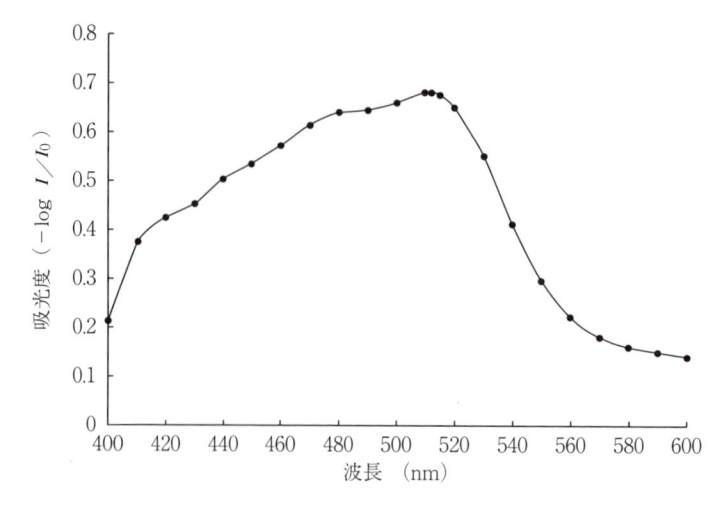

図3　1,10-オルトフェナントロリン Fe（Ⅱ）錯体の吸収スペクトル

■試薬・器具

試薬

0.1% 1,10-オルトフェナントロリン溶液：1,10-オルトフェナントロリン（$C_{12}H_8N_2\cdot H_2O$）0.1 g を
　　蒸留水 100 mL に溶かす．常温保存．

鉄標準溶液：市販の鉄標準液を用いて，10 μg/mL 溶液を用時調製する．

5% ヒドロキシルアミン塩酸塩（$NH_2OH\cdot HCl$）溶液：塩酸ヒドロキシルアミン 5 g を蒸留水 95
　　mL に溶かす．

緩衝液：0.1 mol/L 酢酸と 0.1 mol/L 酢酸ナトリウムを等量混合し，pH 4.7 の溶液を調製する．

器具

分光光度計，比色用セル，ホールピペット，メスピペット，メスフラスコ，試験管，ボルテック
　　スミキサー．

■操作手順

❶鉄標準溶液を用いて，0，2，4，6，8 および 10 μg/mL 溶液をそれぞれ 10 mL 調製する．

❷これらの溶液各 10 mL および未知濃度溶液 10 mL に，5% ヒドロキシルアミン塩酸塩溶液 1
　mL，0.1% 1,10-オルトフェナントロリン溶液 2 mL，緩衝液 4 mL，蒸留水 3 mL を順に添加し，
　計 20 mL とする．

❸室温で 15 分間放置する．

❹6 μg/mL 溶液の検体を用いて，1,10-オルトフェナントロリン－Fe（Ⅱ）錯体の吸収スペク
　トルを分光光度計により測定し，最大吸収波長を求める．

❺ブランク（0 μg/mL 溶液）を対照として，各検体の吸光度を最大吸収波長で測定する．

❻鉄標準溶液の測定結果をもとに，検量線を作成し，未知濃度溶液中の鉄含有量を算出する．

〔鉄と 1,10- オルトフェナントロリンの反応〕

鉄 [Fe（II）] は，1, 10- オルトフェナントロリン（phen）と反応して，極めて安定な濃赤色のキレートを作る．

$$Fe^{2+} \quad + \quad 3phen \quad \rightleftarrows \quad [Fe（phen）_3]^{2+}$$

このキレートの吸収極大は 510 nm 付近であり，pH 2.5 〜 pH 9.5 の間で生成する．1 個の Fe^{2+} と 3 個の phen が結合してキレートを作ることから，phen は Fe^{2+} の 3 倍以上加えなければならない．このキレートの 510 nm におけるモル吸光係数 ε は 11,100 である．

■操作上の注意事項

❶比色分析を行う際，被検物質が微量のため，蒸留水，試薬およびその他の器具からの汚染（不純物）に注意を払わなければならない．

❷溶液の採取には分注器やメカニカルピペットが便利である．

❸呈色は 15 分から 30 分で最大強度に達し，長時間変化しない．

❹紫外部吸収法においても Lambert-Beer の法則は成立し，着色溶液でなければならないということはない．

❺検量線を作成する場合，最小二乗法などの統計処理を行なうべきである．

❻Fe が Fe^{3+} として存在している場合を考慮し，還元剤であるヒドロキシルアミン塩酸塩溶液を必ず最初に加え，Fe^{2+} にしてからオルトフェナントロリン溶液を加える．

■安全管理上の配慮

鉄を含むため，実験廃液はポリタンクに集めて適切に処理する必要がある．

■参考図書

長島弘三，富田　功：分析化学（改訂版），裳華房（1999），pp. 267-284.

妨害物質

呈色反応はわかりやすく操作が容易な反面，反応を妨害する（発色に影響を及ぼす）物質に対して十分に注意を払う必要がある．例えば，タンパク質の定量に用いられるビウレット反応（第 4 章 1）ではアミノ酸のほか，緩衝液によく用いられるトリス（正確には，トリス (ヒドロキシメチル) アミノメタン，2-amino-2-hydroxymethyl-propane-1,3-diol）などが発色に影響する．同じくタンパク質の定量に用いられる Bradford 法ではメルカプトエタノールやジチオスレイトール (DTT) などの還元剤が妨害物質となる．このように，呈色反応を行う場合には，試料中に妨害物質が発色に影響を及ぼす濃度で含まれていないかどうか，事前に注意深く確認しておく．

（落合芳博）

1. ビタミンの定量

■目的

　ビタミンは，私たちの身体の機能を正常に保つために必要とされている微量な有機成分の総称であり，食品成分表には13種類が掲載されている．このうち，ビタミンCは水溶性ビタミンの1つで，体内の酸化還元反応に関与し，皮膚や粘膜の健康維持を助け，コラーゲンの生合成にも必要である．食品中では還元型のアスコルビン酸（AsA）と酸化型のデヒドロアスコルビン酸（DAsA）の2つの形で存在している．摂取された酸化型は生体内で還元型となって同じ生理作用を発揮すると考えられているため，食品成分分析では両者の合計である総ビタミンC量として定量する．

■理論

　ビタミンCはヒドラジン法，HPLC（High Performance Liquid Chromatography）法などにより分析されているが，ここでは後者の分析法を紹介する．メタリン酸溶液で抽出した試料に酸化剤を加えて，還元型のAsAを酸化型のDAsAに変換し，ヒドラジン添加により生成したオサゾン（osazon）をHPLCで測定する．酸化剤には青色のジクロロインドフェノール溶液（DCIP）を用い，色の消失により酸化の完了を判断する．過剰な反応を抑制するために，チオ尿素溶液を用いる．DAsAのもつカルボニル基と2,4-ジニトロフェニルヒドラジン試薬（DNPH）とが反応して生成するオサゾンを酢酸エチルで抽出した後，その赤橙色を吸光光度法により測定する（図1）．ヒドラジン法は比色法として広く用いられているが，HPLCによる分離分析と組み合わせることにより，試料に共存する妨害成分やビタミンC類縁体の影響を受けにくくなる．

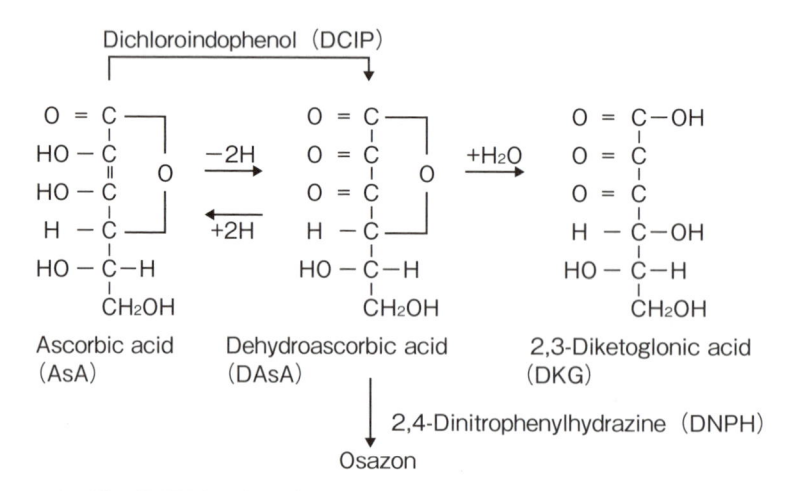

図1　アスコルビン酸の還元型と酸化型
還元型のAsAはDCIPにより酸化されて酸化型のDAsAとなる．α-ジケトン構造を有しているDAsAは2,4-ジニトロフェニルヒドラジン（DNPH）と反応して対応するオサゾン（Osazon）を生成するがAsAは反応しない．

■試薬・器具

試薬

酢酸エチル（$C_2H_5COOCH_3$），酢酸（CH_3COOH），n-ヘキサン（C_6H_{14}），イソプロピルアルコール（C_3H_8O）は各々 HPLC 用を用いる．他の試薬は特級を用いる．

5% メタリン酸溶液：メタリン酸［ポリリン酸：$(HPO_3)_n$］50 g を蒸留水 950 mL に溶かす．冷蔵保存，1 週間以内に使用．

2% チオ尿素溶液：チオ尿素（CH_4N_2S）2 g をメタリン酸溶液 98 mL に溶かす．用時調製．

2% DNPH 溶液：2,4-ジニトロフェニルヒドラジン［2,4-$(NO_2)_2C_6H_3NHNH_2$］2 g を 4.5 mol/L 硫酸（H_2SO_4）100 mL に溶かす．冷蔵保存．

AsA 標準液：アスコルビン酸（$C_6H_8O_6$）標準品 100 mg をメスフラスコ（100 mL）にとり、メタリン酸溶液で定容したものを原液（1 mg/mL）とする．冷蔵保存．この原液をメタリン酸溶液で 1/10 希釈することで 100 µg/mL 溶液を用時調製する．さらにメタリン酸溶液で希釈して検量線用の 10 および 2 µg/mL 標準液を調製する．

0.2% DCIP 溶液：2,6-ジクロロフェニルインドフェノールナトリウム，二水和物 100 mg を 50 mL の温水に溶かし，ろ過する．冷暗所保管，1 週間以内に使用．

器具

高速液体クロマトグラフ装置（検出波長：495 nm），振盪機，ウォーターバス（50℃），遠心分離機（50 mL 遠沈管，3,000 rpm），乳鉢，乳棒，ネジ口試験管（10 mL 程度），メスフラスコ（50 mL，100 mL），メスシリンダー，ピペットなど．

■操作手順

❶試料 3～5 g（W）に 20 mL 程度のメタリン酸溶液を加え，乳鉢と乳棒とを用いて磨砕する．

❷全量をメスフラスコに移し，メタリン酸溶液で洗い込み，50 mL（V）に定容する．

❸遠心管に移し，遠心分離（室温，3,000 rpm，10 分間）した上清のろ液を試料溶液とする（図 2）．

❹各試料溶液および各濃度の AsA 標準液を 1 mL ずつネジ口試験管に分注し，メタリン酸溶液 1 mL を加える．空試験用には試料を入れずメタリン酸溶液のみを 2 mL 加える．

❺AsA を酸化させるため DCIP 溶液を 3 滴滴下する．30 秒経過しても色が消えないことを確認したのち，チオ尿素溶液 2 mL を加えて過剰な酸化を抑制する．色が消える場合は試料溶液をメタリン酸溶液で適宜希釈（1/N）して，新しい試験管で同じ操作をする（図 3）．

❻DNPH 溶液 0.5 mL を加えて試験管に栓をし，よく振りまぜる．次に 50℃の湯浴中で 1.5 時間加温することでオサゾンを生成させ，氷冷して室温に戻す．

❼オサゾンを抽出するために，酢酸エチル 2 mL を加えて室温で 1 時間振盪する．

❽遠心分離（3,000 rpm，10 分間）して下層を除き，酢酸エチル層に無水硫酸ナトリウムを加えて脱水したものを HPLC 試料溶液とする．

❾AsA 標準溶液およびブランク溶液の各 20 µL を HPLC 分析に供して，495 nm において検出されたオサゾンのピーク面積と AsA 濃度とで検量線を作成する．各試料由来の HPLC 試験溶液 20 µL を HPLC 分析に供して試料溶液中のビタミン C 量（A）を算出する．

❿総ビタミン C 含有量の式（次ページ下）より，試料 100 g あたりのビタミン C 量を求める．

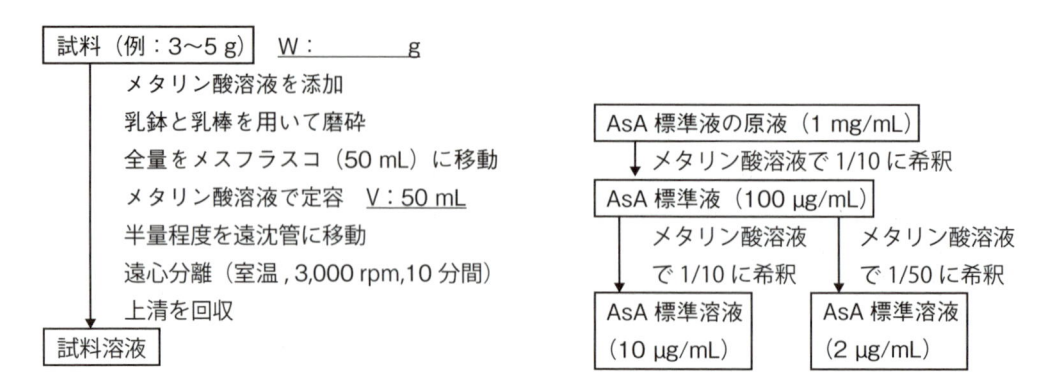

図2　分析フローチャート（試料溶液および AsA 標準液の調製）

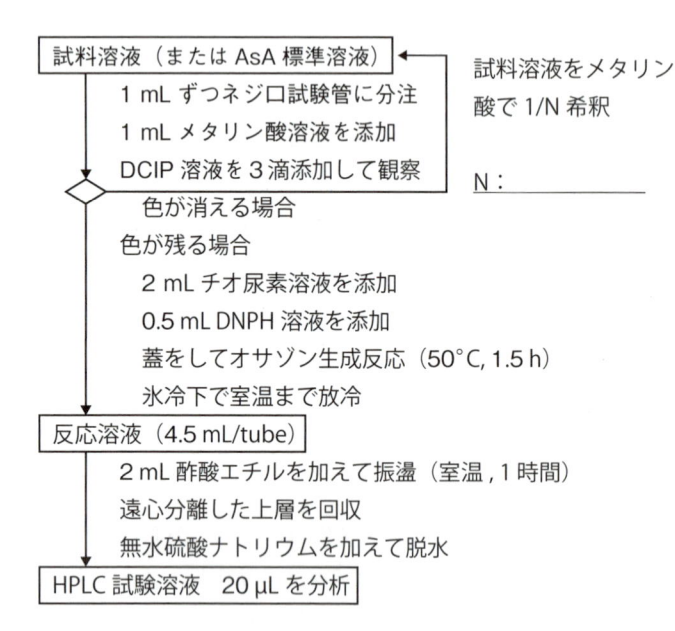

図3　分析フローチャート（HPLC 用試料溶液の調製）

＊HPLC 分析条件の例
カラム：順相系シリカゲルカラム（内径 4.6 mm，長さ 150 mm）
移動相：酢酸／n-ヘキサン／酢酸エチル／イソプロピルアルコール＝1：40：30：2（v/v）　アイソクラティック溶出
流速：1.0 mL/min，カラムオーブン温度：40℃，検出波長：495 nm

試料の総ビタミンC含有量を求めるための計算式

$$総ビタミンC含有量（mg/100\ g）＝\frac{A \times V \times N}{W \times 10}$$

A：検量線より求めた HPLC 試験溶液中のビタミンC濃度（μg/mL）

V：定容量（mL）　50 mL に定容した場合は 50 を用いる

N：希釈倍数　試料溶液を希釈せずに用いた場合は 1 を，1/3 に希釈した場合は 3 を用いる

W：試料採取量（g）　固形試料では 3〜5 g，液体試料では 5〜10 g を目安とする

■操作上の注意事項

❶ ビタミン C は酸化されやすいため空気中の酸素の影響を考慮し，試料採取から試料溶液調製までの操作を手早く一定に行う．

❷ アスコルビン酸の分解物であるジケトグロン酸（DKG）や食肉加工品の酸化防止剤として用いられるエリソルビン酸（アスコルビン酸の異性体）もオサゾンを形成するが，HPLC 法ではクロマトグラム上の溶出位置が異なるため区別できる．生成するオサゾンは逆相系のカラムと溶媒条件を用いても分析が可能である．

❸ DCIP 溶液を 3 滴滴下しても無色になる場合は，酸化反応が不十分であり試料中の AsA 含量が高いことが予想される．HPLC 分析においても検量線の直線範囲から大きく外れる可能性があるため，試料溶液を 5% メタリン酸溶液で希釈する必要がある．

■安全管理上の配慮

1. 有機溶媒（酢酸エチル，ヘキサン），酸性溶液（硫酸，酢酸，インドフェノール）を扱う操作はドラフト内で実施し，希釈溶液を扱う操作は換気条件下で保護メガネや手袋を着用する．

2. 実験廃液はポリタンクに集めて適切に処理する必要がある．

■参考図書

消費者庁；食品表示基準（通知 139 号別添：栄養表示関係），127-130（2015）.

Kishida, E., Nishimoto, Y., Kojo, S.；*Anal. Chem.*, **64**, 1505-1507（1992）.

森 光昭，菱山 隆，小高 要，氏家 隆；ビタミン，**86**, 13-20（2012）.

ビタミン類の定量法

分析機器が発達した現在では，水溶性ビタミンの一部および脂溶性ビタミンについては HPLC 法が主に採用されている．しかし特殊な機器を必要としない微生物学的定量法も，現在でも有用性を持って使用されている．試料の粗抽出液を精製せずに用いることができ，多数の検体を処理できる点，数種類の有効成分を同時定量できる点などは HPLC 法よりも優れている．ビタミンの分析方法の例を表に記した（森らの文献より引用改変）.

成分名	分析方法
レチノール，β - カロテン	HPLC 法（ケン化処理，逆相系カラム，UV-VIS 検出）
チアミン（ビタミン B₁）	HPLC 法（塩酸抽出，逆相系カラム，ポストカラム誘導化，蛍光検出）
リボフラビン（ビタミン B₂）	HPLC 法（塩酸抽出，逆相系カラム，蛍光検出）
アスコルビン酸（ビタミン C）	HPLC 法（酸化処理，順相系カラム，UV-VIS 検出）
カルシフェロール（ビタミン D）	HPLC 法（ケン化処理，不純物除去，順相系カラム，UV-VIS 検出）
トコフェロール（ビタミン E）	HPLC 法（ケン化処理，順相系カラム，蛍光検出）
メナキノン類（ビタミン K）	HPLC 法（還元処理，逆相系カラム，蛍光検出）
ナイアシン	微生物学的定量法（*Lactobacilus plantarum* ATCC8014）
ビタミン B₆	微生物学的定量法（*Saccharomyces cerevisiae* ATCC9080）
ビタミン B₁₂	微生物学的定量法（*Lactobacilus delbrueckii* subsp. lactis ATCC7830）
葉酸	微生物学的定量法（*Lactobacilus rhanmosus* ATCC7469）
パントテン酸	微生物学的定量法（*Lactobacilus plantarum* ATCC8014）

2. ミネラルの定量

■目的

　ミネラル（無機質）は，私たちの身体の機能を正常に保つために必要とされている無機成分の総称である．食品成分表では私たちの栄養素として重要だと考えられているナトリウム，カリウム，カルシウム，鉄など13種類のミネラルについて分析値が掲載されている．いずれも健康維持のためには年齢・性別に応じた適正な摂取量があり，不足すれば欠乏症，過多であれば過剰症を引き起こすリスクが高まるため，食品中の含有量を正確に知ることは重要である．本項では，希酸抽出法および原子吸光法を用いたナトリウムとカリウムの定量法，ならびに乾式灰化法および比色分析法を用いた鉄の定量法を紹介する．

1）ナトリウムとカリウムの定量法

■理論

　ナトリウム（sodium, Na）やカリウム（potassium, K）などのアルカリ金属を対象とした分析試料の調製方法としては，乾式灰化法も用いられているが，試料の種類や器具の材質によっては損失や混入が起こりうる．本項では比較的その影響が少ないとされている希酸抽出法により食品試料からナトリウムを抽出する．抽出操作においても分析操作においても，容器や実験器具には全てプラスチック（ポリエチレンまたはポリプロピレン）製またはテフロン製を用いる必要があるが，これはガラス器具などからナトリウムやカリウムが溶出して混入する可能性があるためである．

　本項ではフレーム原子吸光法を用いて，試料溶液中のナトリウムを定量する．最高温度が2500Kに達するアセチレン炎（フレーム）で原子を蒸気化し，そこに特定波長の光源を用いてその吸光度を測定することで試料中の元素の同定および定量を行うことができる（図1）．原子ごとに固有の波長の光（輝線）を濃度依存的に吸収する現象を利用しており，光源となるホロカソードランプを交換することで，食品分析表に記されているほとんどのミネラルの測定が可能である．ナトリウムには589.0 nmの波長，カリウムには766.5 nmの波長をもつランプをそれぞれ使用しており，これら波長の吸光度を測定することで，試料溶液中の各ミネラルの濃度を定量することができる（そのほかの波長については本節のコラムを参照）．なお原子吸光法以外の検出方法としては，比色法，炎光光度法，高周波誘導型プラズマ（ICP）質量分析法，イオンクロマト法などがあるが，ミネラルの種類や実験設備の有無によって制限を受ける．ここで紹介したフレーム原子吸光計は比較的普及している測定機器の1つである．

■試薬・器具

試薬

1% 塩酸：精密分析用または原子吸光分析用の20%（w/w）塩酸を超純水で希釈して調製する．ミネラル全般は環境中からも混入する可能性があるため，一連の試験を同じ試薬で行えるように十分量を調製することが推奨される．

ナトリウム標準溶液：市販のナトリウム測定用原子吸光分析用標準液（塩化ナトリウム水溶液）

を原液として用いる（Na 含量：1,000 μg/mL）．この原液を 1% 塩酸で希釈し，検量線作成用の標準溶液を用時調製する．すなわち，ナトリウム標準溶液原液（Na 含量：1,000 μg/mL）から，0.05, 0.1, 0.15, 0.2, 0.25 mL を取り出してプラスチック製 100 mL メスフラスコに移し，1%塩酸で各々を 100 mL に定容する．この操作で，Na 含量：0.5, 1.0, 1.5, 2.0, 2.5 μg/mL の 5 つの濃度のナトリウム標準溶液が調製される．プラスチック製の容器に保存する．

装置

原子吸光計（アセチレンガス，コンプレッサー，排気装置を含む．例：島津製 AA-160）（図 1），光源となるホロカソードランプ

器具

プラスチック製の器具（ネジ口ボトルなどの容器，ピペット，遠沈管，メスシリンダー，メスフラスコなど），遠心分離機

■操作手順

❶重量 1 〜 2 g 程度の乾燥試料（W）を細切して均質化し，100 mL 容量のプラスチック製容器に入れる．これに 1%塩酸 100 mL をプラスチック製の器具を使って加える．空試験用には試料を入れずに，1% 塩酸だけを容器に入れて同じ操作をする（図 2）．

❷容器に蓋をして時々振り混ぜながら，室温または 80℃で 1 時間抽出する．

❸抽出液をプラスチック製の遠心管に移し，遠心分離（室温，3,000 rpm，15 分間）した上清を回収する．この上清を試料溶液とする．

❹ホロカソードランプ（589.0 nm）をセットした原子吸光計を用いて，ナトリウム標準液（Na 含量：0.5, 1.0, 1.5, 2.0, 2.5 μg/mL）および空試験区の試料溶液の吸光度を測定し，検量線を作成する．試料溶液や標準溶液の測定ごとにイオン交換水を測定することで試料注入部を洗浄することが望ましい．

❺試料溶液についても同様の操作で測定を行い，検量線から各試料溶液中のナトリウム量（A）を算出する．定量可能な Na 含量の目安は 0.5 〜 2.5 μg/mL の範囲であるため，試料溶液の吸光度が Na 含量 2.5 μg のナトリウム標準液の吸光度を超えた場合は，試料溶液を 1 %塩酸溶液で 1/N 希釈して測定をやり直す．

❻下の式より，試料 100 g あたりのナトリウム量を求める．

❼カリウムについては 766.5 nm のランプを用いてカリウム標準液から検量線を作成する．ナトリウムと同じ手順．同じ計算式を用いて試料 100 g あたりのカリウム含有量を求める．

試料のナトリウム含有量を求めるための計算式

$$\text{ナトリウム含有量（mg/100g）} = \frac{A \times V \times N}{W \times 10}$$

A: 検量線より求めた試料溶液中のナトリウム濃度（μg/mL）

V: 定容量（mL）　ここでは 100mL に定容している

N: 希釈倍数　試料溶液を希釈せずに用いた場合は 1 を，1/3 に希釈した場合は 3 を用いる

W: 試料採取量（g）　固形試料では 2 〜 3 g が目安

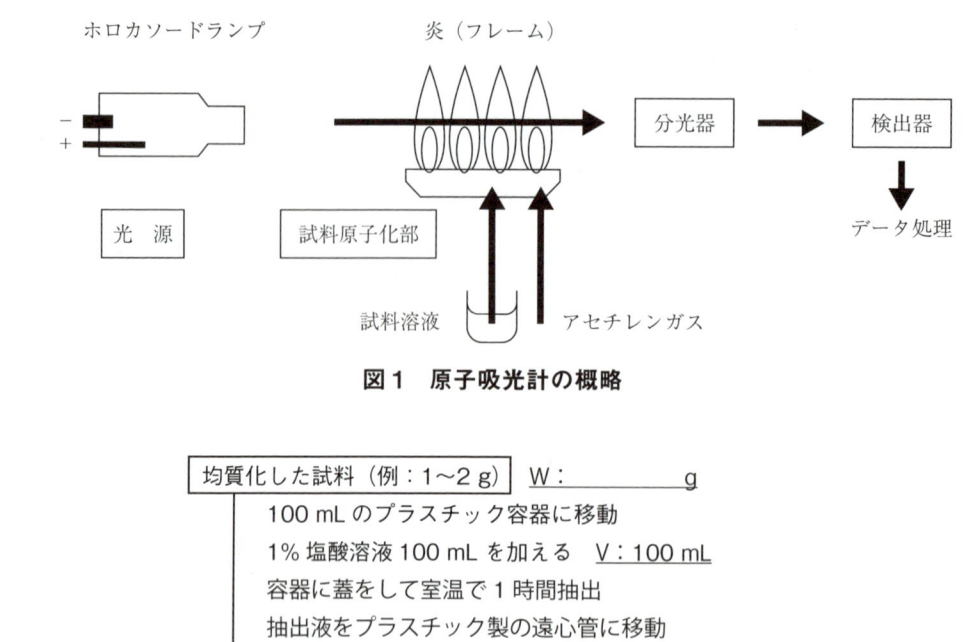

図1　原子吸光計の概略

均質化した試料（例：1〜2 g）　W：＿＿＿＿＿g
- 100 mL のプラスチック容器に移動
- 1% 塩酸溶液 100 mL を加える　V：100 mL
- 容器に蓋をして室温で 1 時間抽出
- 抽出液をプラスチック製の遠心管に移動
- 遠心分離（室温, 3000 rpm, 15 分間）した上清を回収

試料溶液　原子吸光計で分析　← 試料溶液を 1% 塩酸溶液で 1/N 希釈
- 試料溶液の吸光度を確認
- 吸光度が高い場合　N：＿＿＿＿＿
- 吸光度が検量線の範囲内の場合

検量線からナトリウムまたはカリウムの濃度を算出（A）

図2　分析フローチャート（ナトリウムとカリウムの分析法）

2）鉄の定量法

■理論

　一般に試料中のミネラルを分析する場合は，乾式灰化法によって共存する有機物を除去した灰化試料（灰分の定量を参照）から灰化試料溶液を調製する．この灰化試料溶液中の鉄（iron, Fe）を定量する場合は，原子吸光法により 248.3 nm の吸光度を測定する方法の他にも，錯化合物を形成させることで比色定量を行う方法が用いられるが，ここでは後者について紹介する．還元状態の鉄（II）1 原子は，3 分子の 1,10- フェナントロリンと深紅色（波長 510 nm 付近で検出可能）の錯化合物を生成する．この反応は pH 3 〜 9 において定量的であり，発色は 1 時間から 48 時間まで安定である．還元型の溶液中の鉄（III）はこの方法では定量できないため，ヒドロキシルアミン塩酸塩で還元して，鉄（II）にしたうえで定量している．濃度既知の鉄標準溶液から得られた錯化合物の吸光度から検量線を作成し，この検量線を用いて未知試料中の鉄原子の量を算出する．（詳細は第 2 章 4. を参照）

■試薬・器具

試薬

1% 塩酸：ナトリウムとカリウムの測定を参照にして調製する.

フェナントロリン溶液：1,10- フェナントロリン塩酸塩（$C_{12}H_8N_2 \cdot HCl \cdot H_2O$）の 0.1％水溶液を 200 mL 調製する.

鉄標準溶液：市販の鉄標準液（原子吸光分析用, Fe 含有量 1,000 μg/mL）から, 1% 塩酸を用いて, 0, 20, 40, 60, 80, 100 μg Fe/10 mL の溶液を調製する.

ヒドロキシルアミン溶液：ヒドロキシルアミン塩酸塩（$NH_2OH \cdot HCl$）5 g と水 95 g を混合する. 用事調製.

酢酸緩衝液：常法により酢酸―酢酸ナトリウム緩衝液（0.1 M, pH 4.7）を調製する.

器具・装置

ビーカー, メスフラスコ, ピペット, 分光光度計など.

■操作手順

❶灰化試料を少量の水で湿らせてから, 20% 塩酸 5 mL を加えて懸濁させ, 湯浴上に置く. 試料に水分が馴染んで溶液が減少してきたら 1% 塩酸 10 mL を加え, 湯浴上で 10 分間放置して均一に溶解させる. その溶液をろ紙でろ過して 100 mL 容のメスフラスコに移し, 容器を洗浄した 1% 塩酸もメスフラスコ中に移して 100 mL（V）に定容したものを灰化試料溶液とする. 各試料について, 灰化処理前の試料重量（W）と灰分の定量値を参考として記録しておく.

❷各濃度鉄標準液 10 mL および測定する灰化試料溶液 10 mL（鉄として 0.2 mg 以下）をそれぞれビーカーに採取し, ヒドロキシルアミン溶液 1 mL を加えて, 15 分間放置する.

❸さらに, フェナントロリン溶液 2 mL, 酢酸緩衝液 4 mL, 蒸留水 3 mL（合計液量は 20 mL）を混合して室温で 1 時間程度放置する.

❹分光光度計で 510 nm における吸光度をそれぞれ測定する. 標準液の測定結果から検量線を作成し, 試料溶液中の鉄濃度（mg/100 g）を算出する.

試料の鉄含有量を求めるための計算式

$$鉄含有量 (mg/100 g) = \frac{A \times V \times N}{W \times 10}$$

A：検量線から求めた発色液全量中の鉄（mg）

V：灰化試料溶液の全量（ここでは 100 mL）

N：全量 V に対する発色に用いた量の割合 1/N（ここでは V に対する 10 mL なので N = 10）

W：試料採取量（g）灰化処理前の試料重量

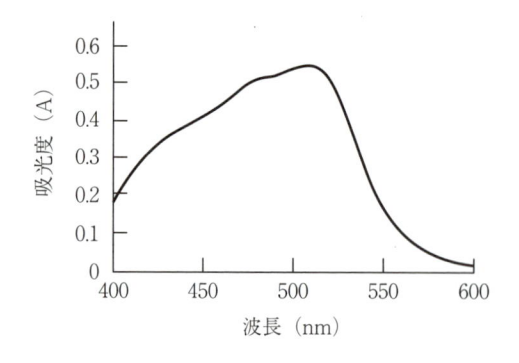 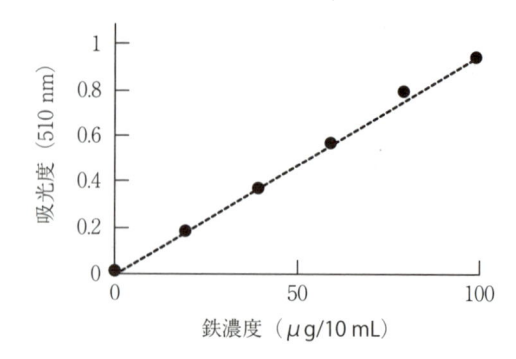

図3　鉄（II）-フェナントロリン錯化合物の吸収スペクトル（左）と濃度既知の鉄標準溶液から作成した検量線（右）の例

　錯化合物は 510 nm 付近に最大吸収波長を示す．波長 510 nm における鉄標準溶液の吸光度から作成した検量線の相関式を利用して，未知試料中の鉄含有量を算出できる（図3）．

■操作上の注意事項

❶ミネラル分析においては環境中（水，器具，ホコリなど）からの混入にも注意を払う必要がある．器具の洗浄や試薬の調製に用いる精製水については，無機質をできるだけ取り除いたものを用いる．前処理として蒸留とイオン交換樹脂を併用することは必須であるが，さらに超純水製造装置を通過させることが好ましい．

❷ガラス器具は，材質によってはナトリウム，カリウムなどのアルカリ金属，カルシウム，マンガンなどのアルカリ土類金属が溶出してくることがある．不純物の少ないホウケイ酸ガラスを用い，使用前に酸洗いをして最後に精製水をかけて乾燥させる．

■安全管理上の配慮

1. 酸性物質（塩酸，酢酸）およびヒドロキシルアミン塩酸塩を用いるため，これらの試薬を扱う操作はドラフト内で実施し，希釈溶液を扱う操作は換気条件下で保護メガネや手袋を着用する．

2. ヒドロキシルアミン塩酸塩は劇物に指定されており，潮解性で金属を腐食する性質，過度の加熱により爆発を引き起こす可能性をもつ．各種の実験廃液はポリタンクに集めて適切に処理する必要がある．

3. 電気炉など高温になる装置を扱うため，火傷や出火にも注意する．

4. 原子吸光計の操作や注意点は機種に依存するため，マニュアルを読み習熟した上で行う．

■参考図書

消費者庁・食品表示基準（通知 139 号別添：栄養表示関係），164-185（2015）．

文部科学省科学技術・学術審議会資源調査分科会編：日本食品標準成分表 2015 年版（七訂），全国官報販売協同組合（2015）．

厚生労働省：日本人の食事摂取基準 2015 年版（2015）．

食品成分表に掲載されている 13 種類のミネラル

　ヒトの身体に必要とされる必須ミネラルは 16 種類とされており，含まれる量によって主要ミネラル 7 種類（カルシウム・リン・カリウム・硫黄・塩素・ナトリウム・マグネシウム）と微量ミネラル 9 種類（鉄・亜鉛・銅・マンガン・クロム・ヨウ素・セレン・モリブデン・コバルト）に分類されている．これら必須ミネラルのうち，塩素・硫黄・コバルト以外の 13 種類については，ヒトを対象とした研究データをもとに「日本人の食事摂取基準」で摂取量の指標が定められており，食品成分表ではこれを受けて下の表のように 13 種類を定量している．

元素名	主な分析方法	主な測定法
ナトリウム（Na）	希酸抽出法または乾式灰化法	原子吸光法（589.0 nm）
カリウム（K）	希酸抽出法または乾式灰化法	原子吸光法（766.5 nm）
カルシウム（Ca）	乾式灰化法	原子吸光法（422.7 nm，干渉抑制剤添加）
マグネシウム（Mg）	乾式灰化法	原子吸光法（285.2 nm，干渉抑制剤添加）
リン（P）	乾式灰化法	吸光光度法（モリブデン酸法）
鉄（Fe）	乾式灰化法	原子吸光法（248.3 nm）
亜鉛（Zn）	乾式灰化法	原子吸光法（213.9 nm）
銅（Cu）	乾式灰化法	原子吸光法（324.8 nm）
マンガン（Mn）	乾式灰化法	原子吸光法（279.5 nm）
ヨウ素（I）	アルカリ分解法	高周波誘導結合プラズマ（ICP）質量分析法
セレン（Se）	マイクロ波による酸分解法	高周波誘導結合プラズマ（ICP）質量分析法
クロム（Cr）	マイクロ波による酸分解法	高周波誘導結合プラズマ（ICP）質量分析法
モリブデン（Mo）	マイクロ波による酸分解法	高周波誘導結合プラズマ（ICP）質量分析法

食塩相当量

　食品ラベルの栄養成分表示には，Na 量ではなく食塩相当量が記載されている．2013 年に発表された WHO のガイドラインでは食塩摂取量として 5 g/ 日 未満が推奨された．日本人の食塩摂取量はこの 2 倍以上の値であることが高血圧の一因となっていると考える研究者も多く，日本の食事摂取基準（2015 年版）では 18 〜 49 歳の食塩摂取量の目標値が，男性 8.0 g/ 日 未満，女性 7.0 g/ 日 未満と定められた．食塩の栄養学的，生理学的な作用は主に Na イオンによるものであり，食品中の Na 含有化合物（例：調味料であるグルタミン酸 Na，酸化防止剤であるアスコルビン酸 Na，発色剤である亜硝酸 Na などの食品添加物など）の Na も食塩の Na と同じ働きを持つと考えられている．さらに消費者の立場からは，ナトリウムよりも食塩の量とした方が日常の食生活において具体的なイメージを持ちやすく利便性が高いと考えられる．

　以上のことから，食品ラベルにおいては，食品中のナトリウムの定量値に 2.54（NaCl の式量／ Na の原子量）を乗じて算出した数値を「食塩相当量」として表示している．

3. 有機酸の定量

■目的

　天然食品や加工食品（醸造食品，発酵食品など）には複数の有機酸が含まれ，多様な呈味形成や貯蔵性の向上に寄与している．一般的に，含まれる有機酸の総量をその食品の主な酸の量とみなす．例えばリンゴ，カキ，モモなどの果物はリンゴ酸，ブドウは酒石酸，オレンジなどの柑橘類はクエン酸，清酒はコハク酸，乳製品，漬物，醤油は乳酸，酢漬けは酢酸，油脂類はオレイン酸，バターは酪酸が主な酸となる．本項では，アルカリ定量法による有機酸の定量法について記述する．

■理論

　食品に含まれる総酸量をアルカリ（水酸化ナトリウム）による中和滴定によって測定する．中和滴定は酸性溶液（H^+）を塩基性溶液（OH^-）により，もしくは塩基性溶液を酸性溶液により滴定し，その等量点における pH の急激な変化（滴定曲線）を利用し，中和滴定指示薬により終点を求める．中和滴定は応用範囲が広く，多くの分析で用いられる手法である（第2章1. 参照）．多くの pH 指示薬が知られており，それぞれ変色する pH の範囲（変色域)がある．本項で用いるフェノールフタレインの変色域は pH 8.3 〜 10.0 で，弱酸と強塩基との中和に適している．酸性〜中性では無色だが pH 10 以上で紅色に変化する．この性質を利用し，中和滴定の終点を決める．

■試薬・器具

試料

果汁飲料，食酢，しめさば（いずれも市販のもので可)，海砂

試薬

0.1 N 水酸化ナトリウム標準溶液（水酸化ナトリウム 4 g を純水で溶解し，1 L とする．規定度差異（Factor：F）をあらかじめ測定しておく．市販品の 0.1 mL/L 水酸化ナトリウム溶液を用いれば規定度測定は不要）

1%フェノールフタレイン指示薬（フェノールフタレイン 1 g を 50%エタノール 100 mL に溶かしたもの）

器具

三角フラスコ（100 mL)，滴定台，ビュレット（25 mL)，定性ろ紙，ろうと，ピペット，ホールピペット，乳鉢，メスフラスコ（100 mL)

■操作手順

❶試料液を一定量（10 〜 50 mL）ホールピペットで正確にとり（図1A)，三角フラスコに入れ（図1B)，フェノールフタレイン指示薬を数滴加える（図1C)．酸度の高いときは定量した蒸留水を加える．試料液が濁っている時は，乾燥ろ紙でろ過したろ液を供試液とする．

❷上記溶液を 0.1 N 水酸化ナトリウム標準溶液で滴定する（図1D)．溶液が薄い紅色となり，その色が 30 秒間消えない時点を終点とする．

　　酢漬け食品（しめさば）のような固形食品の場合は，有機酸を浸出させる必要がある．乳鉢

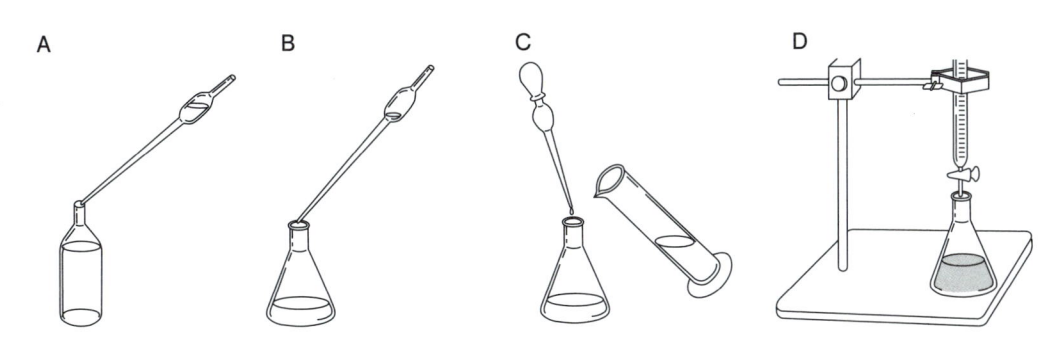

図1　有機酸定量の操作手順

に適量の海砂と蒸留水を加え，試料を十分に磨砕して有機酸を浸出させる．浸出液を別の容器に移し，再び蒸留水を加えての磨砕を数回繰り返して，浸出液を合一して最終的に定量したものを供試液として用いる．

■データ

以下の式により有機酸量を求める．

〈計算式〉

有機酸量（%）＝ ［0.1 N NaOH 滴定値（mL）× 0.1 N NaOH の F
× 有機酸分子量／有機酸価数／（試料体積（mL）× 10 × 1000)］× 100

〈計算例〉

市販のグレープフルーツジュースおよび食酢の有機酸量を測定した例を示す．

❶グレープフルーツジュース 10 mL をホールピペットでとり，0.1 N NaOH　（F=1.019）で滴定値は 21.76 mL だとすると

クエン酸（%）＝ ［21.76 × 1.019 × 192.1 /3/（10 × 10 × 1000)］× 100 = 0.71

❷食酢を 20 mL ホールピペットでとり，100 mL メスフラスコに移し定量した．そこより 10 mL をホールピペットでとり，0.1 N NaOH（F=0.9899）で滴定値が 14.14 mL だとすると

酢酸（%）＝ ［14.14 × 0.9899 × 60/1 /（20 × 10 × 1000)］× 100 × 100/10 = 4.2

■参考図書

西郷光彦編：栄養のための基礎化学実験教程，三共出版（1998)．

4. 食物繊維の分析

■目的

　日本食品標準成分表（七訂）においては，食物繊維は「ヒトの消化酵素で分解できない食品成分の総称」と定義されている．この食物繊維には，様々な構造の成分が含まれるが，化学的には難消化性の多糖類にリグニン類を加えたものととらえられており，これらを分析対象とした定量方法が採用されている．健康機能の側面からも注目されており，水に対する溶解性の違いによって不溶性食物繊維と水溶性食物繊維とに大別され，両者の合計が食物繊維総量として取り扱われる．

■理論

　食物繊維を不溶性および水溶性に分別して測定できる代表的な分析方法として，酵素重量法の1つであるプロスキー変法が用いられている．試料を消化酵素で順次処理したあと，不溶性食物繊維と水溶性食物繊維を溶解性の違いを利用して，ろ過操作により分別したのち，乾燥して秤量する．乾燥残渣から非消化性のタンパク質および灰分を差し引いて不溶性食物繊維量（IDF）と水溶性食物繊維量（SDF）とをそれぞれ算出する．不溶性食物繊維は水に難溶であることから，酵素処理した水溶液をろ過することにより，ろ紙上に残留物として集められる．一方で，水溶性食物繊維は水に溶けるが78% エタノールには難溶であることから，エタノールを加えた後にろ過操作をすることで，ろ紙上に残留物として集められる．食物繊維総量（TDF）は IDF と SDF の合計である．

■試薬・器具

試薬

アセトン（CH_3COCH_3），95% エタノール（EtOH, CH_3CH_2OH）およびその他の試薬は，市販の特級試薬を用いる．

78% EtOH：市販の95% エタノール 800 mL に蒸留水 200 mL を加えて調製する．

リン酸塩緩衝液：リン酸水素二ナトリウム二水和物（$Na_2HPO_4 \cdot 2H_2O$）1.753 g とリン酸二水素ナトリウム一水和物（$NaH_2PO_4 \cdot H_2O$）9.68 g を蒸留水に溶かし，pH 6.0 に調整したのちに蒸留水で1 L に定容し，濃度 0.08 M の緩衝液とする．

酵素溶液：以下の3種類の酵素溶液を用いる（TDF-100A としてセットでの入手も可能である）．

1. α-アミラーゼ溶液：耐熱性 Sigma-Aldrich A-3306 など．冷蔵保存．

2. プロテアーゼ溶液：Sigma-Aldrich P-3910（凍結乾燥品）など．50 mg/mL となるようにリン酸塩緩衝液に溶解．用時調製．

3. アミログルコシダーゼ溶液：Sigma-Aldrich A-9913 など．冷蔵保存．

　　0.275 M NaOH 溶液：水酸化ナトリウム（NaOH）11.00 g を水に溶かして1 L とする．

　　0.325 M HCl 溶液：濃塩酸（HCl）（36%, 約 11.6 M）28 mL に水を加えて1 L とする．

器具

トールビーカー（500 mL 程度），るつぼ型ガラスろ過器（2G2），アスピレーター装置（図1），吸引ビン，振盪装置付きウォーターバス（60℃ および 95℃），乾燥器またはマッフル炉（105℃ および 130℃），アルミニウム箔，セライト（酸洗浄済み，No. 545），デシケーター．この他,

灰分の定量および粗タンパク質の定量に用いる器具については各項目を参照すること.

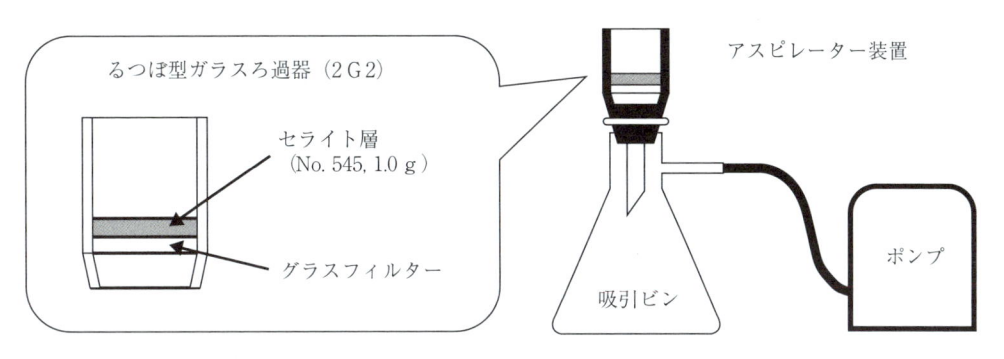

図1 るつぼ型ガラスろ過器(断面)とアスピレーター装置の例

■操作手順

❶乾燥させた試料を粉砕して,32 メッシュの器具を通して均一化する.

❷粉砕試料 1.0 ± 0.02 g を精秤し,2 つのトールビーカー(S1, S2)に取り分ける.このときの各々の重量(g)を W1,W2 とし,S1 を灰分の測定に,S2 をタンパク質の測定に用いる.それぞれの空試験用にトールビーカー(B1, B2)を 1 つずつ用意し,試料を入れずに同じ操作を行う(図2).

❸各ビーカーにリン酸塩緩衝液 50 mL と α - アミラーゼ溶液 0.1 mL を加え,湯浴中(95℃)で 30 分間反応させる.反応中の蒸発を防ぐため各トールビーカーをアルミニウム箔で覆い,未反応の試料が生じないように約 5 分ごとに反応液を撹拌する.

❹室温まで冷却後,各ビーカーに 0.275 M の NaOH 溶液 10 mL を加えて pH 7.5 ± 0.1 に調整する.プロテアーゼ溶液 0.1 mL を加え,60℃ で振盪しながら 30 分間反応させる.

❺室温まで冷却後,各ビーカーに 0.535 M の HCl 溶液 10 mL を加えて,pH 4.3 ± 0.3 に調整する.アミログルコシダーゼ溶液 0.1 mL を加え,60℃ で振盪しながら 30 分間反応させる.

❻上記一連の操作を経た酵素処理溶液(約 70 mL)S1,S2 を,予め恒量(Y0)を求めたガラスろ過器 IDF(S1),IDF(S2)に各々流し込み,吸引ろ過する.ガラスろ過器内の残留物を約 10 mL の水で 2 回吸引しながら洗浄してろ液に合わせ,アスピレーター装置から取り外す.この段階では,ガラスろ過器内の残留物には IDF が,吸引ビンに回収されたろ液には SDF が含まれる(図3).

❼操作❻で得られた IDF が含まれるガラスろ過器の残留物を,95% EtOH 10 mL で 2 回,アセトン 10 mL で 2 回,順次洗浄し,洗浄液は廃液とする.ガラスろ過器を 105 ± 5℃ で一晩乾燥させた後,恒量 IDF(Y1)をとる.試験区の重量を IDF(S1Y1),IDF(S2Y1),そして空試験区の重量を IDF(B1Y1),IDF(B2Y1)として,表1に記入する.

❽操作❻で得られた SDF を含むろ液に,あらかじめ 60℃ に加温しておいた 4 倍量の 95% EtOH(約 280 mL)を徐々に撹拌しながら加えることで 78% EtOH 溶液としたのちに,室温で 1 時間放置する.

❾78% EtOH をろ過する際には,まず上清をガラスろ過器 SDF(S1),SDF(S2)に流し込んだ後に,

表1　データ記入・計算シートの例

試料記号		ろ過器番号	ろ過前重量(g)	ろ過後乾燥重量(g)	残留物重量(g)	平均値(g)	タンパク質量(g)	灰分量(g)	食物繊維量(g)
		#	Y0	Y1	Y1-Y0=Y2	$\overline{Y2}$	P	A	$\overline{Y2}$-P-A=Y3
IDF	S1								
	S2								
	B1								
	B2								
SDF	S1								
	S2								
	B1								
	B2								

続けて沈殿物を流し入れる．残渣を78% EtOH 20 mLで3回，アセトン10 mLで2回洗浄する．ろ液および洗浄液は廃液とする（図3を参照）．この段階では，残留物にはSDFが含まれている．残留物の入ったガラスろ過器を$105 \pm 5°C$で一晩乾燥して恒量SDF（Y1）をとる．試験区の重量をSDF（S1Y1），SDF（S2Y1），そして空試験区の重量をSDF（B1Y1），SDF（B2Y1）として，表1に記入する．

❿ IDFおよびSDFの乾燥残留物のうち，試験区S1と空試験区B1の残留物を用いて灰分Aを定量し，IDF（SA），IDF（BA）およびSDF（SA），SDF（BA）を求める．もう一組の試験区S2と空試験区B2の残留物を用いてタンパク質Pを定量し，IDF（SP），IDF（BP）およびSDF（SP），SDF（BP）を求め，表1に記入する．各々の測定法については各項目を参照すること．

⓫ 試料中の水溶性食物繊維量は，表1にまとめた各試料の食物繊維量の平均値$\overline{Y2}$からPとAを差し引いたY3の値を求める．次にIDF，SDF，TDFの値を以下の計算式を用いて計算する．

試料のIDF, SDF, TDFを求めるための計算式

不溶性食物繊維（IDF）（g/100 g）＝ IDF（SY3）－ IDF（BY3）× 1／$\overline{W}$（＿＿）× 100

水溶性食物繊維（SDF）（g/100 g）＝ SDF（SY3）－ SDF（BY3）× 1／$\overline{W}$（＿＿）× 100

食物繊維総量（TDF）（g/100 g）　＝（IDF）＋（SDF）

S：試験区（試料），B：空試験区（試料なし）
$\overline{W}$：図2より　$\overline{W}$（＿＿）＝（WS1 ＋ WS2）／2
Y3：表1より Y3 ＝ $\overline{Y2}$（＿＿）－ P（＿＿）－ A（＿＿），P：タンパク質量，A：灰分量

試料（1.0±0.02 g）　W1：　　　g　W2：　　　g　（平均 $\overline{W}$：　　　g）

　　　2 つのトールビーカー S1，S2 に各々秤量（空試験用にB1，B2を用意）

　　　リン酸塩緩衝液 50 mL とアミラーゼ溶液 0.1 mL を添加（pH 6.0）

　　　分解反応（95℃，30 分，振盪）ののち，室温まで放冷

　　　NaOH 溶液 10 mL とプロテアーゼ溶液 0.1 mL を添加（pH 7.5 に調整）

　　　分解反応（60℃，30 分，振盪）ののち，室温まで放冷

　　　HCl 溶液 10 mL とアミログルコシダーゼ溶液 0.1 mL を添加（pH 4.3 に調整）

　　　分解反応（60℃，30 分，振盪）ののち，室温まで放冷

酵素処理溶液（約 70 mL/ トールビーカー）

図 2　分析フローチャート（試料の酵素処理）

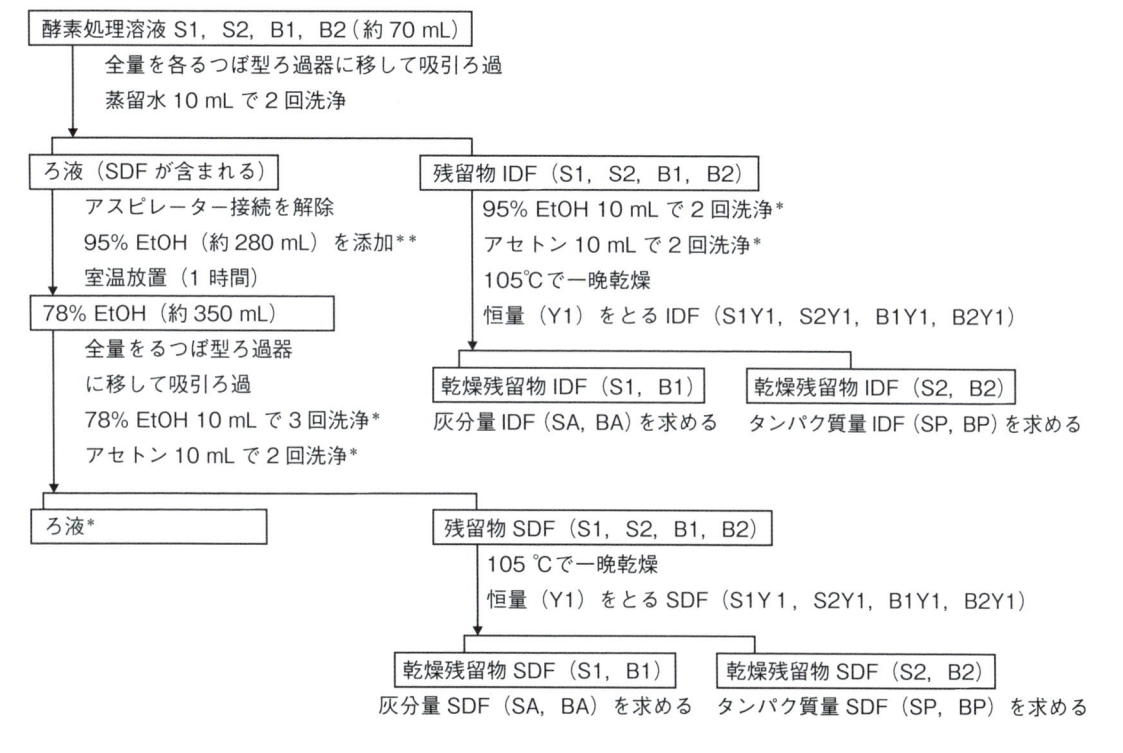

図 3　分析フローチャート（IDF と SDF との分別と恒量測定）

* ：洗浄した液は廃棄する．ただし，78% EtOH のろ液と洗浄液に含まれる低分子水溶性繊維を定量する場合は回収する必要がある．

** ：塩類の析出を防ぐため，酵素処理したろ液が温かいうちに，予め 60℃に加温しておいた 95% EtOH を攪拌しながら加える．

> **るつぼ型ガラスろ過器の洗浄と精秤**
>
> 　購入後に550℃で1時間加熱し，放冷したものを用いる．分析開始前に，るつぼ型ガラスろ過器にセライト0.5～1.0 gを入れて，水，エタノールで順次洗浄して，ろ過器の底面にあたるグラスフィルタの上面に均一な層を形成させる．このろ過器を130℃で1時間加熱した後，デシケーター中で放冷してから精秤し，各ろ過器の恒量（Y0）を求め，固有番号とともに表1に記入しておく．

■操作上の注意事項

❶ ここで紹介した操作手順では，分析する試料1つにつき，トールビーカー2つが必要であり，それぞれについてIDFとSDFを回収するためガラスろ過器4つが必要となる．また，1回の分析操作につき，空試験用として試料1つ分の器具一式が必要となる．

❷ プロスキー変法において水溶性食物繊維として得られる成分は主に高分子量の多糖類であり，オリゴ糖や難消化性デキストリンなどの低分子水溶性食物繊維は78% EtOH溶液中でも沈殿せずにろ過器を素通りしている．これら成分を定量するためには，プロスキー変法で最後に得られるろ液を回収し，有機溶媒と水を除去した後にHPLC法により分離分析する必要がある．HPLC法の詳細は消費者庁の通知別添に記載されている．

❸ 不溶性・水溶性の分別をせずに食物繊維総量のみを測定する場合は，プロスキー法を用いることができる．すなわち，酵素処理溶液に直ちに95% EtOH溶液を加えることで，水溶性食物繊維と不溶性食物繊維の両方を同時に沈殿させてろ過器により回収，定量する．

■安全管理上の配慮

1. 95℃のウォーターバスや105℃および130℃のマッフル炉を用いる際，液体やガラス容器が非常に熱くなるため，火傷しないように注意する．ウォーターバスやマッフル炉の周辺も高温となっている事にも注意を払う．

2. るつぼばさみの扱いに慣れていない場合は，防水性・耐熱性のある厚手の手袋を用いることもできる．

3. 有機溶媒（エタノール，アセトン）を用いるため，換気に注意する．アスピレーターの排気口をドラフト内に入れるか，溶媒回収装置に接続すると良い．濃塩酸の希釈時にも注意を払う．

4. 廃液は適切に処理をする（担当教員の指示に従う）．

5. タンパク質定量および灰分定量においては各項の注意事項を参考にすること．

■参考図書

安井明美，渡邊智子，中里孝史，渕上賢一編；日本食品標準成分表2015年（七訂）　分析マニュアル・解説，建帛社（2016）．

早川享志；ビタミン，**90**，555-558（2016）．

消費者庁；食品表示基準通知（通知139号別添：栄養表示関係），144-161（2015）．

食物繊維のカロリー計算

食品の熱量（カロリー）を算出する場合には，タンパク質は 4 kcal/g，脂質は 9 kcal/g，炭水化物は 4 kcal/g，の係数が用いられる．炭水化物のうち，食物繊維のカロリーについては個々の素材を用いてヒトにおける消化の程度が考察され，下表の通り係数が別途設定されている．表に記載のない食物繊維については，以下の考え方に従う．すなわち①大腸に到達して完全に発酵されるものは 2 kcal/g とする．②発酵分解を受けないものは 0 kcal/g とする．③ヒトを用いた出納実験により発酵分解率が明らかな食物繊維については，25% 未満のものは 0 kcal/g，25% 以上 75% 未満のものは 1 kcal/g，75% 以上のものは 2 kcal/g とする．上記①〜③にも当てはまらない素材については 2 kcal/g とされている．

食物繊維素材名	エネルギー換算係数
寒天，キサンタンガム，サイリウム種皮，ジェランガム，セルロース，低分子アルギン酸ナトリウム，ポリデキストロース	0 kcal/g
アラビアガム，難消化性デキストリン，ビートファイバー	1 kcal/g
グァーガム（グァーフラワー，グァルガム），グァーガム酵素分解物，小麦胚芽，湿熱処理でんぷん（難消化性でんぷん），水溶性大豆食物繊維（WSSF），タマリンドシードガム，プルラン	2 kcal/g

変遷する食物繊維の分析法

日本食品標準成分表において「炭水化物」の組成をより正確に把握するためにも「食物繊維」の定量は重要だが，その分析方法は時代に合わせて選ばれている．

2015 年版の同成分表（第七訂）では，国際的な科学基準を検討する非営利団体 AOAC INTERNATIONAL が定める分析法のうち，水溶性と不溶性の食物繊維が定量できる AOAC985.29 法に基づいたプロスキー変法が用いられており，本稿ではこの方法を紹介した．

2018 年の第七訂追補版の炭水化物成分表編では，機能性成分としても注目されているオリゴ糖や難消化性デンプンなどの定量も可能とされている AOAC2011.25 法が採用されており，「低分子量水溶性食物繊維」，「高分子量水溶性食物繊維」，「不溶性食物繊維」，「食物繊維総量」の各画分の定量値が，プロスキー法の定量値とともに併記されている．本稿の注意事項 2 にも示したように，現行でもろ液中の低分子水溶性繊維を HPLC で定量する方法が用いられることがあるが，新法では酵素分解処理の条件が異なっている．したがって両方法によるろ液成分の定量値は一致しないことがあるために，このような形式が取られている．

おそらく将来的には，新しい方法によって得られた成分値に更新されていくものと考えられる．分析値を利用する人に対しては，「目的に応じて適切な値を選ぶこと」と親切な注意書きが添えられているが，分析に携わっていく人に対しては「値は方法によって変化しうることを心に留めて操作に臨むこと」と添えておかなくてはならない．

5. グリコーゲンの定量

グリコーゲンはグルコースが α - グリコシド結合によって重合した高分子化合物で，動物の肝臓や筋肉に多く存在する貯蔵多糖である．二枚貝でもグリコーゲンは余剰のグルコースから生合成され，貯蔵組織や生殖巣に蓄えられる．一方，エネルギー源が不足すると，貯蔵されていたグリコーゲンはグルコースに分解され生命活動を維持するために消費される．

■目　的

グリコーゲンを多く含む旬のマガキは美味であるが，グリコーゲンそのものには味はないとされる．しかし，グリコーゲンは遊離アミノ酸などの呈味成分と共存することにより，味にまろやかさや深みを与えるといわれる．また，同種の二枚貝でも産地や季節によってグリコーゲン量は大きく変動する．本項では，マガキなどグリコーゲンが比較的多く含まれる二枚貝からグリコーゲンを精製し，フェノール–硫酸法によりグリコーゲン含量を求める．比色分析を用いた定量法が一般的であるが，本項ではマイクロプレートリーダーを使用し，一度に多くの検体について定量する方法を紹介する．

■理　論

定量には，まず95％エタノールでグリコーゲンを沈殿させたのち，再び水に溶解し濃硫酸によってフルフラール誘導体を生成させる．これにフェノールを反応させて発色させ，分光光度法により490 nm の吸光度からグルコース量を求める．グリコーゲンは α -D- グルコース分子が次々と脱水縮合によって生成された高分子化合物 $(C_6H_{10}O_5)_n$ である．したがって，求めたグルコース量に 0.9 を乗じてグリコーゲン量とする（図1）．

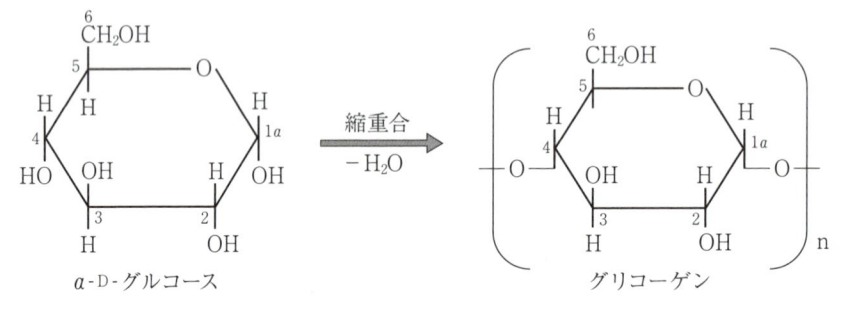

α -D- グルコース　　縮重合 $-H_2O$　　グリコーゲン

図1　グリコーゲンの生成

■試薬・器具

試料

生または冷凍のマガキなどのむき身（産地など来歴の異なる二枚貝が数個体ずつ複数群あれば望ましい）

試薬

無水グルコース，30％水酸化カリウム，95％エタノール，5％フェノール，濃硫酸

装置・器具

遠心分離機，マイクロプレートリーダー（図1），96 穴マイクロプレート，恒温槽，シーラー（図

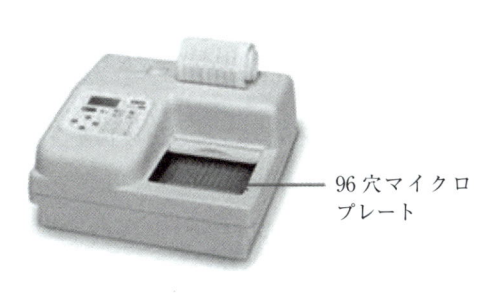

図2 マイクロプレートリーダー

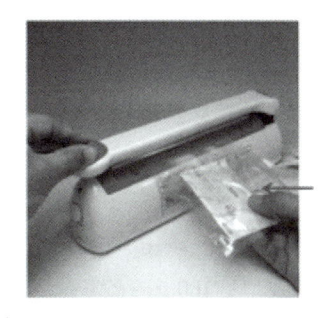

96 穴マイクロ
プレート

二枚貝のむき身
を入れて密封す
る

図3 シーラー

2），マイクロピペット（200，1000 μL），プラスチック製遠沈管（10 mL），マイクロチューブ（1.5 mL），ブレンダー，ビーカー（50 mL），メスフラスコ（100 mL），包丁，まな板

■操作手順

【1】検量線用標準液の調製

　グルコース標準液：無水グルコース 100 mg を蒸留水に溶かして正確に 100 mL とする（1 mg/mL）．この 1 mL を正確に量りとり，蒸留水を加えて 10 mL のグルコース標準液（100 μg/mL）とする．この標準液の 100, 200, 500 および 700 μL をマイクロチューブに量りとり，それぞれに 900, 800, 500 および 300 μL の蒸留水を加えて，10, 20, 50 および 70 μg/mL 溶液を調製する．

【2】試料の前処理

❶ 二枚貝の軟体部を殻から取り出し，表面の余分な水分を軽く拭き取って重量を測定する．

❷ ポリ袋に①を入れ，空気を軽く抜いてからシーラーで密封する．

❸ 沸騰水浴中で 5 分間加熱する．

❹ 粗熱をとった③を取り出し，包丁で均一のペースト状になるまで細切する．

❺ ❶〜❹の操作を個体ごとに繰り返す．

【3】試料液の調製

❶ 細切試料 1.0 g を遠沈管に秤取し，30％水酸化カリウム溶液 1.5 mL を加える．

❷ 80℃に設定した恒温槽中で 30 分間加温する．

❸ 室温に戻してから 95％エタノール 1.5 mL を加え，氷中で 30 分間放置する．

❹ 遠心分離機にかけ，3,000 rpm で 10 分間遠心分離する．

❺ 遠沈管を傾けて上清を取り除く．

❻ 残渣に蒸留水 5.0 mL を加え，ブレンダーで撹拌して完全に溶かす．

❼ ❻にさらに蒸留水 5.0 mL を加えてグリコーゲン抽出液とする．

❽ 上記の抽出液を 10 倍に希釈する（蒸留水 900 μL を入れたマイクロチューブに抽出液を 100 μL 加え，ブレンダーで混ぜる）．

【4】グリコーゲンの定量

❶ マイクロチューブに 5％フェノール 100 μL を量りとり，標準液または試料液を 100 μL 加えてブレンダーで混ぜる．

❷ ❶に濃硫酸を 500 µL 加え，ブレンダーで混ぜる.

❸ マイクロプレートのウェルについて検量線用標準液および試料を注入する順番や位置を定め，図示しておく（同一試料を 2 列ずつ揃えて注入し 2 重測定を行う）.

❹ 30 分間室温で放置後，❸で定めた位置に 100 µL ずつ注入し，490 nm 付近に波長を設定したマイクロプレートリーダーでプレート上の全試料の吸光度を同時に測定する.

❺ 検量線より得られた濃度 A（µg/mL）からグルコース量（g/100 g）を求め，それに 0.9 を乗じてグリコーゲン量（g/100 g）とする.

（その後，実験の内容に応じて得られたデータの統計処理を施す. 第 8 章参照）

$$グリコーゲン含量（g/100g）= \frac{A（µg/ml）× V（ml）× D}{W（g）× 1,000,000} × 100 × 0.9$$

V：抽出液量（mL），D：希釈倍数，　W：試料採取量（g）

■安全管理上の配慮

1. ノロウイルスにしばしば汚染されるマガキは、冷凍品でも試料調製中に感染源となる恐れがあるため、本法ではマガキのむき身を密封加熱し、実験中の感染リスクを排除する。

2. グリコーゲンの定量で，濃硫酸を加えブレンダーで混ぜる際，発熱するので注意する.

■参考図書

松井利郎・松本　清編；機器分析から応用まで，食品分析学，培風館（2016），pp.152-153.

日本生化学会編；糖質，基礎生化学実験法 5，東京化学同人（2000）

デンプンとグリコーゲン

デンプンやグリコーゲンは，α-D-グルコース分子が次々と脱水縮合を繰り返してできた重合体で，ともに貯蔵多糖である. デンプンにはアミロースとアミロペクチンがあり，アミロースはグルコースの 1 位と隣接したグルコースの 4 位で連続的に α-グリコシド結合によって直鎖状に連なった構造をもつ. アミロペクチンはこのようなグルコース残基でさらに α-1,6 結合によりところどころ枝分かれしている（図 4）. グリコーゲンはアミロペクチンと構造が類似しており，動物の肝臓や筋肉のエネルギー貯蔵の役割をもつ. 両者の違いは，それぞれ植物また

は動物由来であることに加え，グリコーゲンの方がアミロペクチンに比べ枝分かれの数がはるかに多いということである. すなわち，アミロペクチンがグルコース約 24 ～ 30 個ごとに枝分かれするのに対し，グリコーゲンでは約 8 ～ 12 個ごとに枝分かれした構造を示す（図 5）. 動物では，食物から吸収された過剰のグルコースは肝臓でグリコーゲンとして蓄えられ，必要に応じてグリコーゲンからグルコース分子が切り離される. 運動量の多い動物にとって，グリコーゲンの構造はエネルギーを変換するのに効率的といえる.

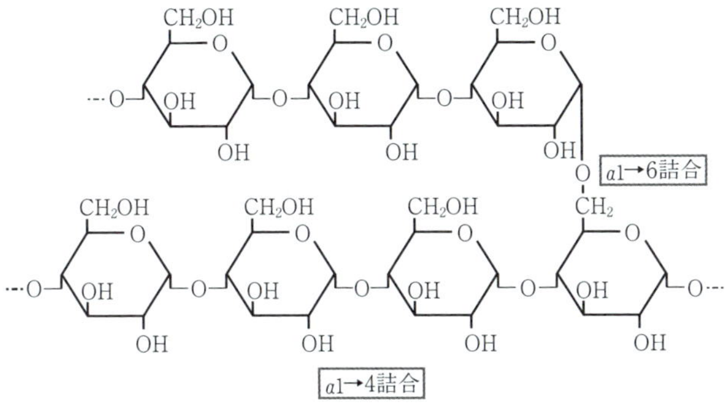

図4 アミロペクチンまたはグリコーゲンの部分構造式 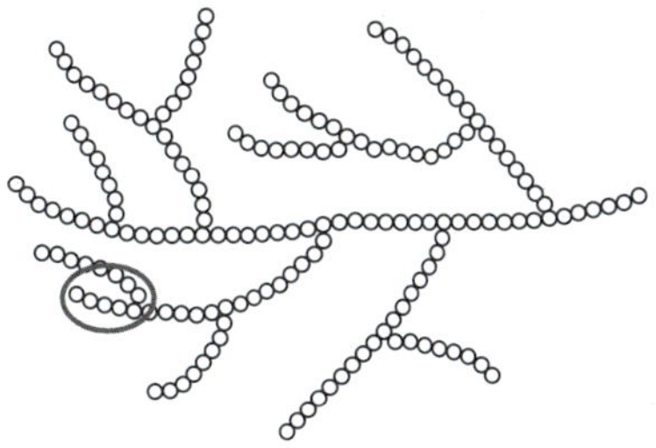　図5 グリコーゲンの枝分かれ構造

二枚貝の味

二枚貝の味は主に遊離アミノ酸, 核酸 (ATP) 関連化合物などの低分子含窒素化合物の種類と量に影響されるが, 高分子のグリコーゲンは, カキが「海のミルク」と称されるほど, そのおいしさの重要な要素である. 一般に二枚貝は生殖に備えてエネルギー源としてグリコーゲンを体内に蓄積する. マガキは春の終わりまでグリコーゲンが増加し続けるため嗜好性が高まるが, 夏の産卵期を過ぎると一気に減少し, いわゆる水ガキ状態になる. このようにマガキのグリコーゲン量は1年の間に大きく変動し, その差は5倍以上にもなる. 他の二枚貝も同様に, 産卵期前に呈味成分やグリコーゲンが最も豊富に含まれるため, 消費者の嗜好を楽しませてくれる. ところで, マガキをはじめ二枚貝の中には, 人為的に3倍体 (3n) が生産されることがある. 通常の2倍体 (2n) マガキが繁殖のために大量のエネルギー源を消費する夏季であっても, 配偶子形成のない3倍体マガキはグリコーゲンを保持するため食用としての利用価値がある. しかし, 2倍体マガキは産卵期を過ぎると栄養成分を急速に蓄積し, 冬〜春の旬の時期にはグリコーゲンおよび遊離アミノ酸の含量は3倍体よりも多くなる.

マイクロプレートリーダー

分光光度計ではキュベットに入れた試料液について一つ一つ測定するが, マイクロプレートリーダーはマイクロプレートの多数のウェル (96穴など) に入れた液体試料の吸光度や蛍光・発光強度を一気に短時間で測定する装置である. 本装置は光学フィルターによって一定波長の吸光度を測ることができるが, モノクロメーターを用いた装置では紫外線から赤外線領域に至る任意の波長で測定することができる. また現在では, 測定温度を一定に保ち, 連続的に時間変化を観測できるほか, 専用ソフトウェアのプログラムに従ってスキャン測定やデータ処理などのできるものが一般的になっている. マイクロプレートリーダーは様々な化学物質の定量, 酵素活性試験, ELISAなど, 化学・生化学・免疫学的な分野で盛んに用いられている. さらに, 細胞増殖などの生物学的定量, 分子運動や分子間相互作用などの物理学的定量, 医薬におけるスクリーニングなど, その用途は多岐にわたる.

6.　高分子物質の粘度と分子量の測定

■目的

　低分子物質において分子量はその物質を特定する定数となる．しかしながら高分子物質は一般に単一分子量の物質から構成されることはなく，分子量に分布がある同族体の混合物である．したがって高分子物質の分子量は平均分子量として取り扱われ，その物性に決定的な影響を及ぼす基本的な性質である．

　高分子溶液を希薄にすると，粘度計を用いてその落下時間を測定することで分子量を決定することができる．ここでは分子量測定法の1つの方法として，粘度法によるポリビニルアルコール（polyvinylalcohol，PVA，$(CH_2=CHOH)_n$）の分子量測定を行う．

■理論

　溶液とその純溶媒の粘度をそれぞれ η，η_0 とするとき，η/η_0 を溶媒の相対粘度といい，η_r で表す．高分子溶液では高濃度になると分子鎖同士が互いに絡み合う．濃度が希薄になるにつれて分子鎖同士の接触がなくなり，それぞれが独立して運動するようになるが，純溶媒の粘度 η_0 よりも粘度が上昇する．それは高分子鎖と溶媒分子との間の摩擦によって液の流れが妨げられるためであり，この粘度の上昇率を比粘度 η_{sp} といい，

　$\eta_{sp}=(\eta-\eta_0)/\eta_0$　で表すことができる．$\eta/\eta_0=\eta_r$ であるから，$\eta_{sp}=\eta_r-1$ である．

　高分子溶液の濃度を c（g/100 mL）としたとき，高分子溶液を極限まで（限りなく濃度が0に近くなるまで）薄めると，単位濃度あたりの粘度上昇率 η_{sp}/c は溶媒中に高分子が1分子のみ存在する場合の粘度の上昇率と考えることができる．これを極限粘度または固有粘度といい，$[\eta]$（一般にイーターカッコと呼ばれる）と表記する．

$$[\eta]=\lim_{c\to0}(\eta_{sp}/c)$$

　$[\eta]$ は高分子鎖の大きさ，すなわち分子の長さに関連することから，粘度平均分子量 M との間には次の関係にあることが経験的に知られている．

　$[\eta]=K\cdot M^a$　　　　　　　　（式1）

　この式はマーク-フウィンク-桜田の式（Mark-Houwink-Sakurada equation）という．K，aはともに高分子物質の溶媒の組み合わせおよび温度で定まる定数であって，例えばPVAを水に溶解し，測定温度が25℃，30℃の場合は，実験的に導かれた次の値が示されている（表1）．

表1　PVA を水に溶解した時の K，a の値（測定温度 25℃，30℃）

試料	溶媒	測定温度	分子量範囲 (M)	K × 10⁴	a
PVA	水	25℃	$1\times10^4\sim1\times10^5$	14.0	0.60
PVA	水	30℃	$3\times10^4\sim1.2\times10^5$	6.66	0.64

　表1に示した分子量範囲は K と a の値を決定した際に用いた分子量の範囲であって，K，aは高分子の種類，溶媒，温度などによって決まる定数である．式1の両辺の対数をとると，$\log[\eta]=\log K+a\log M$ となる．よって，K と a が既知であれば，高分子溶液の粘度測定という簡単

な方法によって分子量を求めることができる.

■実験

30℃における粘度を測定し,分子量を求める.

■試薬・器具

試薬

PVA, エタノール(洗浄用), ジエチルエーテル(洗浄用)

装置・器具(カッコ内は必要量)

恒温水槽, オストワルド粘度計, ゴム管(粘度計の管の口にあう径のもの, 20 ~ 30 ㎝), ストップウォッチ, ガラスフィルター 3G2, 吸引ろ過ビン(容量 300 ~ 500 mL 程度のもの), 秤量ビン(容量 5 mL 以上のもの), ホールピペット(1 mL, 2 mL, 5 mL, 10 mL, 20 mL), ビーカー(200 mL), 三角フラスコ(50 mL, 100 mL), メスシリンダー(200 mL), ガスバーナー, 三脚台, 金網, 軍手, 薬さじ, ガラス棒, 温度計, るつぼばさみ, デシケーター, 恒温乾燥器, 局所排気装置(ドラフト), 電子天秤

■操作手順

〈1 日目〉

【1】高分子溶液の調製

200 mL ビーカーに PVA 約 1.5 g を量りとり,これに蒸留水約 150 mL を入れてかき混ぜながら加熱する.沸騰したら加熱をやめ,かき混ぜながらよく溶かす.粉末が外部だけ吸水した状態になって器壁に付着したら,ガラス棒で押し潰して溶かす.なお,溶けない時はさらに加熱して溶かす.ほとんど溶けたら冷水中にてビーカーごと冷却し,40 ~ 60℃になった時,ガラスフィルターで吸引ろ過し,不溶性ゲルや不純物を除去する.ろ液を 100 mL 三角フラスコに移し,原液とする.この原液を蒸留水を用い,原液希釈表(表 2)に従って各濃度溶液を作り,50 mL 三角フラスコに入れ,パラフィルムで蓋をして室温にて保存する.なお,使用後のガラスフィルターは温水で 3 ~ 4 回洗浄し,不純物を十分に除去する.

表 2 原液希釈表

希釈度	1	3/4	1/2	1/4	1/5	1/10	0
原液(mL)	20	15	10	5	4	2	0
蒸留水(mL)	0	5	10	15	16	18	20
合計(mL)	20	20	20	20	20	20	20

【2】高分子溶液の濃度の算出

[1]で調製した原液 5 mL を予め精秤した秤量ビンに入れ,105℃の恒温乾燥器中で塵が入らないように気を付けながら約 2 時間乾燥する.乾燥の際,110℃以上になると黄変するので注意する.デシケーターで 1 時間放冷後,100 mL 中の重量を g 数として算出し,希釈度を乗じて濃度を求める.
秤量後の秤量瓶は温水中に入れて放置すると,乾燥物は吸水膨潤して剥離しやすくなる.PVA

の付着は実験誤差の原因となるので，よく洗浄しておく．

〈2日目〉

【3】粘度の測定

＊測定は希薄溶液から測定し，順次濃厚溶液に移る．

❶各濃度の溶液をホールピペットで5〜10 mL程度の一定量を取り，粘度計下方の球状部（試料だめ球）に注入する（粘度計に入れる液量は，液面が下部の試料だめ球の中央にくる程度がよい）．

❷細い方の管の口にゴム管をつけ，30℃の恒温水槽に浸す（試料温度を平衡化させる）．
＊粘度は測定温度に敏感なので，測定は温度制御された恒温水槽中で行う．

❸ゴム管を口にくわえて標線よりも上まで液を吸い上げ，測時球（標線と標線の間の小さい丸いふくらみ）を満たしたら吸い上げをやめ，液面が下がらないようにゴム管を抑える．

❹ゴム管部を開放し，液を自然落下させる．液面が測時球の上の標線を通過した時から下の標線を通過するまでの時間をストップウォッチで計る．流下時間を秒単位で5回繰り返して計り，平均値をとる．粘性が高いほど通過時間は長くなる．

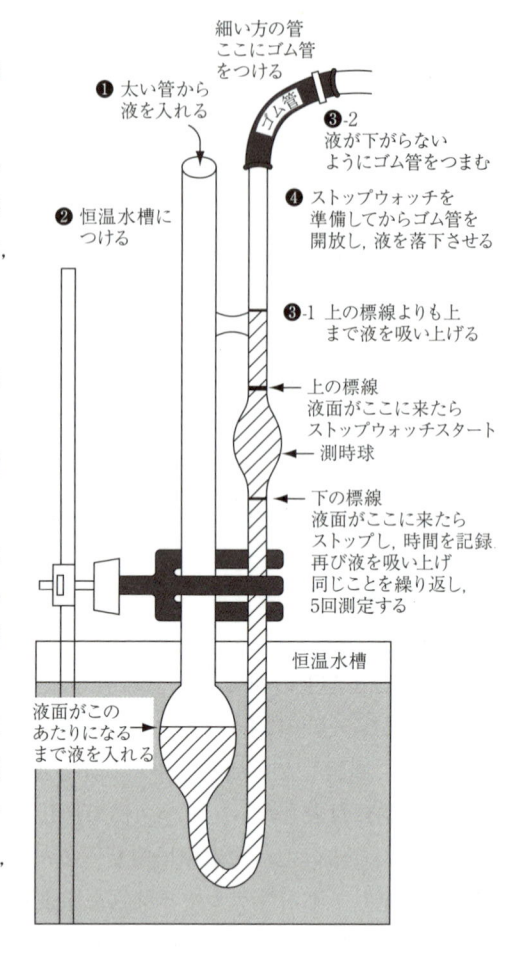

❶ 太い管から液を入れる

❷ 恒温水槽につける

細い方の管　ここにゴム管をつける

ゴム管

❸-2 液が下がらないようにゴム管をつまむ

❹ ストップウォッチを準備してからゴム管を開放し，液を落下させる

❸-1 上の標線よりも上まで液を吸い上げる

上の標線　液面がここに来たらストップウォッチスタート

測時球

下の標線　液面がここに来たらストップし，時間を記録　再び液を吸い上げ　同じことを繰り返し，5回測定する

恒温水槽

液面がこのあたりになるまで液を入れる

❺5回測定したら粘度計を傾けて太い管側から液を出し，水で2〜3回洗浄して高分子溶液を除去する．ドラフト内にてエタノールで2回，ジエチルエーテルで2回洗浄する．エーテルはアスピレーターなどで吸引して揮発・風乾させた後，次の溶液を入れる．

❻下記データを参考に，PVAの濃度と分子量を求める．

■データ

【1】PVA の濃度決定

原　液	5 mL
秤量瓶重量	17.1031 g
乾燥後の重量	17.0536 g（105℃，2 h）
乾燥物の重量	0.0495 g
∴原液の濃度	0.990 g/100 mL

【2】30℃で測定した各濃度の粘度

〈結果例〉

希釈度	1	3/4	1/2	1/4	1/5	1/10	0
濃度 c (g/100 mL)	0.99	0.7425	0.495	0.2475	0.198	0.099	0
流下時間 (秒)	74.4	67.3	60.2	54.1	53.1	51.2	49.6
相対粘度 (η_r)	1.50	1.36	1.21	1.09	1.07	1.03	1
比粘度 (η_{sp})	0.50	0.36	0.21	0.09	0.07	0.03	0.00
η_{sp}/c	0.505	0.481	0.432	0.367	0.356	0.326	–

【3】分子量の求め方

横軸を PVA の濃度 c (g/100 mL)，縦軸を η_{sp}/c として，グラフを作成し，回帰式を求めると，Y 軸との交点，すなわち回帰式の切片の値が [η] である．

〈結果例〉

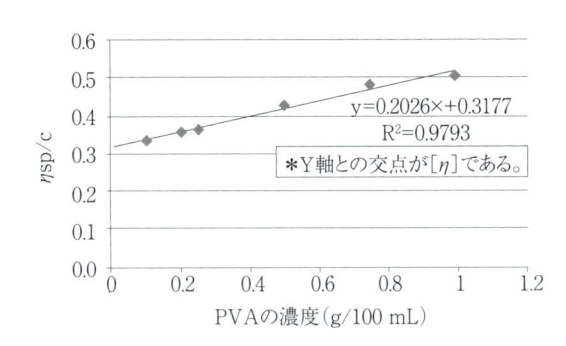

〈計算例〉

　30℃における PVA の粘度定数は K=6.66 × 10^{-4}，a=0.64

　[η] = KM^a から，

　0.3177 = 6.66 × 10^{-4} × $M^{0.64}$　　＊ 0.3177 は上の回帰式から求めた値

　log0.3177 = − 4 + log6.66 + 0.64log M

　− 0.4980 = − 4 + 0.8235 + 0.64log M

　log M = 26785/0.64 = 4.18515…

　　　　　　　≒ 4.1852

　　　　M = 15,317.3

　　　　　　≒ 15,300

　よって，ポリビニルアルコールの分子量は約 15,300

■安全管理上の配慮

　エーテルは極めて引火性が強いので，粘度計洗浄時にビンの蓋を空ける時は，近くでバーナーに火が付いていないことを確認する（2 〜 3 m 離れていても火が走ることがある）.

第4章

タンパク質分析

1. タンパク質の分画と比色定量

1）タンパク質の分画

■目的

　水産物はわが国では重要な動物性タンパク質源であり，その大部分は筋肉に由来する．したがって，古くから魚貝類筋肉タンパク質の性状が多くの研究者によって調べられてきた．魚貝類筋肉タンパク質は，中性塩に対する溶解性の違いから，水溶性，塩溶性および不溶性の3つのタンパク質画分に分けることができるので，各々のタンパク質画分を用いて生化学的性状や加工特性との関連性が検討されている．魚貝肉タンパク質を分画する上で，実際には，タンパク質の収率向上や安定性などの個々の研究目的に応じて様々な工夫やノウハウが存在するが，ここでは，最も基本的な魚肉タンパク質の分画法を紹介する．

■理論

　魚貝類筋肉タンパク質は，中性塩に対する溶解性の違いから，水溶性，塩溶性および不溶性の3つのタンパク質画分に分けることができる．水溶性タンパク質は筋形質タンパク質（sarcoplasmic protein）とも呼ばれ，代謝エネルギーの源である核酸の一種アデノシン5'-三リン酸（adenosine 5'-triphosphate，ATP）の産生に関与する酵素タンパク質を多く含む．塩溶性タンパク質は，筋収縮に関与する筋原繊維系のタンパク質（myofibrillar protein）を含む．不溶性タンパク質は，コラーゲンに代表される結合組織由来の筋基質タンパク質（stroma protein）を含む．魚類普通筋の全タンパク質中，筋形質タンパク質および筋原繊維タンパク質はそれぞれ20～50%および50～70%を占める．筋基質タンパク質は魚類では2～3%程度と低いが，サメやエイなどの板鰓類では7%程度と多い．

■試薬・器具

試薬調製

リン酸塩緩衝液（イオン強度 $I=0.05$，pH 7.5）：リン酸二水素ナトリウム（$NaH_2PO_4 \cdot 2H_2O$）0.527 g とリン酸水素二ナトリウム（Na_2HPO_4）2.20 g を蒸留水に溶解させ，終濃度がそれぞれ 3.38 mmol/L および 15.5 mmol/L となるように全量 1 L に調製する．使用するまで冷蔵保存する．

0.45 mol/L 塩化ナトリウム－リン酸塩緩衝液（pH 7.5）：塩化ナトリウム（NaCl）33.55 g，リン酸一カリウム（KH_2PO_4）0.460 g，リン酸水素二ナトリウム（Na_2HPO_4）2.20 g を蒸留水に溶解させ，終濃度がそれぞれ 0.45 mol/L，3.38 mmol/L および 15.5 mmol/L となるように全量 1 L に調製する．使用するまで冷蔵保存する．

0.1 mol/L 水酸化ナトリウム溶液：水酸化ナトリウム（NaOH）0.4 g を蒸留水に溶かし，全量

　　　100 mL に調製する.

0.5 mol/L 酢酸溶液：500 mL 容ガラスビーカーに蒸留水をあらかじめ約 450 mL 加えておき，ス
　　タラーで撹拌しながら，酢酸（CH_3COOH）14.3 mL（原液の濃度が 17.5 mol/l である場合）
　　をゆっくりと加え，冷ましたのち全量 500 mL に調製する.

装置・器具

大容量冷却遠心分離機（目的に応じて超遠心分離機を用いる場合もある），低温室（低温室がな
　　い場合は，氷上で操作を行うなど, 低温下で作業ができる工夫が必要), マグネチックスタラー，
　　オートクレーブ，pH メーター，肉ひき器，ビーカーなど

■操作手順

❶新鮮な筋肉（魚肉の場合は背肉を採取するのが一般的である）約 50 g を試料魚から手早く切
　　り取り，あらかじめ冷却しておいた肉ひき器でひき肉とする.

❷ひき肉重量の 10 倍量の冷リン酸塩緩衝液（イオン強度 0.05, pH 7.5）を加え，緩やかに撹拌
　　しながら水溶性タンパク質を抽出し，遠心分離（4℃，3,000 × g，10 分間）して上清（水溶性
　　画分）と沈殿に分ける.　この洗浄操作を 3 〜 4 階繰り返し，上清を合一する.

❸洗浄によって上清を取り除いた沈殿に対し，3 倍量の 0.45 mol/L 塩化ナトリウム－リン酸塩
　　緩衝液（pH 7.5）を加え，緩やかに撹拌しながら約 20 時間，塩溶性タンパク質の抽出を行う.

❹抽出後，遠心分離（4℃，8,000 × g，15 分間）して上清（塩溶性画分）と沈殿（不溶性画分）
　　に分ける（図 1）.

❺上清（塩溶性画分）については，必要に応じて希釈沈殿，溶解，透析などによりさらなる精製
　　を行う（本章 6. 参照）.

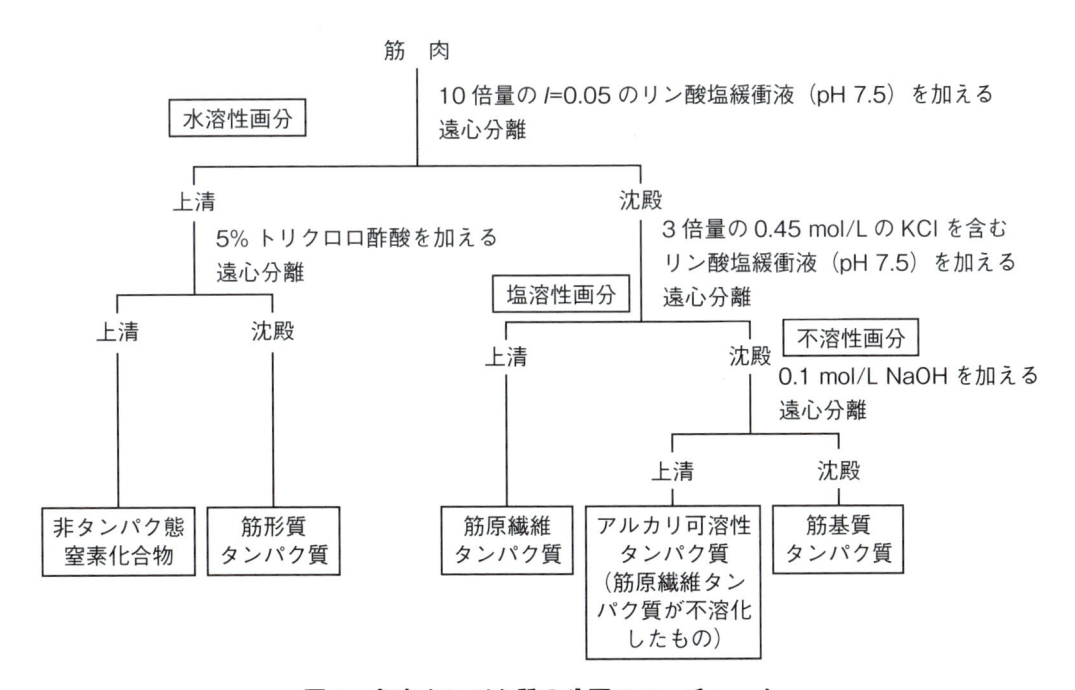

図1　魚肉タンパク質の分画フローチャート

❻沈殿（不溶性画分）については，20倍量の0.1 mol/L 水酸化ナトリウム溶液を加え，スターラーで撹拌しながら低温下で一晩抽出する．

❼抽出後，遠心分離（4℃，10,000 × g，10分間）する．この操作を再度繰り返して上清と沈殿（アルカリ不溶性画分）に分ける．最終的に得られた沈殿を少量の蒸留水で洗浄し，再度遠心分離する．上清をすべて合一し，アルカリ可溶性画分とする（図1）．

❽❼で得られた沈殿（アルカリ不溶性画分）に10倍量の0.5 mol/L 酢酸溶液を加え，撹拌しながら低温下で3日間抽出したのち，遠心分離（4℃，10,000 × g，10分間）する（図2）．この操作を再度繰り返し上清と沈殿に分ける．最終的に得られた沈殿を少量の蒸留水で洗浄し，再度遠心分離する．上清をすべて合一し，酸可溶性画分とする（本章9参照）．

❾❽で得られた沈殿に5倍量の蒸留水を加え，オートクレーブ中で120℃，1時間加熱したのち，遠心分離（4℃，10,000 × g，10分間）する．この操作を再度繰り返し上清と沈殿に分ける．最終的に得られた沈殿を少量の熱水で洗浄し，再度遠心分離する．上清をすべて合一し，熱水可溶性画分とする．沈殿は残渣画分とする．

❿各々の画分のタンパク質含量を測定する．なお，❾で得られる残渣画分については，ケルダール法により窒素量から算出する．

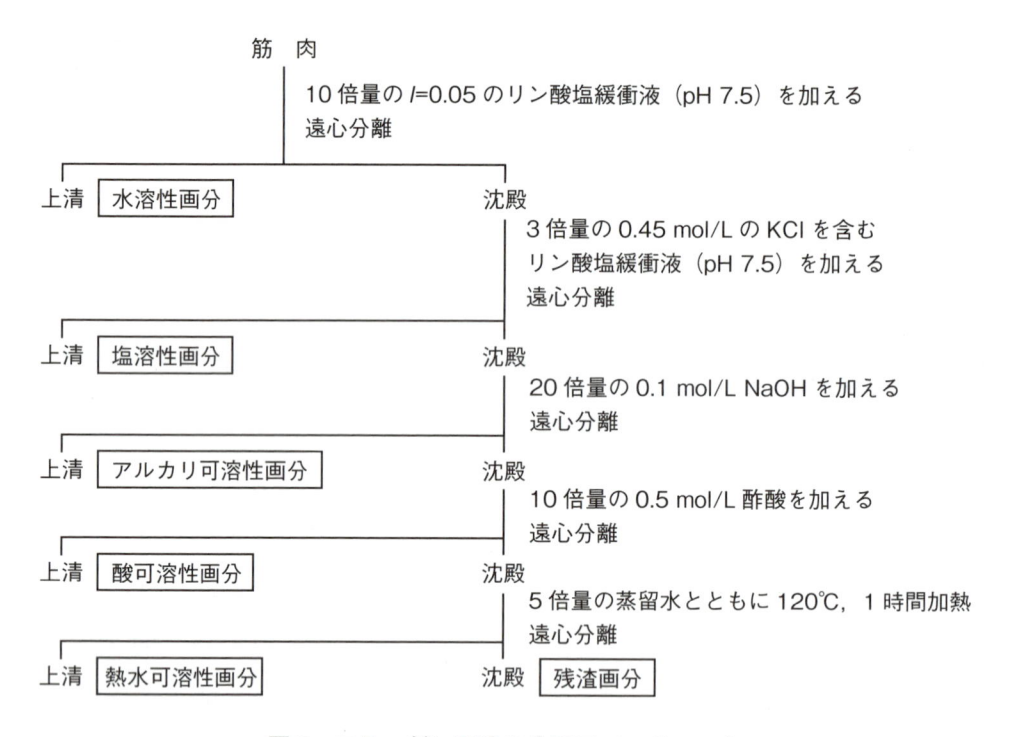

図2　コラーゲン画分の分画フローチャート

■操作上の注意事項

❶水溶性タンパク質の抽出には低イオン強度リン酸塩緩衝液を用いた方が効率がよいとされているが，代わりに冷蒸留水を用いることも可能である．

❷塩溶性画分には主としてアクトミオシンが抽出されるが，ミオシンを抽出する場合は，終濃度

1.0 mmol/L および 5.0 mmol/L となるように，塩化マグネシウム（$MgCl_2$）および $ATPNa_2 \cdot 3H_2O$ をそれぞれ 0.45 mol/L 塩化ナトリウム−リン酸塩緩衝液に添加し，さらに pH 6.4 に調整すればよい．ミオシン抽出の場合，抽出時間は試料魚種や鮮度に依存し一定ではないものの，概ね 7 分間前後が目安となる．なお，ミオシンを抽出した残りの沈殿を用いて，アクチンの調製を行うことができる．

2）分画した魚肉タンパク質の比色定量

■理論

　分画した魚肉タンパク質の濃度を調べる方法として，従来から用いられてきたのがビウレット法である．ビウレット法は，アルカリ水溶液中でポリペプチドが銅イオンと紫色の錯塩を形成する反応（biuret reaction）を利用したタンパク質の比色定量法である．タンパク質のポリペプチド鎖の隣接する 2 つのペプチド結合がこの反応に関与するため，タンパク質の種類が異なっても発色率に大きな違いがないことが本法の特徴である．しかしながら，感度はそれほど高くなく，数 mg/mL 程度のタンパク質濃度が必要である．現在，魚肉タンパク質の総タンパク質定量に使用可能な多くのタンパク質定量キット［ビシンコニン酸（BCA）キット，Bradford（Coomassie）キットなど］が市販されており，微量タンパク質にも適用されるキット（Lowry アッセイキットなど）も入手可能なので，目的に合ったキットを選択して活用してもよい．なお，比色分析の原理については，第 2 章 4 を参照されたい．

■試薬・器具

試薬：

試薬Ⅰ：水酸化ナトリウム（NaOH）40 g およびグリセリン 1 g を蒸留水約 200 mL に溶解させ，室温になるまで冷却する．これに，あらかじめ硫酸銅（$CuSO_4 \cdot 5H_2O$）2 g を約 200 mL に溶解させたものを攪拌しながら加えて混合し，蒸留水を加えて最終的に全量 500 mL の溶液を調製する．遮光冷蔵保存，6 か月は安定．

試薬Ⅱ：水酸化ナトリウム（NaOH）40 g およびグリセリン 1 g を蒸留水に溶解させ，室温になるまで冷却したのち，蒸留水を加えて最終的に全量 500 mL の溶液を調製する．遮光冷蔵保存，6 か月は安定．

標準タンパク質溶液：市販されているウシ血清アルブミン 500 mg を蒸留水に溶解させ，最終的に 100 mL の 5.00 mg/mL 溶液を調製する．用時調製．

装置・器具

分光光度計，比色用セル，ガラス棒，メスシリンダー，メスフラスコ，試験管，ボルテックスミキサー．

■操作手順

❶標準タンパク質溶液（5.00 mg/mL）を用いて 0，0.5，1.0，2.0，3.0，4.0 および 5.0 mg/mL 溶液をそれぞれ 2 mL 調製する．試薬Ⅰ用および試薬Ⅱ用にそれぞれ最低 3 検体用意すべきである．

❷❶で調製した 0，0.5，1.0，2.0，3.0，4.0 および 5.0 mg/mL 標準タンパク質溶液各 2 mL および未知濃度溶液（試料）2 mL（総タンパク質濃度として 0.5 〜 5 mg/mL）に，試薬Ⅰ 2 mL を加え，よく攪拌する（A）．別途，濁り補正用として，0，0.5，1.0，2.0，3.0，4.0 および 5.0 mg/mL 標準タンパク質溶液各 2 mL および未知濃度溶液（試料）2 mL（総タンパク質濃度として 0.5 〜 5 mg/mL）に，試薬Ⅱ 2 mL を加え，よく攪拌する（B）．さらに，吸光度測定時のブランクとして，未知濃度溶液（試料）と同じ溶媒 2 mL に試薬Ⅰまたは試薬Ⅱ 2 mL を加えたものを用意する（A' および B'）．

❸室温で 2 時間放置したのち，A は A' を対照に，B は B' を対照に 545 nm における吸光度を測定する．

❹A の吸光度から B の吸光度を差し引いた値を未知濃度溶液（試料）のビウレット呈色度とし，標準タンパク質溶液を用いて作成した検量線から未知濃度溶液（試料）の総タンパク質濃度を決定する．

■操作上の注意事項

❶試薬ⅠおよびⅡを調製する際，水酸化ナトリウムの取り扱い，発熱による器具類の破損に注意する必要がある．

❷ビウレット呈色度は室温では 2 時間以降も数時間にわたり安定である．

❸魚肉タンパク質の調製時に比較的よく用いられる炭酸水素ナトリウム（0.1 mol/L），塩化ナトリウム（0.2 mol/L）および各種のリン酸塩（1.0 mol/L）はビウレット呈色度には影響を与えないが，トリスヒドロキシメチルアミノメタン（0.05 mol/ L），硫酸アンモニウム（0.2 mol/L），尿素（2.0 mol/L）はビウレット呈色度に影響を与えることが知られている．

■安全管理上の配慮

実験廃液はポリタンクに集めて適切に処理する必要がある．

■参考図書

齋藤恒行，内山　均，梅本　滋，河端俊治編；水産生物化学・食品学実験書，恒星社厚生閣（1974），pp. 179-188.

K. Sato, R. Yoshinaka, M. Sato, S. Ikeda；*Nippon Suisan Gakkaishi*, **52**, 889-893（1986）．

吉中禮二，佐藤　守；水産化学実験法，恒星社厚生閣（1989），pp. 53-55.

渡部終五編；水圏生化学の基礎，恒星社厚生閣（2008），pp. 50-53.

イオン強度

　イオン強度は溶液中の電荷濃度の尺度であり，溶液のイオン強度が増加するとイオンの活動度係数は減少する．イオン強度と電離する塩のモル濃度との関係は生成されるイオンの数と正味の電荷による．表1に各種塩の種類とイオン強度の関係を示した．"型"はイオン種の正味の電荷を意味し，例えば $MgSO_4$ の場合，Mg^{2+} と SO_4^{2-} を生成するので2：2塩と呼ぶ．一方，Na_2HPO_4 では HPO_4^{2-} と Na^+ を生成するので2：1塩と呼ぶ．イオン強度を計算するときはイオンの正味の電荷だけについて行う．すなわち，非電離性の化合物（例えば非電離の酢酸）あるいは，同数の正と負の電荷を持っている物質（例えば中性アミノ酸）は溶液のイオン強度に寄与しない．イオン強度（I）は

$$\frac{1}{2} \Sigma \, MiZi^2$$

で算出される．ここで，Mi はイオンのモル濃度，Zi はイオンの正味の電荷数を意味する．

表1　塩の種類とイオン強度

塩		イオン強度
型	例	
1：1	KCl，NaBr	M
2：1	$CaCl_2$，Na_2HPO_4	$3 \times M$
2：2	$MgSO_4$	$4 \times M$
3：1	$FeCl_3$，Na_3PO_4	$6 \times M$
3：2	$Fe_2(SO_4)_3$	$15 \times M$

筋肉の構成タンパク質

　本項では溶解度の違いにより魚肉に含まれるタンパク質を分画した．このうち，水溶性画分に含まれる成分は，筋収縮のエネルギーを供給する役割をもつ解糖系酵素などのほか，筋肉部位によってはパルブアルブミン（第6章2.），ミオグロビン（第4章10.）なども含まれる．塩溶性画分には筋原繊維タンパク質（第4章6.），なかでもミオシンとアクチンが多く含まれる．両タンパク質は筋肉の収縮装置の主要な構成成分であるから，当然ともいえる．軟体類や甲殻類の筋肉には，このほかにパラミオシンが多く含まれる．特に，二枚貝の貝柱（閉格筋）の無紋筋部（キャッチ筋）における含量が高い．また，無脊椎動物の筋原繊維タンパク質は，魚肉のものに比べて，イオン強度が低い緩衝液にも溶出しやすい．一方，アルカリ可溶性画分では，変性して不溶化した筋原繊維タンパク質が主体をなす．

（落合芳博）

2. ゲル電気泳動によるタンパク質の純度検定と分子量の推定

■目的

　ポリアクリルアミドゲル電気泳動（polyacrylamide gel electrophoresis, PAGE）は，アクリルアミドの重合により形成されたゲルのマトリックス中で，タンパク質などの荷電高分子を電気泳動し，その移動度の違いにより荷電状態や分子量に関する情報を得る方法である．本項では，ヒラメとホタテガイの筋原繊維，および牛血清アルブミン（BSA）と卵白リゾチームを試料としてドデシル硫酸ナトリウム［sodium dodecyl sulfate（SDS）］存在下の PAGE（SDS-PAGE）を行い，それらのタンパク質組成および純度を検定し分子量を推定する．

■理論

　SDS-PAGE は，陰イオン性界面活性剤の SDS とジスルフィド還元剤の 2- メルカプトエタノール（2-ME）によってタンパク質を変性させ，生じたポリペプチド－ SDS 複合体（複合ミセル）をポリアクリルアミドゲル中で電気泳動することにより，ポリペプチド組成や分子量を調べる方法である．SDS と 2-ME によりタンパク質の複合体構造やサブユニット構造は壊されて単一ペプチドに解離し，個々のペプチドの荷電の違いも失われる．そのため，SDS-PAGE では，ポリペプチドは主にサイズの違いによって分画される．また，ポリペプチドの相対移動度はその分子量の対数値と概ね直線関係にあるため，分子量既知の標準タンパク質を用いて作成した標準直線により，目的タンパク質の分子量を推定できる．SDS-PAGE はタンパク質の純度検定やサブユニット組成の分析，分子量の推定をはじめ，様々な生物組織のタンパク質組成の分析に用いることのできる汎用性の高い分析方法である．なお，ポリアクリルアミドゲルの濃度は10%（w/v）のことが多いが，より高分子量のタンパク質の分析には5 ～ 7% とし，低分子量のタンパク質の分析には15 ～ 20% とするか，あるいは Tricine 緩衝液を用いた電気泳動を行う．

■試薬・器具

　電気泳動装置：各社から市販されているミニスラブ電気泳動装置および安定電源装置を使用する（Bio-Rad 社のものでは，ゲルのサイズが厚さ1 mm, 幅80 mm, 長さ75 mm）（図1）．

　分子量マーカー：各社から販売されている分子量範囲が200,000 ～ 6,500程度のもの（Broad Range）

　電気泳動ゲル作製用ガラスプレート，油性ペン，ディスポーザブルチューブ，ディスポーザブルピペット，キムワイプ，マイクロシリンジ（マイクロピペット），プラスチック板（厚さ 0.5 mm 程度），タッパー，透過光ユニットをもつスキャナー（あるいはトレーサーライト，デジタルカメラ）

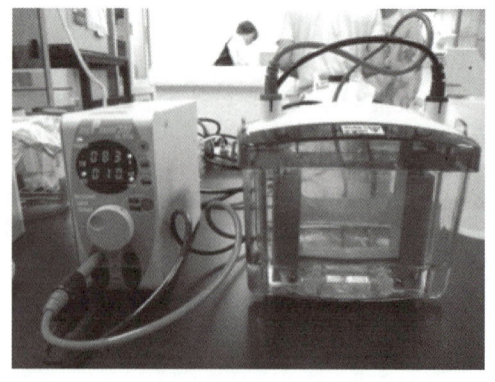

図1　ポリアクリルアミドゲル電気泳動装置
電気泳動槽（右）は Bio-Rad 社製, 安定電源装置（左）は ATTO 社製である.

■試薬の調製

【1】 分離ゲルの作製（0.1% SDS − 10% ポリアクリルアミドゲル：2枚分）

ここでは，Laemmli（1970）の方法を改変した Porzio and Pearson（1977）の方法で採用された緩衝液系を使用する．この方法は，分離ゲルの緩衝液を Tris-glycine としており，タンパク質のバンドがシャープになり過ぎず，タンパク質量の違いをバンドの太さの違いとして観察しやすい．このことから，光学的定量（デンシトメトリー）にも向いている．分離ゲルは以下の通り作製する．

❶電気泳動ゲル作製用ガラスプレートを組立て，いったん試料溝作製用のコームを差込み，その先端から 1 cm のところに油性ペンで分離ゲル上端の目印を入れた後，コームを抜いておく．

❷ガラスプレートをゲル作製台にセットしてから，N,N,N',N'-tetramethylethylenediamine（TEMED）を除く下記の溶液を 50 mL 程度の容器（ディスポーザブルチューブなど）中で静かに混合する．

	（終濃度）
33%（w/v）アクリルアミド - 0.33%（w/v）BIS アクリルアミド	3.0 ml（10%, 0.1%）
0.25 M Tris-1.92M glycine（pH 8.2）	2.0 ml（0.05 M）
50% グリセロール −1 mM EDTA	1.0 ml（5%）
2% 過硫酸アンモニウム（用時調製）	0.5 ml（0.1%）
10% SDS	0.1 ml（0.1%）
蒸留水	3.4 ml
TEMED	0.01 ml（0.1%）
合　計	10 ml

・各溶液は 4℃で保存する（10% SDS は室温で保存）．
・混合液を脱気することが望ましいが，ゲルの重合中に気泡が生じなければ，しなくともよい．

❸上記混液に TEMED を加えたら泡を立てないようすばやく混合し，直接あるいはディスポーザブルピペットを用いてガラス板の間に気泡が入らないよう静かに注入する．

❹ガラス板に付けておいた目印まで溶液を加えたら，その上に蒸留水を 5 mm 程度の厚さになるよう静かに重層して空気を遮蔽する．室温であれば 10 ～ 15 分で重合反応が完了し，重層した蒸留水とゲルとの間に明瞭な界面が生じる．

❺重合を確認したらゲルを傾け，重層した蒸留水をキムワイプで吸い取りながら除く．このガラスプレートを再びゲル作製台にセットし分離ゲルの上に濃縮ゲルを作製する．

【2】 濃縮ゲルの作製（2枚分）

❶TEMED を除く以下の溶液を適当な容器（ディスポチューブなど）に加える．

❷TEMED を加えたら速やかに分離ゲル上に流し込み，次いで試料コームを差込む（濃縮ゲル

	（終濃度）
8% アクリルアミド− 0.2% BIS アクリルアミド	2 ml（4%, 0.1%）
0.5M Tris-HCl（pH 6.8）	1 ml（0.125 M）
蒸留水	0.75 ml
10% SDS	0.04 ml（0.1%）
2% 過硫酸アンモニウム（用時調製）	0.2 ml（0.1%）
TEMED	0.015 ml（0.38%）
合　計	4 ml

が溢れてもよい）．濃縮ゲルは 10 分程度で重合するが，重合が不十分な状態でコームを抜くと，試料溝が塞がったり歪んだりするので注意する．

【3】電気泳動用試料の調製

以下のタンパク質試料と試料溶解液を，1：1（v：v）で混合し，室温で 30 分あるいは 90 〜 100℃で 5 分程度保温して，タンパク質を変性させる．タンパク質試料の変性には，タンパク質濃度や共存する塩の種類や濃度も影響するので，電気泳動用試料は濃度や変性条件を変えた複数種類を調製するのが望ましい．

【4】タンパク質試料

❶ ヒラメおよびホタテガイの筋肉組織を 10 倍量の 150 mM KCl を含む 20 mM Tris-HCl 緩衝液（pH 7.5）でホモジナイズし，遠心分離によって可溶性画分を除いたものを筋原繊維として用いる．大きな筋肉片はガーゼ濾過により除いた後，筋原繊維をタンパク質濃度が 10 mg/mL 程度になるよう上記緩衝液に懸濁しておく．

❷ BSA と卵白リゾチームは市販品を 1 〜 2 mg/mL になるよう上記緩衝液に溶解する．高濃度の KCl（0.5 M 以上）が含まれる試料（ミオシンやアクトミオシンなど）の場合，直接混合すると SDS と沈殿を生じるので，あらかじめ 0.1% SDS を含む 20 mM Tris-HCl（pH 7.5）などに透析しておく．

【5】試料溶解液

2% SDS, 50 mM Tris-HCl 緩衝液（pH 6.8），0.6 M 2-mercaptoethanol, 20% glycerol, 0.01% bromophenol blue（BPB）（マイクロテストチューブに 200 μL ずつ分注し，-20℃で保存する）．

■操作手順

【1】電気泳動

❶ ガラスプレートに作製したゲルからコームを抜き，電気泳動槽にセットする．

❷ ゲルの上端に以下に示す泳動用緩衝液（表1）を必要量そそぎ，ピペットで緩衝液を吐出して試料溝を洗う．

❸ この試料溝にタンパク質試料をマイクロシリンジあるいはマイクロピペットを用いて 1 〜 25 μg 程度注入する（牛血清アルブミンとリゾチームは 1 〜 5 μg,筋原繊維は 20 〜 25 μg がよい）．

❹ 市販の分子量マーカーを試料の隣の試料溝に所定量（通常 5 〜 10 μL）加える．

❺ ゲル 1 枚あたり 10 〜 15 mA の定電流で電気泳動する．泳動先端の BPB がゲルの下端から 5 mm に達したら電気泳動を終了する（通常 1 時間程度）．

表 1　泳動用緩衝液（500 mL）の組成

	（終濃度）
0.25 M Tris-1.92 M glycine	50 mL（0.025 M）
10% SDS	5 mL（0.1%）
蒸留水	445 mL

【2】染色と脱色

❶ 電気泳動後のゲルをガラスプレートから剥がし（厚さ 0.5 mm 程度のプラスチック板をガラス板の間に差込んで剥がすとよい），ゲルが入る大きさのタッパーに入れる．

❷ ここに染色液 [0.2% Coomassie Brilliant Blue（CBB）R-250, 50% メタノール − 10% 酢酸溶液]

を加え，室温で 15 〜 30 分間染色する．

❸染色液を回収し，ゲルを水道水で数回すすいだ後，脱色液（7% 酢酸 − 5% メタノール）を加えキムワイプを 1 〜 2 枚重ねてから電子レンジで沸騰直前まで加熱する．

❹ゲルから除かれた CBB はキムワイプに吸着するので，キムワイプを交換する．これを数回繰り返して，タンパク質非局在部（背景部分）が無色透明になるまで脱色する．

【3】 電気泳動結果の解析

　電気泳動後のゲルは，透過光ユニットをもつスキャナーでデジタル画像として取り込むか，トレーサーライト（トレース用の LED ライトが文具店で入手可能）に載せてデジタルカメラで撮影する．得られた画像データ（図2）は様々な画像解析ソフト（例：ImagJ, https://imagej.nih.gov/ij/ からダウンロード可能）で扱うことができるので，マーカータンパク質の相対移動度を横軸に，分子量の対数値を縦軸にプロットし，それらが直線関係にあることを確認する（図3）．また，試料として用いた目的タンパク質の移動度をマーカータンパク質の移動度と比較することにより，分子量を推定する．

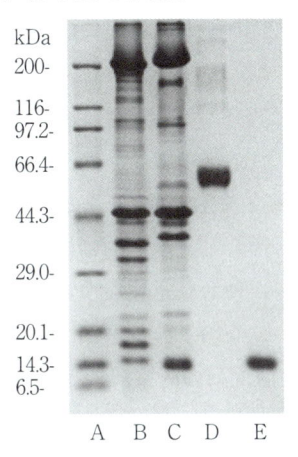

図2　電気泳動の結果

A：分子量マーカー（TaKaRa 社製 Broad Range），B：ヒラメ普通筋筋原繊維，C：ホタテガイ横紋閉殻筋筋原繊維，D：牛血清アルブミン（BSA）フラクション V，E：ニワトリ卵白リゾチーム．

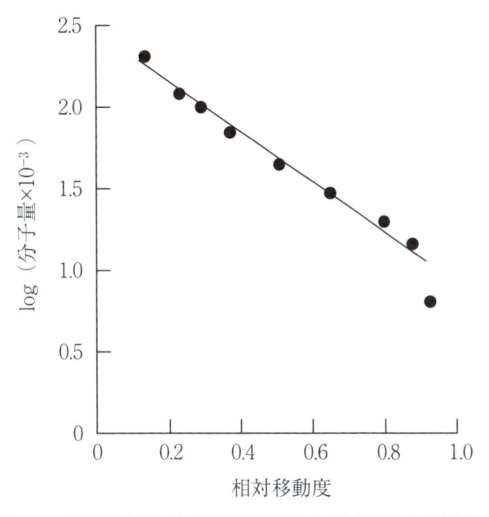

図3　電気泳動の相対移動度と分子量の関係

分子量マーカーのブロモフェノールブルー（BPB）に対する相対移動度と，各バンドの分子量の対数値をプロットした．

■安全管理上の配慮

1. アクリルアミドは神経毒性や変異原性を有し，特定化学物質障害予防規則により規制されている．ポリマー化すると無害になるが，ゲル中には未重合のモノマーも残存するので，素手では触らないこと．なお，SDS-PAGE 用ポリアクリルアミド溶液 [30 または 40%（w/v）] は，富士フィルム和光純薬株式会社などから市販されている．

2. メタノールは特定化学物質障害予防規則により規制されているので，取扱いには注意すること．

3. 電気泳動には 100 V 以上の直流電圧を負荷するので，感電に注意すること．

■参考図書

日本生化学会；基礎生化学実験法第 3 巻，東京化学同人（2001）.

3.　質量分析によるタンパク質の同定

■目的

　SDS-PAGE で分離したタンパク質をトリプシンなどのプロテアーゼで消化し，得られた複数の
ペプチド断片の質量を質量分析計で測定する．これらの質量データを，一次構造データベース上に
登録されているタンパク質の理論的ペプチド断片の質量データと照合することにより，目的タンパ
ク質を同定する．この方法は，一般にペプチドマスフィンガープリンティング（PMF）と呼ばれる．
ここでは，前項で SDS-PAGE に供した BSA を試料とし，そのゲル内消化の方法と Mascot サーバー
を用いた同定方法を紹介する．

■理論

　質量分析法（mass spectrometry，MS）は，試料分子をイオン化させ電場や磁場中で運動させ
た際の飛行距離や飛行時間を測定することにより，その質量［実際には分子イオンの質量 m と電
荷 z の比（m/z）］を測定する方法である．タンパク質やペプチドのイオン化法には，マトリクス
支援レーザー脱離イオン化（MALDI），エレクトロスプレーイオン化（ESI），高速原子衝撃イオ
ン化（FAB）などの方法があり，m/z の測定には飛行時間型（TOF），磁場型，イオントラップ
型，Q フィルター型などの分析計が用いられる．PMF は，タンパク質をプロテアーゼ消化し，得
られたペプチド断片の質量データ（ピークリスト）を，Swiss-Prot や GenBank などの配列データ
ベース上に登録されているタンパク質の理論断片の質量データと照合し，統計的に最も可能性の高
いタンパク質を選び出す方法である．この方法には専用サーバーが使われ迅速な検索が可能である
が，データベースに登録されていないタンパク質は同定できない．なお，分析器がタンデムに配置
された装置（MS/MS 分析計）であれば，ペプチド断片のアミノ酸配列の直接解析（*de novo* 解析）
も可能である．

■試薬

　50 mM NH_4HCO_3 – 50% メタノール

　10 mM ジチオトレイトール（DTT）–100 mM NH_4HCO_3

　50 mM ヨードアセトアミド –100 mM NH_4HCO_3–10 mM EDTA

　25 mM NH_4HCO_3

　10 μg/mL トリプシン，0.1% トリフルオロ酢酸（TFA）

　0.1% TFA–100% アセトニトリル，0.1% TFA–50%アセトニトリル

　α – シアノ–4– ヒドロキシケイ皮酸の 0.1% TFA・50%アセトニトリル飽和溶液（もしくは 2,5–ジ
ヒドロキシ安息香酸の 10 mg/mL 溶液）

■器具

　質量分析計は，島津製作所，日本分光，SCIEX，ThermoFisher，Bruker など各社の製品があるが，
いずれも高額な装置であるため，大学や研究機関の装置を借用するか，専門業者へ依頼分析するこ
とになるであろう．

マイクロテストチューブ，ホモジナイザー，ボルテックスミキサー，マイクロピペット，分析用プレート

■試料の調製

【1】 ペプチド断片試料の調製

❶ BSA を SDS-PAGE に供した後，BSA のバンド部分を切り出し，1.5 mL のマイクロテストチューブに入れる（前項の図 2D を参照）.

❷ 50 mM NH_4HCO_3 – 50% メタノールを 1 mL 加え，40℃で 1 時間脱色する.

❸ 脱色液を捨て，減圧乾燥によりゲルを乾燥させ，乾燥したゲルに，10 mM ジチオトレイトール（DTT）–100 mM NH_4HCO_3 を 0.2 mL 加えてゲルを膨潤させ，60℃で 1 時間ジスルフィドを還元する.

❹ 溶液を捨て，ゲルを減圧乾燥により乾燥させる. そこに 50 mM ヨードアセトアミド –100 mM NH_4HCO_3-10 mM EDTA を 0.1 mL 加えて膨潤させ，室温の暗所で 30 分間保持してシステインのスルフヒドリル基をアルキル化する.

❺ このゲルを 1 mL の蒸留水で 2 回洗浄した後，マイクロテストチューブ用のホモジナイザーで磨砕するか，あるいは 0.5 mL のマイクロテストチューブの底にピンホールを開け，ここにゲルを入れて 1.5 mL のチューブに重ねて遠心分離し，ピンホールを通過させて破砕する.

❻ 得られたゲル細片に，25 mM NH_4HCO_3 に溶解した 10 μg/mL のトリプシン（各社の質量分析グレードを推奨）を 20 μL 程度加えて 37℃で 12 時間消化する（あるいは，乾燥させたゲル細片に直接トリプシン溶液を加えて膨潤・浸透させ消化してもよい）.

❼ 消化後，0.1% トリフルオロ酢酸（TFA）を 100 μL 加え，10 分間ボルテックスにより撹拌し，遠心分離して上清を得る.

❽ 次いで 0.1% TFA-100% アセトニトリルを 100 μL 加えて同様にボルテックスし，遠心分離して上清を得る.

❾ さらにこのゲルに 0.1% TFA-50% アセトニトリルを 100 μL 加えボルテックスし，遠心分離により上清を得る.

❿ これらの上清を合一した後，減圧濃縮によりアセトニトリルを除去する（ペプチド試料）.

⓫ 得られたペプチド試料は，ZipTip C_{18}（Millipore 社）により脱塩を兼ねて濃縮する. すなわち，ZipTip C_{18} をマイクロピペットに装着し，先ず 0.1% TFA-50% アセトニトリルを吸引排出す

図 1　MALDI-TOF-MS の試料プレートへの試料の負荷
試料はプレート上の試料グリッド（円領域）の中心にマトリクスとともに負荷し，乾燥させて混合結晶とする.

ることにより洗浄し，次いで 0.1 % TFA を吸引排出して平衡化した後，ゲルから抽出したペプチド試料を吸引排出することにより ZipTip に吸着させる．

❿この ZipTip を 0.1% TFA で洗浄した後，0.1% TFA-50% アセトニトリルを吸引排出することにより ZipTip からペプチドを溶出する．

【2】質量分析用試料の調製

1. MALDI 法の場合

ZipTip から溶出した試料ペプチド溶液の 1 μL を，分析用プレート上で等量のマトリックスと混合し自然乾燥させ混合結晶とする（図1）．マトリックスには，0.1% TFA-50% アセトニトリルに飽和濃度で溶解した α - シアノ -4- ヒドロキシケイ皮酸，あるいは 10 mg/mL の 2,5- ジヒドロキシ安息香酸などを使用する．質量分析はポジティブイオンモードで行う．

2. ESI 法の場合

ZipTip から溶出した試料ペプチドを，そのまま分析用マイクロプレートに負荷する．

■操作手順

データベース参照によるタンパク質の同定

PMF によるタンパク質の同定には，様々な検索ソフトウェアが使用可能であるが，ここでは島津製作所 HP (http://www.shimadzu.co.jp/aboutus/ms_r/masspp.html) からダウンロードできるフリーソフトウェア Mass++ を紹介する．このソフトウェアは様々な質量分析ファイルに対応している．

❶ Mass++ をパソコンにインストール後，質量分析計で得たデータファイルを開くと質量ピークを示したウィンドウが開く（図 2）．

❷ここで「Tool」タブの「Identification」を選択し，解析条件［検索タイプ（ここでは Mscot（PMF)），参照する配列データベース，消化酵素の種類，ペプチド修飾，分子量，ピークフィルターなど）の設定を行った後，「Identify」を実行する．データは自動的に Mascot サーバーに送られ，解析結果が表示される．

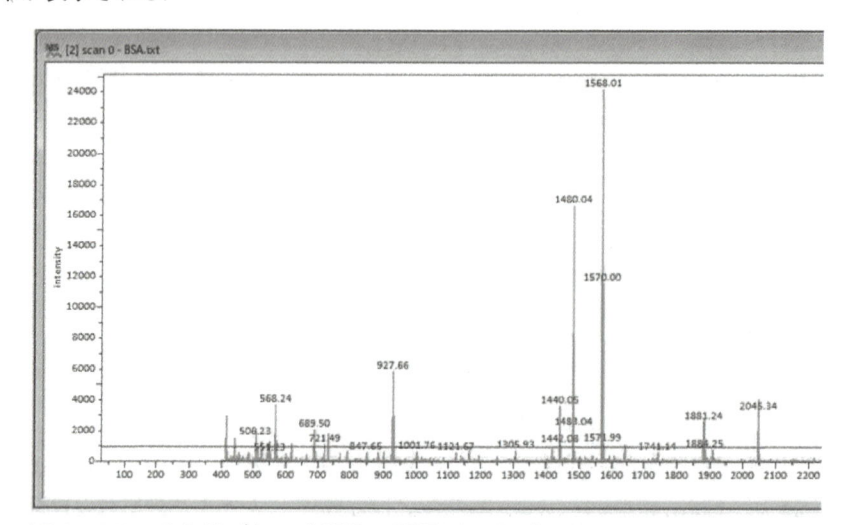

図2 BSA のトリプシン分解物の質量ピークデータ

SDS-PAGE 後の BSA のバンドをゲル内でトリプシン消化し，生じたペプチド断片を Proteomics Analyzer 47000 型 TOF-MS/MS 質量分析計に供した．

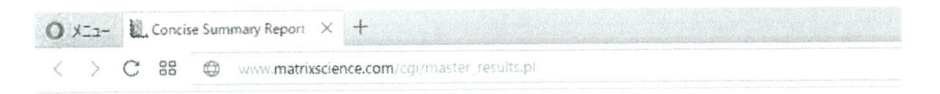

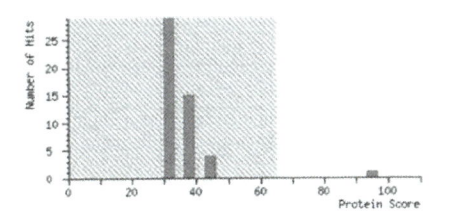

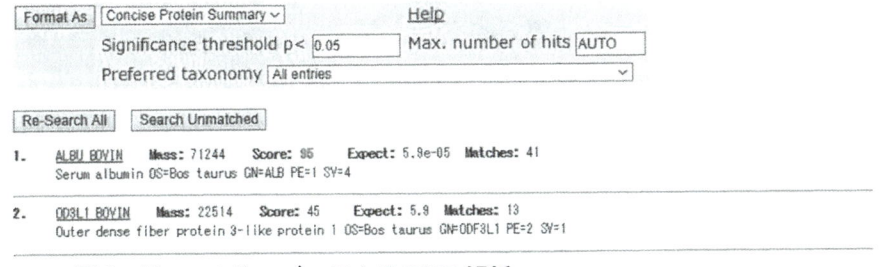

図3 Mascot サーバーによる PMF 解析
図2のピークデータを Mascot サーバーに供した結果，もとのタンパク質が BSA で
あることが確認された（最下部の 1.）．

❸そこで示される Protein score が 70 以上を示すものが有意の同一性を示すタンパク質のデータである．本実験で用いた BSA は，当然ではあるが *Bos taurus*（ウシ）由来 Serum Albumin（BSA）と推定され，その Protein score は 95 であった（図3）．また，分析した 100 個のピークデータのうち 41 個が BSA の理論ペプチド断片の質量と一致し，それらの配列は全アミノ酸配列の 49% に相当した．なお，質量分析データには通常 500 m/z 以下の小断片のデータが多数含まれるが，今回の解析では 400 ～ 500 m/z のピークを除き，かつ 150 以上の Peak intensity をもつピークのみを使用した．

■安全管理上の配慮

メタノール，アセトニトリルや TFA の使用量は少ないとはいえ，それらは特定化学物質障害予防規則により規制されていることに留意．

■参考図書

日本生化学会；基礎生化学実験法第 3 巻，東京化学同人（2001）．

4.　魚類の消化酵素の反応特性（温度，pH 依存性）

■目的

　酵素は基質と結合した後，基質を生成物に変化させ，生成物と離れる．これを繰り返すことにより，ごく少量の酵素で多数の基質を連続的に変化させることができる．酵素はタンパク質であるがゆえにある一定の範囲の pH，温度などの条件下でのみ，その機能を発揮する．本項では，ニジマスの消化管から粗酵素を調製し，その生体触媒としての基本的な性質を調べる．

■理論

　消化管にはタンパク質分解酵素が含まれており，タンパク質をペプチドやアミノ酸まで分解する．タンパク質分解物に，トリクロロ酢酸（TCA）などを加えて酸性にすると未消化のタンパク質が

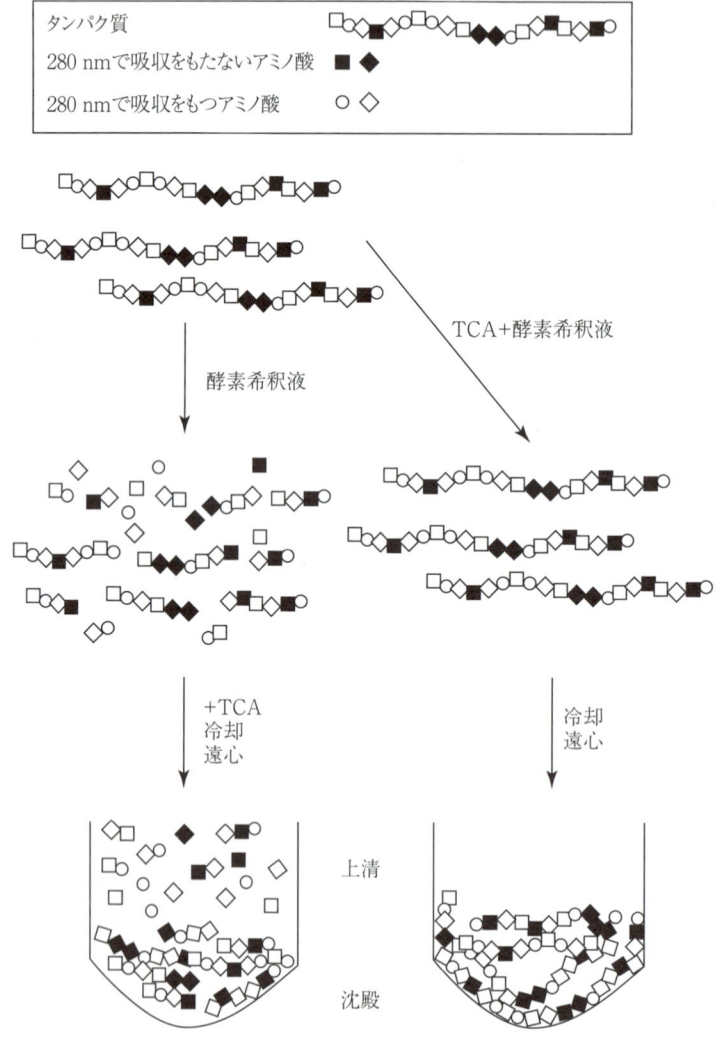

図1 タンパク質分解酵素の活性測定法の原理

沈殿して，上清には生成されたアミノ酸やペプチドが残る（図1）．そこで，上清の 280 nm の吸光度を測定することにより，消化されたタンパク質量が推定できる．

■試薬・器具

試料

ニジマス（氷上で保存したものを用いる．凍らせても使用できる）．

試薬

0.5% KCl, 1% カゼイン（終濃度 20 mM の NaOH を加え，電子レンジで加熱して溶かす）

10% トリクロロ酢酸（TCA）

50 mM Tris-HCl 緩衝液（pH 8.0, 9.0）

50 mM リン酸塩緩衝液（pH 6.0, 7.0）

50 mM グリシン緩衝液（pH 10.0）

装置・器具

解剖器具セット，マイクロチューブ立て，1.5 mL マイクロチューブ，1.5 mL マイクロチューブ用ペッスル，ビーカー，遠心分離機，分光光度計，恒温槽，マイクロピペッタ（20 μL，200 μL，1000 μL）

■操作手順

【1】粗酵素液の調製

❶ ニジマスを解剖して幽門垂を取り出し，あらかじめ 100 μL の水を入れたチューブと同程度を 1.5 mL マイクロチューブへ入れる（組織をとる量が多すぎないようにする）．ペッスルを用いて消化管を数分間すりつぶした後，1 mL の 0.5% KCl を加えてよく振って混合する．

❷ 12,000 rpm で 3 分間遠心分離した後，得られた上清 750 μL を別のマイクロチューブに移し粗酵素液とする．使用する時以外は氷を入れたビーカー中で保存する（幽門垂の周りに脂肪がある場合，上に脂肪の層ができる場合があるので，その下の水層を回収する）．

【2】酵素濃度の決定

粗酵素液から各種希釈液を調製し，至適濃度や至適 pH の実験に用いる希釈濃度を決定する（図2）．

❶ 粗酵素液を 0.5% KCl で希釈して 30 倍，100 倍，300 倍，1,000 倍，3,000 倍の希釈液をそれぞれ 900 μl 調製する．調製後の酵素希釈液は氷上で保存する．

❷ 別に 10 本のマイクロチューブを用意し，5 本はサンプル用，5 本はブランク用とする．

❸ 5 本のサンプル用チューブに 1% カゼインを 0.2 mL, 50 mM Tris-HCl（pH 8.0）を 0.2 mL 加え混合した後，37℃で 5 分間保温する．そこに各酵素希釈液を 200 μL 加え混合し，素早く 37℃の恒温槽に入れる．37℃で 30 分間保温した後，0.6 mL の 10% TCA を加え混合し，氷上で 5 分間静置する．その後，12,000 rpm で 5 分間遠心し，その上清について 280 nm の吸光度を測定する（OD_S）．

❹ ブランク試験は❸と平行して行う．5 本のブランク用チューブに 1% カゼインを 0.2 mL, 50 mM Tris-HCl（pH 8.0）を 0.2 mL, 10% TCA を 600 μL 加え，37℃で 5 分間保温した後

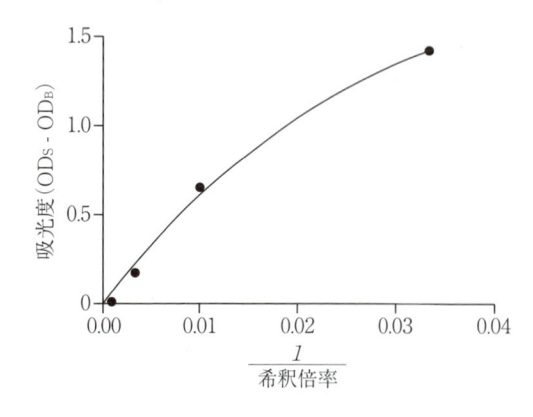

**図2　粗酵素液の希釈と
タンパク質の消化**
各粗酵素希釈液を用いて，タ
ンパク質消化酵素の活性を測
定した．

に，各希釈液を 200 µL 加える．混合後，37℃で 30 分間保温した後，氷上で 5 分間静置する．
12,000 rpm で 5 分間遠心した後，その上清について 280 nm の吸光度を測定する（OD_B）．

❺消化されたタンパク質量を吸光度（$OD_S - OD_B$）としてグラフを作成する（図2）．Excel で
近似して，280 nm の吸光度が 0.3 ～ 0.6 になるような希釈倍率をグラフから求め，以後の実
験に用いる．

【3】至適 pH の検討

❶前項で決定した希釈倍率で酵素希釈液を 1.4 mL 調製する．

❷5 本のサンプル用チューブに 1% カゼインを 0.2 mL，各緩衝液（pH 6.0, 7.0, 8.0, 9.0, 10.0）を
0.2 mL 加え混合した後，37℃で 5 分間保温する．5 本のチューブに❶で作製した酵素希釈液
を 200 µL 加えたのち混合し，素早く 37℃の恒温槽に入れる．

❸37℃で 30 分間保温した後，0.6 mL の 10% TCA を加え混合し，氷上で 5 分間静置する．その後，
12,000 rpm, 5 分間遠心し，その上清について 280 nm の吸光度を測定する（OD_S）．

❹ブランク実験は❷，❸ と平行して行う．1 本のブランク用チューブに 1% カゼインを 0.2 mL，
50 mM Tris-HCl, pH 8.0 を 0.2 mL，10% TCA を 600 µL 加え混合後，37℃で 5 分間保温する．
その後，酵素希釈液を 200 µL 加え混合して 37℃で 30 分間保温した後，氷上で 5 分間静置する．
12,000 rpm で 5 分間遠心分離した後，その上清について 280 nm の吸光度を測定する（OD_B）．

❺各 pH（横軸）に対して吸光度（$OD_S - OD_B$）をプロットして，吸光度が最も高い pH を消化
酵素の至適 pH とする．以後の実験ではこの pH を用いる．

【4】至適温度の検討

❶2 で決定した希釈率で酵素希釈液を 1.4 mL 調製する．

❷5 本のマイクロチューブに 1% カゼインを 0.2 mL，前項❺で決定した緩衝液を 0.2 mL 加え混
合した後，氷上，室温，37℃，50℃，70℃で 5 分間保温する．その後，①で調製した酵素希釈
酵素液を 200 µL 加え混合し，すぐに戻し 30 分間保温する．

❸0.6 mL の 10% TCA を加え氷上で 5 分間静置した後，12,000 rpm で 5 分間遠心分離する．そ
の上清につき 280 nm の吸光度を測定する（OD_S）．

❹ブランクの場合，マイクロチューブに 1% カゼインを 0.2 mL，0.05 M 緩衝液（前項❺で決め
たもの）を 0.2 mL，10% TCA を 600 µL 加え，37℃で 5 分間保温した後に酵素希釈液を 200
µL 加え，37℃で 30 分間保温する．その後，氷上で 5 分間静置し，12,000 rpm で 5 分間遠心

分離する．その上清につき 280 nm の吸光度を測定する（OD_B）.

❺各温度（横軸）に対して吸光度（$OD_S - OD_B$）をプロットして，消化酵素の至適温度を推定する．

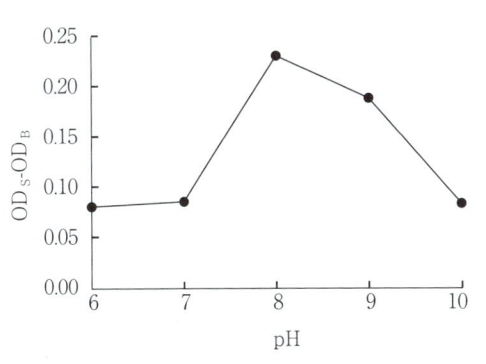

図3　pH による消化酵素活性への影響
粗酵素希釈液を用いて，各 pH でタンパク質消化酵素の活性を測定した一例を示す．

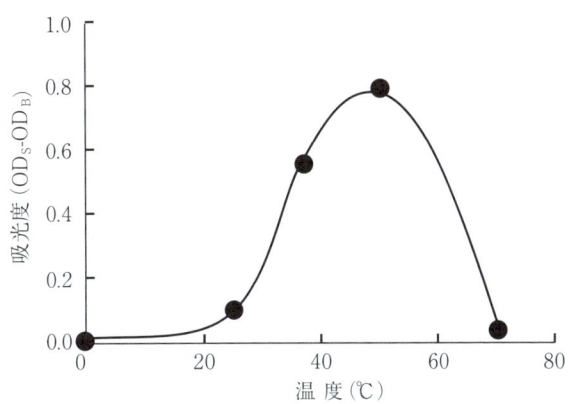

図4　温度による消化酵素活性への影響
粗酵素希釈液を用いて，各温度でタンパク質消化酵素の活性を測定した一例を示す．

■安全上の配慮

TCA は強酸性であるので，取扱い時に保護めがねや手袋を着用すること．

■参考図書

M. Kunitz；Crystalline soybean trypsin inhibitor : II. General properties, *J. Gen. Physiol.* **30**, 291–310（1947）.

粗酵素液の取り扱いについて

　幽門垂は，硬骨魚の小腸開始部に付随する器官である．この器官は，多くの消化酵素を含んでいるので，実験に用いている．その粗酵素液は，多くのタンパク質分解酵素を含んでおり，自己消化され酵素活性が落ちるので，粗酵素液およびその希釈液は，実験中はできるだけ氷上で保存することを心がける．また，実験が2日間にわたることになる場合，氷上保存など保存方法についても注意を払う．また，魚種により粗酵素液に含まれる消化酵素量が異なるので，希釈倍率を予め検討しておく必要がある

5. 酵素の活性染色

■目的

様々な酵素は特異的な化学反応を触媒する．その酵素活性を用いると，ゲル内でも酵素のバンドを可視化することが可能である．本項では，タンパク質分解酵素を例として活性染色を行い，その酵素を検出する．

■理論

SDS 存在下では酵素は変性するが，Triton-X 100 を用いて SDS を除去すると酵素活性を再生できる．そのため，基質が入ったゲルを用いて SDS-PAGE で酵素を分離すると，特定の酵素のバンド周辺だけ基質が分解されてなくなるため検出することができる．

■試薬・器具

試料

ニジマスなど幽門垂をもつ魚類

試薬

1% カゼイン，10% ドデシル硫酸ナトリウム，1.5 M Tris-HCl（pH 8.8），0.5 M Tris-HCl 緩衝液（pH 6.8），10% 過硫酸アンモニウム（APS），TEMED，30% アクリルアミド，泳動バッファー，1 M Tris-HCl 緩衝液（pH 8.0），5 M NaCl，10% Triton X-100，試料溶解液（p60【5】参照），分子量マーカー（プレステインのもの．青以外の色の方が目立つ），CBB 染色液（One Step CBB，バイオクラフト），粗酵素液

器具

電気泳動装置，タッパー，マイクロピペット，ゲル板，ビーカー，1.5 mL マイクロチューブ，ゲル板，トレーサライト

■操作手順

【1】ゲルの作製

ゲルの作製は，本章 2 の分離ゲルの作製，濃縮ゲルの作製に従う．ただし，分離ゲルには 1% カゼイン 0.5 mL を加えること．

【2】粗酵素の抽出

本章 4 の粗酵素の調製と同様に行う．

【3】SDS-PAGE

❶ 2本の1.5 mL チューブに 18 μL の0.5% KCl を入れる．2 μL の粗酵素液を入れ10回以上ピペッティングしたのち，2 μL をもう 1 つの1.5 ml チューブに入れ，混合する．これにより，1/10 および 1/100 粗酵素希釈液を作製する．

❷ 10 μL の試料溶解液 と 10 μL の粗酵素液，および粗酵素希釈液を混合する．

❸ SDS-PAGE の各ウェルに分子量マーカー（5 μL），粗酵素液（10 μL），1/10 粗酵素希釈液（10 μL），1/100 粗酵素希釈液（10 μL）を入れる．

❹電気泳動（180 V で 約 1 時間）を行う. 青い線が下から 5 ～ 10 mm 程度に来るまで行う.

❺電気泳動中に, 活性再生液（150 mM NaCl, 50 mM Tris-HCl（pH 8.0）, 2.5% Triton-X 100）と, 酵素消化溶液（150 mM NaCl, 50 mM Tris-HCl, pH 8.0）をそれぞれ 50 mL 作製する.

❻電気泳動後のゲルを 50 mL の活性再生液が入ったタッパーに入れ, 20 分間振盪する.

❼活性再生液を捨てた後, 酵素消化溶液を入れ, 37℃で 30 分間保温する. この際, 10 分ごとに振盪する.（希釈倍率を変えることにより一晩消化することも可能. この場合, 分離ゲル内のカゼイン濃度を 1 mg/mL にする.）

❽酵素消化溶液を捨てた後, CBB 染色液をゲルが浸る程度加え, 30 分間染色する. この際, 5 ～ 10 分ごとに振盪する.

❾染色液を捨てた後, 超純水で 15 分間 振盪する.

❿ゲルは, トレーサライトで撮影する. 分子量マーカーと比較して, 酵素のおおよそのサイズを調べる（図 1）.

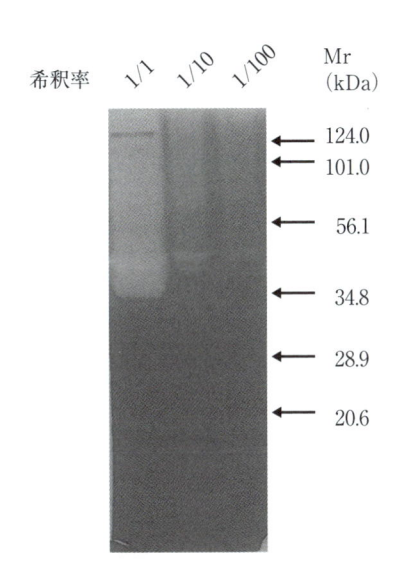

図1 ニジマス幽門垂粗酵素液を用いたタンパク質分解酵素の活性染色
矢印は目標の酵素バンドを示す.

■安全上の注意

電気泳動では感電の恐れがあるので気を付けること.

■参考図書

R. Miskin, R. Abramovitz；*Fibrinolysis*, **9**, 331–342（1995）.

他にアミラーゼやセルラーゼの活性測定法も紹介する.

K. Adachi, K. Tanimura, T. Mitsui, T. Morita, I. Yosho, K. Ikejima, K. Morioka；*Fish. Sci.* **82**, 835–841（2016）.

J.F. Santos, K.L.S. Soares, C.R.D. Assis, C.A.M. Guerra, D. Lemos, L.B. Carvalho, R.S. Bezerra；*Fish. Physiol. Biochem.* **42**, 1259–1274（2016）.

6. 魚類筋原繊維タンパク質の調製

■目的

　魚肉を $I = 0.1$ 前後の低イオン強度の中性塩溶液（NaCl または KCl）とともに磨砕すると，水溶性の筋形質タンパク質が溶出する．筋形質タンパク質を抽出した残渣を，さらに $I = 0.5$ 前後の高イオン強度の中性塩溶液に懸濁すると，筋原繊維タンパク質が溶出する（本章1）．筋原繊維タンパク質は魚肉（筋肉）の主成分であり，その加工特性とも密接に関わっているので，利用加工分野の重要な研究対象となっている．本項では，実験材料としての筋原繊維タンパク質の調製法を紹介する．

■理論

　筋原繊維タンパク質は，筋細胞中で筋原繊維を構成する．その主成分は筋収縮に関わるミオシンとアクチンである．そのほかの構成成分としては，トロポニンやトロポミオシンなどの調節タンパク質，筋原繊維の構造を維持するタイチンなどがある．従来，高イオン強度（$I = 0.5$ 前後）の中性塩溶液で抽出したアクトミオシンが筋原繊維タンパク質標品として用いられてきたが，1980年代以降，低イオン強度の中性塩溶液で筋肉ホモジネートを洗浄した筋原繊維懸濁液を材料とすることも多い．懸濁液中の筋原繊維は，サルコメアが数個連結した構造を保持しており，繊維構造を失ったアクトミオシンよりも筋肉に近いモデルと考えることができる．また，筋原繊維懸濁液はアクトミオシンに比べて短時間で容易に調製できることも，実験材料としての利点である．しかしながら，筋原繊維懸濁液では，筋原繊維が緩衝液中に浮遊した状態にあるので沈殿しやすく，定量的に取り扱うには熟練が必要である．このため，初学者に対しては，得られた筋原繊維タンパク質を高イオン強度の中性塩溶液に溶解して用いてもよい．

■試薬・器具

試料

魚肉（魚種は問わないが，できるだけ新鮮なものを用いる）

試薬

0.5 M Tris-HCl 緩衝液（pH 7.5）：トリスヒドロキシメチルアミノメタン（2-アミノ-2-ヒドロキシメチル-1,3-プロパンジオール）30.3 g をビーカーに取り，約 350 mL の蒸留水で溶解する．スターラーで撹拌しながら，6 M または 1 M の HCl を加え，pH メーターを使用して pH を 7.5 に調整した後，500 mL に定容する．

0.1 M KCl-20 mM Tris-HCl（pH 7.5）（筋原繊維洗浄用緩衝液）：KCl 7.45 g をビーカーにとり，約 700 mL の蒸留水で溶解する．これに，0.5 M Tris-HCl 緩衝液（pH 7.5）を 40 mL 加え，1 L に定容する．冷蔵庫で冷却してから用いる．

この他，筋原繊維を溶解して用いる場合は，0.5 M KCl-20 mM Tris-HCl（pH 7.5）が必要となる．また，脂質含量の高い魚肉の筋原繊維を洗浄する際に 0.1 % 程度の Triton X-100 を筋原繊維洗浄用緩衝液に添加して用いる．

ビウレット試薬：硫酸銅5水和物 0.38 g を 150 mL の蒸留水に完全に溶解した後，酒石酸カリウムナトリウム（ロッセル塩）1.5 g，水酸化ナトリウム 7.5 g，ヨウ化カリウム 0.25 g を順次

溶解し，250 mL に定容する．本章 1．2) を参照．

器具

ホモジナイザー（魚肉を摩砕するため，カップの容量は 100 mL 程度），遠心分離機（筋原繊維の洗浄，遠心分離機は，ローター式でもスウィング式でもよいが，冷却機能が必要），pH メーター，スターラー，電子天秤，遠心管（容量 50 mL 程度），薬さじ，ガーゼ

■操作手順

魚類の筋原繊維タンパク質は概して，極めて不安定で変性しやすいので，以下の操作はすべて氷冷下で迅速に行う．

❶包丁で細切した筋肉約 5 g を予め冷却したホモジナイザーのカップに秤取し，筋原繊維洗浄用緩衝液を 30 mL 加え，30 秒間ホモジナイズする．1 分間休止した後，もう一度ホモジナイズを行う．このとき，魚肉の塊が残らず，磨砕されていることを確認する．魚肉の磨砕に必要なホモジナイザーの回転数と時間は機種によって異なるので，適宜調整する．

❷ホモジネートに筋原繊維洗浄用緩衝液を 30 mL 加えて撹拌し，遠心管（2 本）に移して遠心分離する．（3,000 rpm，10 分間）

❸遠心分離した後，上清を除き，沈殿に筋原繊維洗浄用緩衝液を加え，薬さじで静かに撹拌して再懸濁した後，再び遠心分離する．この操作を上清が透明になるまで 3 〜 4 回繰り返す．

❹得られた沈殿に筋原繊維洗浄用緩衝液を 50 mL 加えて再懸濁した後，一層のガーゼでろ過し，結合組織を除去する．

❺筋原繊維を溶解して用いる場合は，最終的に得られた沈殿に 0.5 M KCl-20 mM Tris-HCl（pH 7.5）を 50 mL 加えて撹拌し，翌日まで氷冷下で保持する．

❻遠心分離（3,000 rpm，10 分間）して得られる上清を，溶解した筋原繊維タンパク質（アクトミオシン）として用いる．

❼得られた筋原繊維タンパク質標品のタンパク質濃度をビウレット法によって測定する．

筋肉中に ATP が残存している新鮮な魚肉を用いると，筋原繊維が異常に収縮した標品が得られる．このような異常な収縮を起こさないようにするためには，細切した魚肉を予め筋原繊維洗浄用緩衝液でよく洗浄した後，ホモジナイズするとよい．脂質の除去のために Triton X-100 を用いた場合は，筋原繊維を洗浄用緩衝液で 2 〜 3 回洗浄して除去しておく．

■安全管理上の配慮

ビウレット試薬は銅を含んでいるので，試薬だけでなく，測定後の廃液も貯留して有害廃棄物として処理する．またアルカリ性が強いため，使用時には手袋，保護メガネを着用のこと．

■参考図書

小泉千秋・大島敏明；水産食品の加工と貯蔵，恒星社厚生閣（2005），pp.21-26.
山澤正勝・関　伸夫・福田 裕；かまぼこ その科学と技術，恒星社厚生閣（2003），pp.1-31.
菅原 潔・副島正美；生化学実験法 7　蛋白質の定量法 第 3 版，学会出版センター（1990），pp.74-76.
島　一雄ら；最新水産ハンドブック，講談社（2012），pp.345-351.

7. ATPase 活性の測定

■目的

　筋原繊維タンパク質の主成分であるミオシンとアクチンは，筋肉の収縮を担うタンパク質であるので，いくつかの重要な生理機能を有している．中でも収縮に直接関わるミオシンのATPase活性は，生化学的に重要であるだけでなく，貯蔵・加工に伴うその変化が魚肉および冷凍すり身の品質と密接に関連することが知られているので，利用加工分野でも測定されることが多い．本項では，筋原繊維タンパク質の ATPase 活性の測定法を紹介する．

■理論

　ミオシンは2本の重鎖と4本の軽鎖からなる分子量約48万の巨大タンパク質である．重鎖のアミノ末端側の球状部分は頭部と呼ばれ，カルボキシ末端側の繊維状の部分は尾部（ロッド）と呼ばれる．尾部は塩溶性のため水には溶けず，生理的な条件ではフィラメントを形成する．ATPを分解する酵素作用（ATPase）とアクチンとの相互作用に関与する部位は，頭部に存在している．ATPase は，ATP を加水分解して筋収縮を引き起こすためのエネルギーを供給する酵素である．筋肉の生理的条件下では，Mg^{2+} イオンによって賦活される Mg-ATPase 活性が重要である．また，EDTA と 0.5 M 以上の KCl の存在下では K,EDTA-ATPase 活性が検出される．これらの Mg- および K,EDTA-ATPase はアクチンの存否によって活性が変化するので，ミオシンとアクチンの相互作用に関する情報が得られる．一方，Ca-ATPase はアクチンの影響を受けないので，ミオシンの酵素活性部位の構造変化を反映する指標となる．ここでは Ca-ATPase 活性の測定法について述べる．

■試薬・器具

試薬

無機リン酸の定量と反応組成液の作製に必要な以下の試薬を準備する．

モリブデン酸アンモニウム溶液：174 mL の蒸留水に濃硫酸 28 ml を加えて 2.5 M の硫酸を調製し，これに 5.0 g のモリブデン酸アンモニウム ［$(NH_4)_6Mo_7O_{24}・4H_2O$］ を溶解させる．

Elon 試薬：48.5 mL の蒸留水に対して，1.5 g の亜硫酸水素ナトリウムと 0.5 g の Elon（硫酸 p-メチルアミノフェノール）を溶解する．

5% 過塩素酸：60% 過塩素酸（$HClO_4$，比重 1.54）を 21 g（13.6 mL）とり，229 g（mL）の蒸留水を加える．

15% 過塩素酸：60% 過塩素酸（$HClO_4$，比重 1.54）を 25 g（16.2 mL）とり，75 g（mL）の蒸留水を加える．

20 mM ATP（pH 7.0）：純度と結合水の量などを考慮して所定量の ATP を秤取し，冷却した蒸留水を加えて溶解し，NaOH で pH を 7.0 に調整した後，定容にする．

2 M KCl，0.1 M $CaCl_2$

装置・器具

恒温水槽（冷却機能のあるものが望ましいが，冷却機能がなければ氷を適宜加えて温度を調節することも可能である．また，恒温水槽を用意できないときは，氷水中で活性を測定することもできる），

分光光度計（可視領域で測定できればよく，通常は厚さ 1cm のガラスセルを使用する．多くの検体を測定する時はシッパーを装備して連続測定すると便利），

試験管類（大型：ϕ 35 × 100 mm 程度，中型：ϕ 16.5 × 165mm 程度，小型：ϕ 15 × 105 mm 程度），

ピペット類：マイクロピペットが使用できるが，ガラス製の先端目盛ピペット（1 mL および 2 mL），ホールピペット（1 mL）などがあるとよい．ディスポーザブルのものでもよい．

マイクロピペット，メスピペット，ストップウオッチ，試験管，試験管立て，ろ紙（ADVANTEC, No.3, 5.5cm）

■操作手順

［1］ATP の分解によって生じる無機リン酸の定量に必要な検量線を予め作成する

❶ 160℃で約 1 時間乾燥させたリン酸二水素カリウム（KH_2PO_4，分子量 136.09）を約 0.139 g 精秤し，あらかじめ作製しておいた 5% 過塩素酸で溶解し，100 mL に定容する．

❷ この原液 5 mL をとり 5% 過塩素酸を加えて，100 mL に定容して，20 倍に希釈する（以下，Pi 溶液と略す）．

❸ 表 1 に示すような混合液を 2 組作製する．

❹ 混合液をよく撹拌した後，室温で 45 分間放置してから 640 nm の吸光度を測定する．

表 1　無機リン酸の検量線作成用反応液の組成（mL）

Pi 溶液	0.00	0.25	0.50	0.75	1.00
5%過塩素酸	1.00	0.75	0.50	0.25	0.00
モリブデン酸アンモニウム溶液	1.0	1.0	1.0	1.0	1.0
Elon 試薬	0.5	0.5	0.5	0.5	0.5
蒸留水	2.5	2.5	2.5	2.5	2.5

❺ 測定値の 5 点が直線関係にあることを作図して確かめ（図 1），無機リン酸の検量線（標準直線）とする．

❻ 最初に秤量した KH_2PO_4 の量から Pi 溶液の濃度を算出し，検量線を使って，1 μmol Pi/mL の示す吸光度（ファクター，f）を求める．

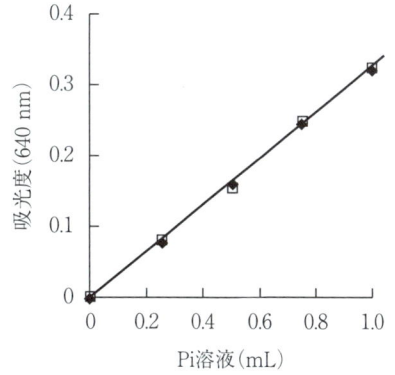

図 1　無機リン酸の検量線
シンボルは 2 組の測定結果をそれぞれ示している．

［2］予め調製した筋原繊維タンパク質の Ca-ATPase 活性を以下のように測定する．操作の概要を図 2 に示した．

❶ 筋原繊維タンパク質のタンパク質濃度を 3 〜 4 mg/mL に希釈する．

❷ 恒温水槽を設置し正確に 25℃に保持しておく．スケトウダラなど筋原繊維タンパク質が不安定な魚種ではそれより低い温度で測定することもある．

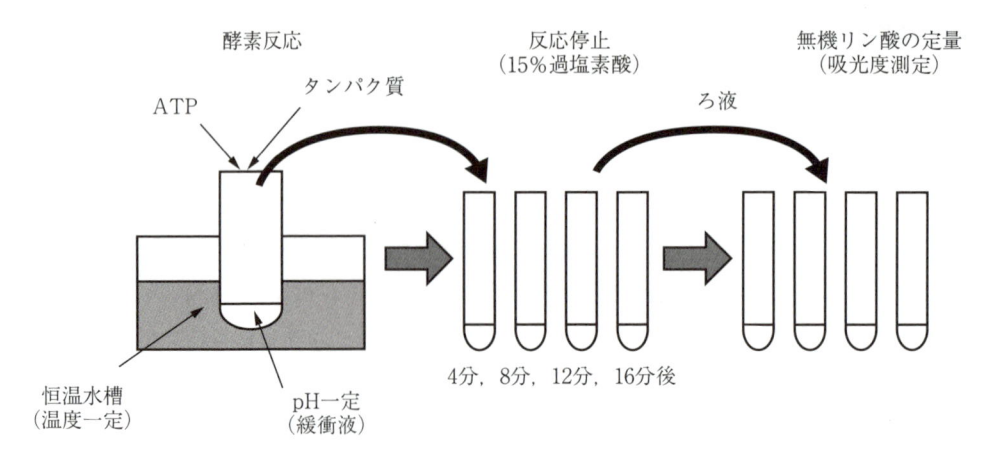

図2　Ca-ATPase 活性測定の実験操作の概要

❸活性測定に必要な器具（試験管，ろ紙，試験管立て，ピペットなど）をすべて準備して配置しておく．

❹反応を停止させるため，予め 15% 過塩素酸を 1 mL ずつ小型試験管に分注しておく．

❺タンパク質と ATP を除いた反応混液を大型試験管中に前もって作製し，恒温水槽で約 5 分間予備加温しておく．表 2 には 0.5 M KCl に溶解した筋原繊維タンパク質を試料として，0.5 M KCl 存在下で Ca-ATPase 活性を測定する場合の反応混液の組成を示す．KCl の終濃度は筋原繊維タンパク質溶液に由来する KCl をあわせて 500 m M となる．

表 2　Ca-ATPase 活性測定用の反応混液の組成

試　薬	容量（mL）	終濃度（mM）
0.5 M Tris-HCl（pH 7.5）	0.50	25
0.1 M $CaCl_2$	0.50	5
2 M KCl	2.25	500
筋原繊維タンパク質溶液 （0.5 M KCl, 3 〜 4 mg/mL）	1.00	
H_2O	5.25	
20 mM ATP	0.50	1
全　量	10.00	

❻ ❶で希釈し氷冷しておいたタンパク質溶液 1 mL をマイクロピペットでとり，❺の反応混液に加え，静かに撹拌し 3 分間予備加温する（反応液の温度が 25℃ に達するための操作）．

❼ ❻の反応混液中に 20 mM ATP を 0.5 mL すばやく加え（マイクロピペット使用）混合して反応を開始し，同時にストップウォッチをスタートする．

❽ 4, 8, 12 および 16 分後に❼の反応混液から 2 mL 取り出し（先端目盛のメスピペット使用），❹で準備した 15% 過塩素酸中に吹き込んで速やかに反応を停止させる．（タンパク質の酸変性が起こるために酵素反応はその時点で停止する．）

❾ ❽の反応停止液をろ紙（ADVANTEC，No.3，5.5 cm）を用いてろ過し，ろ液を別の中型試験管にとる．遠心分離するか，静置して固形物を沈殿させ，上清を用いてもよい．

❿ ❾のろ液 1 mL をマイクロピペットでとり，予めモリブデン酸アンモニウム溶液 1.0 mL と蒸留水 2.5 mL を分注した中型試験管に加え，これに Elon 試薬を 0.5 mL 加えて発色させ，検量

線作成と同じ手順で無機リン酸を定量する（反応を停止する時にろ液が 2/3 に希釈されているので反応混液 1 mL 中の無機リン酸の量は 1.5 倍となる）．吸光度と反応時間の関係を作図する（図3）.

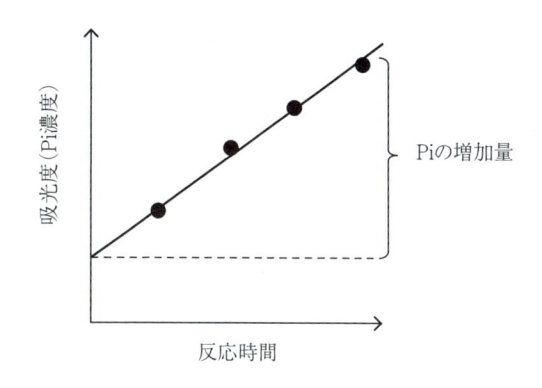

図3　Ca-ATPase 活性の測定における反応時間と吸光度との関係

⓫ ⓾の結果から筋原繊維 ATPase 活性の比活性を計算する．比活性とは，単位重量の酵素が単位時間あたりに行った触媒作用のことであり，ここでは 1 mg の筋原繊維タンパク質が 1 分間に分解した ATP の量で表す（μmol Pi/ 分・mg）．したがって，反応生成物（無機リン酸）と反応時間との間に直線関係が成立する場合には，以下の式で求められる.

ATPase 比活性（μmol Pi/ 分・mg）= 生成 Pi 量（μmol/mL）÷ 反応時間（分）÷ タンパク質量（mg/mL）

（但し，タンパク質濃度は反応混液中で 1/10 に希釈されている）

■活性測定上の注意

1. 酵素反応は化学反応の一種なので，反応温度を一定に保持する必要がある．このため反応は必ず，恒温水槽中で行う.

2. 同様に反応中の pH を一定に保つ必要があるため，緩衝液を用いる.

3. 酵素活性を求めるには，タンパク質濃度を調整して，反応初期において生成物の量（吸光値）と反応時間との間に直線関係が成立する範囲で測定することが必要である（図3を参照）.

4. 筋原繊維タンパク質は加熱，凍結および酸，アルカリ，有機溶媒などとの接触によって直ちに変性する．したがって，反応停止の際に過塩素酸が付着した管壁に，チップやピペットの先端が接触しないように十分注意する．また，筋原繊維は氷冷して保存し，凍結してはならない．魚種によっては氷冷下においても変性反応が徐々に進行することがある．このため，筋原繊維タンパク質を調製した後は速やかに ATPase 活性を測定する.

5. 基質となる ATP も常温では不安定なのでタンパク質と同様に氷冷しておく.

■安全管理上の配慮

無機リン酸を定量した発色液は強酸性であるため，取扱い時には要注意．また，モリブデンとリンを含んでいるので，測定後の廃液は貯留して有害廃棄物として処理する.

■参考図書

新井健一；水産加工とタンパク質の変性制御，恒星社厚生閣（1991），pp.9-24.

山澤正勝・関　伸夫・福田 裕；かまぼこ その科学と技術，恒星社厚生閣（2003），pp.92-106.

滝口明秀・川﨑賢一；干物の機能と科学，朝倉書店（2014），pp.40-49.

8. 熱変性速度恒数の算出

■目的

　筋原繊維タンパク質の変性は，魚肉の保水性やゲル形成能などの加工適性と密接にかかわっている．したがって筋原繊維タンパク質の変性の進行を予測して制御することは，水産物を利用加工する上で極めて重要である．そのためには変性の進行を速度論的に解析することが必要となる．加熱に伴う筋原繊維タンパク質の Ca-ATPase 活性の変化から，その熱変性速度恒数を算出することができる．本項では，コイおよびスケトウダラの筋肉から調製した筋原繊維タンパク質の熱変性速度恒数を求める方法を紹介する．

■理論

　魚類の筋原繊維タンパク質は，陸上哺乳動物のそれらに比べて極めて不安定で変性しやすいことが知られている．さらに，魚類の中でも深海や冷水域に生息する魚種の筋原繊維タンパク質は，温帯や熱帯に生息する魚種のものよりも一層不安定である．これは，筋収縮というタンパク質の生物学的機能が，環境水温に適応した結果であると考えられている．筋原繊維タンパク質の安定性は，その熱変性速度恒数を指標として検討されてきた．それは，加熱に伴う Ca-ATPase 活性の変化が一次反応式に従って進行し，残存活性の対数値と加熱時間の間に直線関係が成立するので，熱変性速度恒数を容易に算出することができるからである．Mg-ATPase 活性は筋原繊維タンパク質の加熱変性に伴って複雑に変化するので，その変化から熱変性速度恒数を算出することはできない．Ca-ATPase 活性を指標にする場合でも，筋原繊維タンパク質中のミオシンに安定性の異なるアイソフォームが存在する場合や，ミオシンとアクチンの相互作用が低下し，アクチンから解離したミオシンが存在する場合は，Ca-ATPase 活性の低下は見かけ上，二段階の一次反応式に従って進行する．熱変性速度恒数を用いて筋原繊維タンパク質の変性を速度論的に解析することにより，各種の変性剤や変性防止剤の影響を定量的に評価することができる．

■試薬・器具

試薬

コイとスケトウダラの筋原繊維タンパク質溶液（約 4 mg/mL）

器具

試験管，恒温水槽

■操作手順

　コイとスケトウダラの筋原繊維タンパク質について Ca-ATPase 活性を指標とした熱変性速度恒数を求め，比較する．実験操作の概要を図 1 に示す．筋原繊維タンパク質は，本章 6 で述べた方法に従って調製する．また，Ca-ATPase 活性は本章 7 に従って測定する．

❶ コイとスケトウダラの筋原繊維タンパク質溶液（4 mg/mL）を 3 mL ずつ 4 本の小型試験管（φ 15 × 105 mm 程度）に分注し，氷冷しておく．

❷ 33℃ に保持した恒温水槽に 4 本のうち 3 本を入れて，熱変性を開始する．（加熱を始めた時間

を記録しておく）

❸ 残りの1本は加熱をしない対照とする.

❹ スケトウダラの場合は加熱4, 8 および 12 分後に, コイの場合は 1.5, 3 および 4.5 時間後に 1 本ずつ試験管を取り出し, 直ちに氷冷して熱変性を停止する.

❺ これらの筋原繊維タンパク質について, コイは 25℃, スケトウダラは 20℃ で Ca-ATPase 活性を測定し, 比活性を求める（前項）. さらに加熱後の比活性を加熱前のそれで除して残存活性相対値（C）を求め, その自然対数値（ln C）を算出する. 加熱時間と ln C の間に成立する直線の勾配から, 熱変性速度恒数（k_D）を次式により求めることができる.

$$k_D\ (\mathrm{s}^{-1}) = (\ln C_0 - \ln C_t)\ /\ t$$

ここで, $\ln C_0$ および $\ln C_t$ はグラフから読みとった加熱時間 0 および t 秒後の残存活性相対値の自然対数値である. k_D の値が大きいほど筋原繊維タンパク質は熱に対して不安定であることを意味する. 熱変性速度恒数の解析の手順を図2に示した.

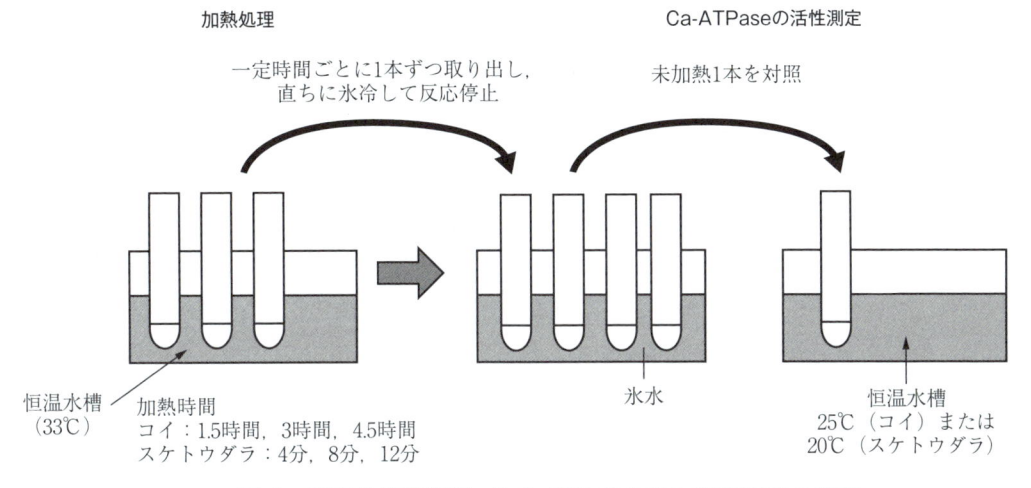

図1　熱変性速度恒数（k_D）測定のための実験操作の概要

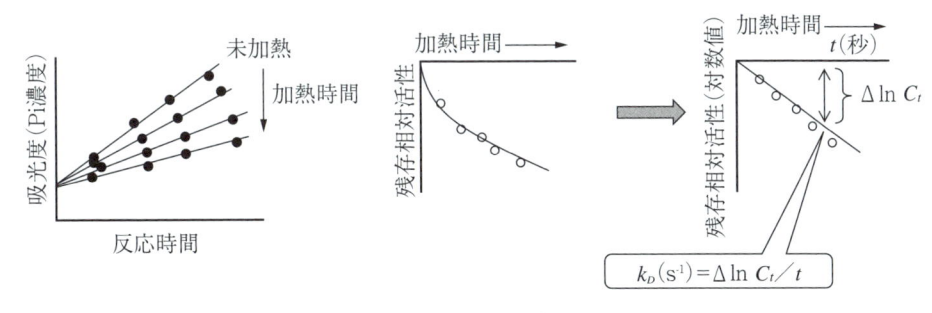

図2　熱変性速度恒数（k_D）解析の概要

■参考図書

新井健一；水産加工とタンパク質の変性制御, 恒星社厚生閣 (1991), pp.47-55.

日本水産学会出版委員会；現代の水産学, 恒星社厚生閣 (1994), pp.272-278.

山澤正勝・関　伸夫・福田　裕；かまぼこ その科学と技術, 恒星社厚生閣 (2003), pp. 32-51.

9．コラーゲンの分離および定量

■目的

　コラーゲンは，動物組織中の細胞外マトリックスを構成する主要タンパク質であり，肉のテクスチャーや生体調節に関わる成分として注目されている．本項では可食部として重要な筋肉組織からの未変性コラーゲンの分離法を紹介するとともに，比色分析によるコラーゲン含量の推定法を述べる．

1）ペプシン消化による未変性コラーゲンの分離法

■理論

　筋肉などコラーゲン含量が比較的低い組織では，まず希アルカリ溶液を用いた抽出（Yoshinaka *et al.*,1985）により非コラーゲン性成分を除去する．この場合，コラーゲンの性状変化を引き起こす恐れがある内因性プロテアーゼ類も同時に失活する．コラーゲンは得られた不溶性画分（アルカリ抽出残渣）に回収されるが（本章1．），その多くはペプシンなど酸性プロテアーゼを用いた限定分解により可溶化される（可溶化の原理の概略を図1に示す）．その際，コラーゲン分子のNおよびC末端領域に存在する短い非三重らせん領域（テロペプチド）のみが限定的に消化されるが，このテロペプチドにはコラーゲン繊維内で隣接するコラーゲン分子との間に架橋結合が存在し，これらがコラーゲンを溶けにくくしている．つまり，テロペプチドを除くことにより分子間の架橋も同時に除かれ，プロテアーゼに対し耐性をもつ三重らせん領域が遊離する．ただし，魚類コラーゲンの場合は，酸に不安定な架橋結合が多いため，例外的に希酸のみによる抽出でも全体の50％程度のコラーゲンを可溶化できる場合がある．可溶化されたコラーゲンは，塩化ナトリウムなどを用いた塩析により沈殿として回収することができる．

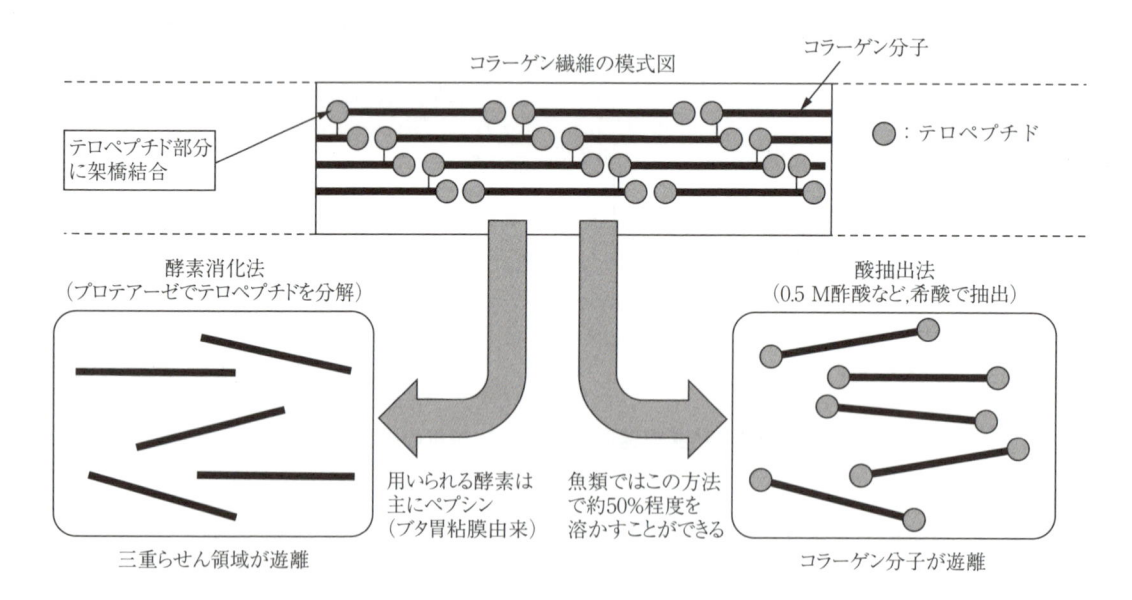

図1　コラーゲンの可溶化の原理

■試薬・器具

試料

魚肉など

試薬

0.1 M 水酸化ナトリウム（NaOH），0.1 M および 0.5 M 酢酸，市販ペプシン（ブタ胃粘膜由来，凍結乾燥物），塩化ナトリウム（NaCl），リン酸水素二ナトリウム 12 水和物

器具

マグネチックスターラー，冷却遠心分離機，ワーリングブレンダー，プラスチック製薬さじ，ビーカー，その他一般実験器具

■操作手順

以下に示す工程は，コラーゲンの変性を防ぐため遠心分離を含めて低温条件下（5℃前後）で行うこと．

❶筋肉（100 〜 500 g）に，5 倍量の冷えた 0.1 M NaOH 水溶液を加え，冷却しながらワーリングブレンダーなどでホモジナイズする．10,000 × g で 20 分間遠心分離し，得られた沈殿について同様に 0.1 M NaOH 水溶液を加え，マグネチックスターラーを用いて低温条件下で一晩抽出する．この遠心分離と抽出の工程を，上清がほぼ透明になるまで繰り返す（通常 3 回程度）．

❷得られた沈殿に初期の筋肉重量に対して 5 倍量の冷蒸留水を加えて薬さじで撹拌し，10,000 × g で 20 分間遠心分離する．この撹拌と遠心分離の工程をさらに 2 回繰り返して，沈殿をアルカリ抽出残渣（RS-AL）とする．

❸RS-AL に，初期筋肉重量に対して 2 倍量の 0.5 M 酢酸(pH は約 2.6)を加え，マグネチックスターラーを用いて 1 時間程度撹拌し沈殿を分散させる．その後，試料に含まれるコラーゲンの重量に対して，1/50 〜 1/20 量（w/w）のペプシンを添加し，48 時間，低温条件下で撹拌する．なお，試料に含まれるコラーゲン重量については，同じ試料を比色定量法（後述）に供して得られたコラーゲン含量値，もしくは近縁種のコラーゲン含量の文献値をもとに算出した値を用いる（水産動物筋肉のコラーゲン含量の例を付録の表に示す）．

❹10,000 × g で 20 分間遠心分離し，その上清をビーカーなどに回収する．上清に対しそれと等容積の酸性塩溶液（4M NaCl を含む 0.5M 酢酸）を加え，一晩撹拌する（上清に含まれるコラーゲンは加えた NaCl により塩析され，すべて沈殿する）．上記と同条件の遠心分離により沈殿したコラーゲンを回収して，ペプシン可溶化コラーゲン（PSC）調製物とする．

❺PSC 調製物には微量のペプシンが活性を保持した状態で混在しているので，少量の蒸留水で懸濁後，20 mM リン酸水素二ナトリウム水溶液に対して透析し（コラム参照），pH を 9 付近まで上げることによりペプシンを不活性化する．その後，0.1 M 酢酸水溶液に対して透析して酸性溶液とする．保存する場合，酸性溶液をそのまま凍結保存（− 30℃以下）するか，凍結乾燥して冷蔵保存する．凍結乾燥すると架橋形成により不溶化が進行する場合があるので，6 か月以上の保存を行うときは酸性溶液の状態で凍結保存し，なるべく 2 年以内に使い切ることが望ましい．

2）比色分析によるコラーゲンの定量法

■理論

　ここで記載する方法は基本的には Woessner 法（第Ⅰ法）（Woessner, 1961）に準拠し，まずコラーゲンにほぼ特異的に含まれるヒドロキシプロリン（Hyp）含量を測定する．この方法は，Hypの酸化および脱炭酸によって生じるピロールが *p*-ジメチルアミノベンズアルデヒドと反応することにより赤橙色に発色することを利用した比色定量法である．コラーゲン含量は，このようにして測定された Hyp 含量に換算係数（後述のコラム）を乗じることにより推定できる．本法は，定量操作が簡便であるが，Hyp 以外のアミノ酸による影響が大きいため，筋肉などコラーゲン含量が比較的低い組織の場合は0.1 M 水酸化ナトリウム溶液など希アルカリ溶液を用いた抽出（Yoshinaka *et. al.*,1985）により予めコラーゲンを濃縮しておく必要がある．なお，Hyp の定量はアミノ酸分析法（第7章1.）でも可能である．

■試薬・器具

試薬

6 M 塩酸，6 M 水酸化ナトリウム（NaOH）

緩衝液（pH 6.0）：クエン酸一水和物 50 g，酢酸 12 mL，酢酸ナトリウム 120 g および NaOH 30 g を蒸留水 800 mL に溶解し，6M NaOH 水溶液で pH を 6.0 に調整した後，蒸留水を加えて 1 L とする．

試薬 A：クロラミン T 423 mg に，蒸留水 6 mL，2-メトキシエタノール 9 mL，緩衝液 15 mL を加えて溶解する（用時調製）．

試薬 B：市販の過塩素酸（濃度 60%）27 mL を蒸留水で希釈し，100 mL とする．

試薬 C：*p*-ジメチルアミノベンズアルデヒド 6 g を 2-メトキシエタノール 30 mL に懸濁し，60℃で 2〜3 分程度加温して溶解する（用時調製）．

装置・器具

分光光度計，オートクレーブ，ホモジナイザー，定温恒温水槽（2台，予めそれぞれ 30 および 60℃に設定する），ホットブロックバス（予め 130℃に設定する），遠心濃縮器，冷却遠心分離機，マイクロピペッター，スパーテル，蓋付き試験管，ロータリーエバポレーター，ボルテックスミキサー，その他一般実験器具

■操作手順

　図2および図3に試料(熱水抽出画分)の調製法およびHyp定量法の手順をそれぞれ示すとともに，以下に補足事項を述べる．

❶試薬 A〜C を添加する際は容量 0.5 mL のマイクロピペッターを用いて手早く行い，試薬添加直後にボルテックスミキサーで撹拌する．

❷試薬 C との反応後，発色は少なくとも 1 時間は安定であるが，できるだけ速やかに測定する．

❸検量線の作製には，市販の Hyp 標品（*trans*-4-ヒドロキシ-L-プロリン）を用いる．本試薬を適当量ルツボにとり，恒温乾燥器を用いて 105℃で 3 時間乾燥させ，デシケーターに入れて放冷

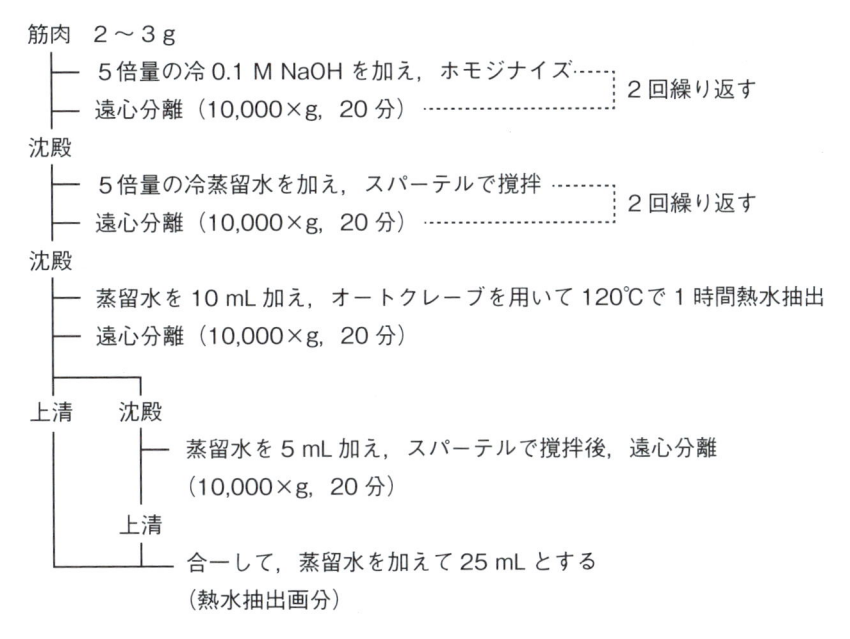

筋肉　2～3 g
├── 5倍量の冷 0.1 M NaOH を加え，ホモジナイズ‥‥‥┐
├── 遠心分離（10,000×g，20分）‥‥‥‥‥‥‥‥‥‥┘ 2回繰り返す
沈殿
├── 5倍量の冷蒸留水を加え，スパーテルで撹拌 ‥‥‥┐
├── 遠心分離（10,000×g，20分）‥‥‥‥‥‥‥‥‥‥┘ 2回繰り返す
沈殿
├── 蒸留水を 10 mL 加え，オートクレーブを用いて 120℃で 1 時間熱水抽出
├── 遠心分離（10,000×g，20分）
│
上清　沈殿
│　　├── 蒸留水を 5 mL 加え，スパーテルで撹拌後，遠心分離
│　　│　（10,000×g，20分）
│　上清
├──┴── 合一して，蒸留水を加えて 25 mL とする
　　　　（熱水抽出画分）

図 2　熱水抽出画分の調製

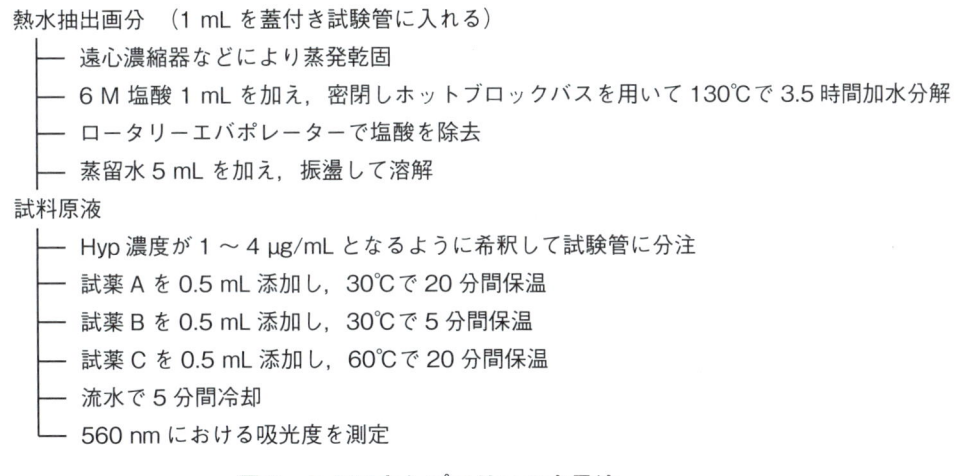

熱水抽出画分　（1 mL を蓋付き試験管に入れる）
├── 遠心濃縮器などにより蒸発乾固
├── 6 M 塩酸 1 mL を加え，密閉しホットブロックバスを用いて 130℃で 3.5 時間加水分解
├── ロータリーエバポレーターで塩酸を除去
├── 蒸留水 5 mL を加え，振盪して溶解
試料原液
├── Hyp 濃度が 1 ～ 4 µg/mL となるように希釈して試験管に分注
├── 試薬 A を 0.5 mL 添加し，30℃で 20 分間保温
├── 試薬 B を 0.5 mL 添加し，30℃で 5 分間保温
├── 試薬 C を 0.5 mL 添加し，60℃で 20 分間保温
├── 流水で 5 分間冷却
└── 560 nm における吸光度を測定

図 3　ヒドロキシプロリンの定量法

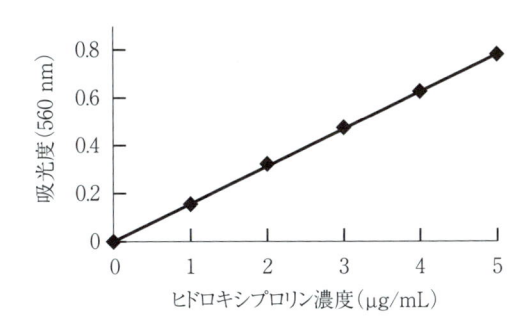

図 4　検量線の例

する．これを蒸留水に溶解して濃度 1, 2, 3, 4 および 5 µg/mL の溶液を調製する．ブランク（蒸留水）およびこれらの溶液それぞれについて最低 3 検体発色させ，表計算ソフトを用いて検量線を作成する（図 4）．

■安全管理上の配慮

2-メトキシエタノールについては骨髄毒性や生殖毒性などが報告されている（世界保健機関，1990）．したがって，操作の際はドラフトを用いるなど部屋全体の換気に注意し，なるべく本試薬との直接の接触を避けること．

■参考図書

R. Yoshinaka, M. Sato, K. Sato, Y. Itoh, M. Hujita, S. Ikeda；*Bull. Japan. Soc. Sci. Fish*, 51, 1163-1168 (1985).

J. F. Woessner；*Arch. Biochem. Biophys*, 93, 440-447 (1961).

世界保健機関：環境保護クライテリア, 115, (1990).

K. Sato, R. Yoshinaka, M. Sato；*Nippon Suisan Gakkaishi,* 55, 1467, 短報 (1989).

Hyp 含量からコラーゲン含量への換算係数

コラーゲン中の Hyp 含有率は動物種ごとに異なる．よって，試料とする動物組織より別途調製した酸可溶性コラーゲンまたはペプシン可溶化コラーゲンの乾燥物について Hyp 含有率を測定し，その結果をもとに換算係数を求めておくのが望ましい．ただし，コラーゲン中の Hyp 含有率は平均的には 10% 程度であるため，換算係数が不明の場合は係数 10 を乗じてコラーゲン含量推定値とする．なお，魚類に関しては，22 種の筋肉より調製した酸可溶性コラーゲン中の Hyp 含有率が報告されているので参照されたい（Sato *et al.*, 1989）．

Hyp 定量における加水分解後の試料調製

上記では加水分解後にロータリーエバポレーターを用いて塩酸を除去する方法を紹介したが，原報（Woessner, 1961）では NaOH 溶液を用いて中和する方法が記載されている．その場合，まず pH 指示薬としてのメチルレッド溶液および中和に必要な量の 2.5 M NaOH を加える．その後全量を 25 mL メスフラスコに移し，指示薬の色が薄い黄色となるように希 NaOH 溶液または希塩酸を加えて pH の調整を行う（その時点で pH は 6〜7 となる）．最後に蒸留水を加えて定容する．なお，試料に含まれる NaCl 濃度については 0.4 M を超えると発色が阻害される．このような中和操作により試料調製を行うときは生成する NaCl の終濃度に注意すること．

［付録］　水産動物筋肉のコラーゲン含量 (g/100g 湿重量)

分類	種	コラーゲン含量値	分類	種	コラーゲン含量値
魚類[1]	マイワシ	0.34	甲殻類[2]	テナガエビ	0.31 [3]
	ニジマス	0.47		クルマエビ	0.58 [3]
	マサバ	0.50		イセエビ	0.33 [3]
	コイ	0.60		ズワイガニ	0.04 [4]
	マダイ	0.73		ガザミ	0.06 [4]
	スズキ	0.88		タカアシガニ	0.09 [4]
	マコガレイ	1.08	軟体類	スルメイカ	1.0 [5]
	ウナギ	1.41		マダコ	1.9 [6]
	マアナゴ	2.19		ホタテガイ	0.16 [7]
	アカエイ	0.94		マガキ	0.38 [7]
	アブラツノザメ	1.13		ハマグリ	0.31 [7]
	ドチザメ	2.12		サザエ	8.2 [8]

[1] *Bull. Japan. Soc. Sci. Fish.* 52, 1595-1600, 1986 (Sato *et al.*)，すべて背部普通筋に関する値
[2] *Comp. Biochem. Physiol.* 107B, 365-370, 1994 (Mizuta *et al.*)；[3] 角皮下膜を含む腹部屈筋を試料としている
[4] 足部と胸部の筋肉を合わせ，試料としている；[5] *Fish. Sci.* 60, 467-471, 1994 (Mizuta *et al.*)，外套膜に関する値
[6] *Food Chem.* 81, 527-532, 2003 (Mizuta *et al.*)，外套膜に関する値
[7] *Food Chem.* 87, 83-88, 2004 (Mizuta *et al.*)，貝柱に関する値
[8] *J. Food Sci.* 50, 981-984, 1985 (Ochiai *et al.*)，足筋の上部，中部，下部の平均値

コラーゲン溶液の透析

コラーゲンの溶液（または懸濁液）の脱塩や pH のシフトなどを目的として透析が行われることがある．その際，分画分子量が 10,000 程度の透析膜（セルロースチューブ）を用いるとよい。基本的な手順の一例を下記に記す（右下の添付図を参照）．

①セルロースチューブを適当な長さに切り，蒸留水に十分浸漬して，保存のため予め塗布されている薬剤を除去する（使用するまで 0.05％の NaN_3 水溶液に浸して冷蔵保存する）．

②チューブの一端をゴムバンドやクローザーなどでシールし，試料液をチューブに注入した後，もう一端も同様にシールする．

③ビーカーなど（容量 1 ～ 5 L）に透析液（試料体積の 50 ～ 100 倍量）を入れ，試料液の入ったセルロースチューブをその中に入れる．

④マグネチックスターラーなどを用いて穏やかに撹拌し，透析時間が 3 時間以上経過するごとに透析液を新しいものに交換する．コラーゲンの変性や分解を防ぐため，透析は低温条件下（5℃程度）で行うこと．

⑤2 ～ 3 回透析液を交換した後，試料液または使用済透析液の塩濃度や pH などを測定器を用いてチェックする．測定値がほぼ目的とする値になるまで透析を継続する．

【注意事項】試料液の粘度が高すぎると，透析効果の低下が懸念される．未変性コラーゲンを試料とする場合，試料液のコラーゲン濃度はなるべく 2 mg/mL 以下とするのが望ましい．

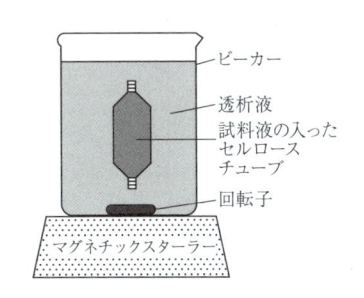

10. 筋肉色素の抽出と定量

■目的

　魚類の血合筋や赤身魚の普通筋は赤い色調を帯びるが，これは筋肉色素ミオグロビンの存在によるもので，赤色の濃さはミオグロビンの存在量に概ね対応する（落合，2012）．ミオグロビンは分子量が約 17,000 の球状タンパク質で，1分子あたり1つのヘムをもつ（図1）．マグロ類の血合筋では湿重量で 5%にも及ぶことがあり，どす黒く見えるほどの高濃度である．ミオグロビンにはヘム鉄の状態の変化により，様々な誘導体が存在するが，特に分子状酸素を結合しない還元型（デオキシミオグロビン），酸素を結合した酸素化型（オキシミオグロビン），ヘム鉄が酸化されて3価となったメトミオグロビンの量比は肉の色調に深く関わるため，肉の品質を判定する上で貴重な情報を与える．

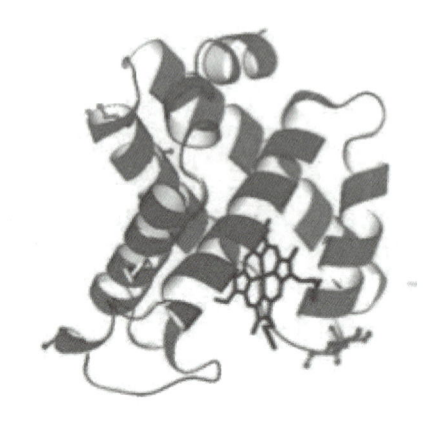

図1　キハダ・ミオグロビンの立体構造
網目状の部分がヘムで，その中央に鉄原子が位置する．

■理論

　ミオグロビン誘導体それぞれ特徴的な可視部吸収スペクトルをもつ．しかし，いずれも吸光度が等しくなる等吸収点（isobethtic point）を 525 nm 付近にもつことから（図2），複数の波長における吸光度を測定することで，誘導体のモル比を算出することができる．ミオグロビンのスペクトル特性は魚種ごとに多少異なるため，正確にメト化率を測定するには，前もって該当魚種のミオグロビンを精製した上で吸収スペクトルを測定しておくことが望ましい．ミオグロビンに一酸化炭素お

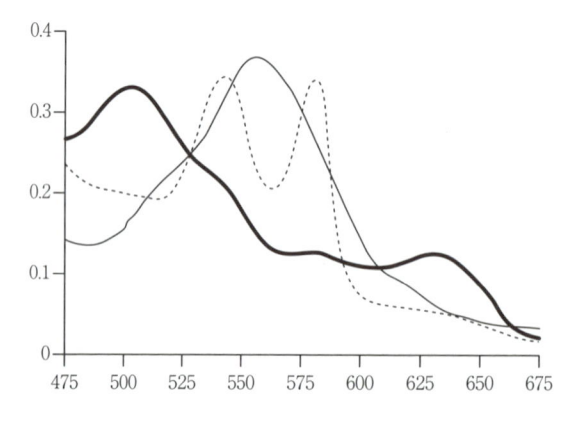

図2　ミオグロビンの各種誘導体の可視部吸収スペクトル
実線は還元型，破線は酸素化型，太線はメト型．

よびシアンを作用させると，それぞれ安定なカルボニル型およびシアンメト型となり，吸光度に基づいた定量が可能となる．ミオグロビンの性状を詳細に調べるには精製標品を得ることが必須であるが，クロマトグラフィーなどで手間や時間を要するので，ここでは紹介しないことにする．

■試薬・器具

試料

魚類の血合筋，赤身魚肉が扱いやすい（あるいはウマ由来ミオグロビンなど，MERCK 社で代替）

試薬

氷冷蒸留水，ヒドロ亜硫酸ナトリウム粉末，1%フェリシアン化カリウム溶液，50 mM リン酸ナトリウム緩衝液（pH 7.0），1 M リン酸ナトリウム緩衝液（pH 7.0），5%$NaNO_2$ 水溶液，5%KCN 水溶液

器具

試験管，ガラス棒，冷却遠心分離機，ろ紙（もしくはフィルターカートリッジ，孔径 1 μm 程度），ビーカー，分光光度計

■操作手順

【1】 抽　出

❶試料約 2 g を精秤して試験管に取り，2 倍量の氷冷蒸留水を加える．ミオグロビン標品の場合は 0.2 ～ 0.5 mg/mL とする．この場合，抽出操作は不要．

❷氷上でガラス棒の先端で筋肉を押しつぶし，完全に破砕した後，5,000 × g で 10 分間の遠心分離に付して上清を得る．

❸沈殿に対して同じ操作を繰り返し，上清を合一して穏かに混ぜる．なお，メト化率の測定については 1 回の抽出で差し支えない．

❹上清をろ紙でろ過するかフィルターカートリッジ（孔径 1 μm 程度）でろ過し，清澄な抽出液を得る．この段階では抽出液中に様々な水溶性タンパク質が混在する．また，抽出液を放置すると濁りが生じることがあり，吸光度を測定する際の障害となるので，必要に応じて遠心分離やフィルター処理を行う．鮮度低下や肉質劣化の伴いミオグロビンは徐々に不溶化して抽出されにくくなるので，新鮮で未凍結の試料を用いることが望ましい．

【2】 各種誘導体の調製

❶ミオグロビン溶液にごく微量のヒドロ亜硫酸ナトリウム粉末を加えて混和すると，直ちに溶液の色がやや暗くなり，還元型の生成が肉眼で確認できる．

❷この一部をビーカーに入れて振盪すると，徐々に溶液の色が赤味を帯びるようになり，酸素化型の生成が確認できる．

❸シアンメト型はミオグロビン溶液に 1% フェリシアン化カリウム溶液を少量滴下して混和すれば，瞬時に色が褐色へと変化する．

可視部吸収スペクトルは 50 mM リン酸ナトリウム緩衝液（pH 7.0）中にミオグロビン濃度が 0.2 ～ 0.5 mg/mL となるように調製し，分光光度計を用いて波長 450 ～ 700 nm の範囲で測定する．

【3】総ミオグロビンの定量

❶上清 2 mL を試験管に移し，1 M リン酸ナトリウム緩衝液（pH 7.0）を 1 mL 加えて撹拌し，さらに 5% $NaNO_2$ 水溶液を 50 μL 加えてよく混ぜる．

❷さらに 5% KCN 水溶液を 50 μL 加えてよく混ぜた後，540 nm において吸光度を測定する．分光光度計の測定可能範囲を超えた場合は，適宜希釈する．

❸次式により総ミオグロビン量を算出する．抽出液を希釈した場合は希釈率を計算に反映させる．

ミオグロビン量（mol/L）=（2 × A）/ E

ここで，A：540 nm における吸光度，E：ミオグロビンの分子吸光係数 11,300.

❹抽出液に微量のヒドロ亜硫酸ナトリウム粉末を加えて混和した後，一酸化炭素をゆっくりと吹き込んだもの（1），ヒドロ亜硫酸ナトリウム粉末を加えずに一酸化炭素をゆっくりと吹き込んだもの（2），1% フェリシアン化カリウム溶液を 1 滴加えて混和したもの（3）を調製し，それぞれの 568 nm における吸光度を測定する．

❺次式によりメト化率を算出する．

メト化率（%）=（A1 – A2）× 100 /（A1 – A3）

ここで A1, A2, A3 は（1），（2），（3）それぞれの吸光度である．pH の異なる緩衝液を用いたり，保温の温度を変えたりして，それらの影響を見ることにも意義がある．魚類のミオグロビンは特に酸素と反応しやすい（自動酸化しやすい）ため，取扱いには気を付ける．そのため，ボルテックスなどによる強い撹拌は避ける．

■測定における注意点

　抽出する際にホモジナイザーを使って高速で筋肉を破砕するとミオグロビンが酸化してしまう可能性があるので，温和な条件下で行うことが望ましい．ウマなど哺乳類由来のミオグロビンは安定性が高いため，メト化の進行には，より高い温度で処理する必要がある．乳鉢で磨砕するのが望ましい．筋肉の保管条件が悪い場合（凍結温度が高い，貯蔵期間が長いなど），ミオグロビンが変性して溶解度が低下することにより，抽出率が低くなることがある．また，凍結貯蔵しておいた魚肉を解凍すると，ミオグロビンのメト化が促進されるので，完全に解けない内に必要分を切り出して，重量を測定しておくとよい．メト化率は刻々と増加するものなので，一連の操作は速やかに行う．脂質含量が高い筋肉では，抽出液の濁りが発生しやすく，吸光度が正確に測れない可能性が高いため，試料として用いない方が無難である．

■発展

　抽出液を SDS-ポリアクリルアミドゲル電気泳動（SDS-PAGE，第 4 章 2. を参照）に付し，ミオグロビンのバンドを確認する（図 3）．魚種によりミオグロビンの分子量が少し異なることを確認する．

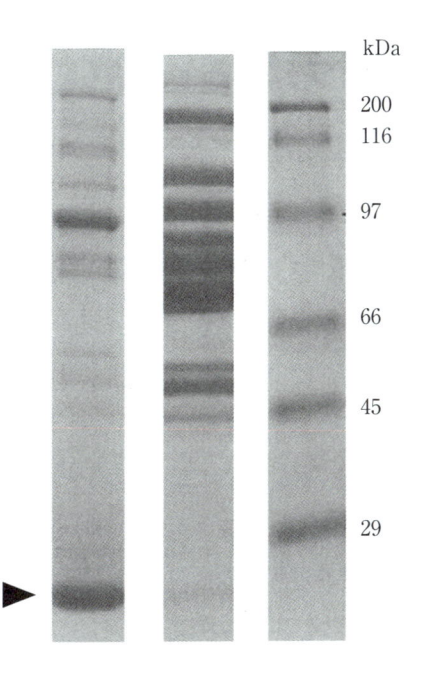

図3　マグロ筋肉の水溶性画分の SDS-PAGE 像
左から血合筋，普通筋，分子量マーカー．矢尻はミオグロビンのバンドを示す．

■安全管理上の注意点

1. 一酸化炭素を使ってヘム鉄の酸化を停止させるため，作業は担当教員立ち合いの下，ドラフト内で行うこと．
2. 総ミオグロビンの定量においてシアン化カリウムを使用するので，試薬の管理や廃液の処理には十分に気を付ける．

■参考図書

落合芳博：冷凍, 87, 341-347（2012）.

井ノ原康太, 尾上由季乃, 木村郁夫：日水誌, 81, 456-464（2015）.

ミオグロビンとヘモグロビン

　両者ともヘムタンパク質で，呼吸色素ともよばれ，分子進化上，近縁のタンパク質である．そのため立体構造はよく似ているが，ミオグロビンは単量体，ヘモグロビンは四量体として機能する．ミオグロビンは筋肉細胞中に存在し，酸素を蓄えてミトコンドリアに供給する役割をはたす．心筋や魚類の血合筋，回遊魚の普通筋，鯨類の骨格筋など，好気的な筋肉に多く含まれるため色調が赤い．一方，ヘモグロビンは赤血球内に存在し，酸素を体内の組織に運搬する役割をもつ．魚を十分に脱血処理（血抜き）しておかないと，特に回遊魚では，筋肉中にヘモグロビンが多く残っていることがある．

11. 海藻の色素タンパク質（抽出および吸収スペクトルの測定）

■目的

　海藻は，藻体の色調により緑藻，褐藻，紅藻の3群に大別される．緑藻と褐藻の光合成色素は脂溶性であるが（第7章9. を参照），紅藻の主要な光合成色素は水溶性のタンパク質（フィコビリタンパク質）であるため，その抽出にはタンパク質化学的手法を要する．本項では，入手が容易な乾海苔（アマノリ類）を材料として，海藻タンパク質抽出法と色素タンパク質の分析・定量法（分光法）の基礎を紹介する．

■理論

　紅藻アマノリ類は，タンパク質性のクチクラで覆われたキシラン，マンナン，硫酸化多糖ポルフィランからなる強靭で柔軟な細胞壁をもつ．色素タンパク質の迅速で効率良い抽出を目的とする場合，細胞破壊には強い物理的衝撃を与える必要があるが，その際，色素タンパク質を熱変性させないことが肝要である．

　紅藻のフィコビリタンパク質は，生体内において，チラコイド膜の光化学系 II 上のストロマ側にフィコビリソームと呼ばれる集光超分子複合体（直径約 50 nm の顆粒で，70S リボソームの約2倍の大きさ）を形成している．低濃度（5〜50 mM）のリン酸塩緩衝液やトリス緩衝液で抽出を行うと，フィコビリソームを構成するタンパク質は，ほとんど解離した状態で抽出され，超遠心分離によりリボソーム画分からも容易に分離できる．フィコビリソームの単離には，アンチカオトロピック効果のある高濃度(500〜800 mM)の多価アニオンの緩衝液が用いられる．アマノリ由来フィコビリタンパク質の分光測定による定量法の詳細については，末尾の文献を参照されたい．

　従来の細胞破砕法として，浸漬法や乳鉢を用いた磨砕法があるが，これらの方法で破壊した試料からの抽出には長時間（2〜10日）を要し，再現性も良いとは言い難い．以下には，迅速・簡便なミル粉砕と凍結ビーズ破砕による細胞破砕・抽出法を紹介する．ミル粉砕法は，ラージスケールのタンパク質抽出に適している．凍結ビーズ破砕法では，高額なビーズ式細胞破壊装置が必要になるが，微量な試料の効果的な破壊と抽出，コンタミネーションの防止に優れ，多検体の比較定量やプロテオミクスにも有効である．

■試薬・機器

試薬・試料

50 mM リン酸ナトリウム緩衝液（pH 6.5），乾海苔

機器

細胞破壊装置（IKA 社製ミル Tube Mill Control, BMS 社製 Shake Master など），ステンレスビーズクラッシャー（Tokken 社製），2 mL ステンレスチューブ（Tokken 社製），2 mL チューブ用アルミブロック（Master Rack, BMS 社製），Shake Master Auto（BMS 社製），分光光度計，1.5 mL チューブ，はさみ，氷上または低温庫

■操作手順

【1】 ミル粉砕法

❶乾海苔（全型の半分，約 1.5 g，水分 < 5%）をはさみで 1 cm 角程度に刻んでミル粉砕（IKA ミル Tube Mill Control では 25,000 rpm，1 分間）し，50 mg の海苔粉末を 2 mL チューブに秤量する．

❷1.5 mL の 50 mM リン酸ナトリウム緩衝液（pH 6.5）を加えて転倒混和後，氷上または低温庫（4℃）で 30 ～ 120 分間放置する．

❸遠心分離（15,000 × g，10 分間，4℃）後，上清を適宜，同緩衝液で希釈して吸収スペクトルの測定に用いる．

【2】 凍結ビーズ破砕法

❶乾海苔 10 mg をはさみで切り取って 1.5 mL チューブに入れ，90 µL の脱イオン水を加えて氷上で数分間水和させる．

❷液体窒素で瞬間凍結させた試料と液体窒素冷却したステンレスビーズクラッシャー（Tokken 社製）を 2 mL ステンレスチューブ（Tokken 社製）に入れて，液体窒素冷却する．

❸液体窒素冷却した 2 mL チューブ用アルミブロック（Master Rack，BMS 社製）にステンレスチューブをセットし，Shake Master Auto（BMS 社製）で 1 分間，振盪する．

❹ステンレスチューブを氷上で数分間放置後，破砕物に 1 mL 程度の 50 mM リン酸ナトリウム緩衝液（pH 6.5）を加えて 2 mL チューブに移し，同緩衝液で洗い込み 2 mL にメスアップする．

❺氷上または低温庫（4℃）で 10 ～ 30 分放置して同様に遠心分離後，上清を吸収スペクトルの測定に用いる（図 1）．565, 615, 620 および 650 nm における吸光度をそれぞれ A_{565}, A_{615}, A_{620}, A_{650} とし，下式に代入することで，各色素の濃度を求める．

❻抽出液中に含まれる各種フィコビリタンパク質の定量値（µg/mL）は，以下の換算式から求められる．

$$フィコエリスリン（PE）= 119.4A_{565} - 53.6A_{615}$$

$$フィコシアニン（PC）= 164.5A_{615} - 0.14A_{565}$$

$$アロフィコシアニン（APC）= 204A_{650} - 51.9A_{620} - 1.52A_{565}$$

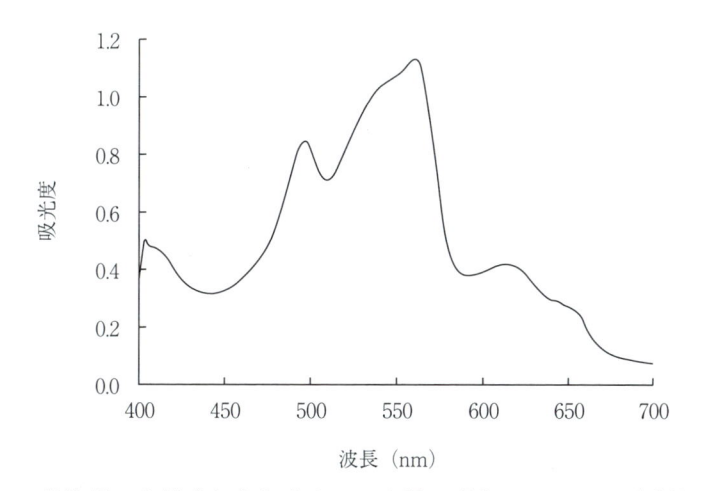

図 1　乾海苔から抽出した色素タンパク質の吸収スペクトル（凍結ビーズ破砕法）

注：

■ 材料となる乾海苔（養殖スサビノリの乾燥品）は，スーパーマーケットなどでも入手できるが，保管状態のよい海苔専門店などでの購入を勧める．ミルを用いた効果的な細胞破壊には，乾海苔の水分が 5% 未満のパリッとした状態であることが望ましい［海苔水分計（例えば，ニシハツ産業社製の電気抵抗式の板海苔専用水分測定装置）を用いると，簡単にチェックできる］．焼海苔や味付海苔は，フィコビリタンパク質が熱変性しているため本実験には使用できない．

■ 細胞破砕方法の代替として，ジルコニアやステンレス製の球型ビーズとプラスチックチューブを用いた凍結破砕も条件検討次第で可能と思われるが，弾丸型のステンレスビーズクラッシャー（Tokken 社製）とステンレスチューブ（Tokken 社製）の組み合わせによる凍結破砕と比べて破壊効率は劣る．手動式 SK ミル（Tokken 社製）は，比較的廉価（8 万円）で，弾丸型クラッシャーとステンレスチューブを用いた同時 3 検体の凍結破砕が可能である．抽出の効率性や迅速性を求めない場合は，海砂を用いた乳鉢磨砕でもよい（張らの文献参照）．超音波破砕では，ミセル化した生体膜とともに脂溶性色素（クロロフィルやカロテノイド）が混入しやすく，超遠心分離などによる膜成分の除去が必要になるので勧めない．

■ 安全管理上の配慮

1. 液体窒素のコンテナ充填・運搬・取り扱いについては，各大学・研究機関で実施される講習会で説明を受け，熟練者の指導を仰ぐこと．
2. 窒息・凍傷防止のため，室内換気と保護手袋着用を怠ってはならない．
3. 液体窒素の突沸を防止するため，凍結ビーズ破壊法で用いるアルミラックは冷凍庫や超低温冷凍庫で十分に予冷却してから液体窒素に浸すこと．

■ 参考文献

E. Gantt, C.A. Lipschultz, J. Grabowski, B.K. Zimmerman；*Plant. Physiol.*, 63, 615-620（1979）.

J. Khandakar, I. Haraguchi, K. Yamaguchi, Y. Kitamura；*Front. Plant. Sci.*, 4, 1-13（2013）.

K. Yamaguchi；*Methods Mol. Biol.*, 1511, 249-266（2017）.

近藤久益子，佐藤桃子，広瀬　侑，渡邊麻衣，池内昌彦；低温科学，67, 295-301（2009）.

齋藤宗勝，大房　剛；藻類，22, 130-133（1974）.

平田　孝，石谷孝佑，竹山恵美子，兵藤道子，古木美恵子；日本食品工業学会誌，25, 584-586（1978）.

張　経華，佐藤友規，丸山亮馬，高尾雄二，畝中　佑，藤田雄二，山崎素直；日本海水学会誌，63, 158-166（2009）.

三室　守，村上明男，菊池浩人；蛋白質 核酸 酵素，42, 2613-2625（1997）.

フィコビリタンパク質とフィコビリソームの構造・機能

　海中では，クロロフィル色素により吸収できる青色光や赤色光が急激に減衰するため，クロロフィル色素のみによる光の捕捉では光合成効率が悪い．そこで紅藻類は，水中で減衰しにく

い緑色光をフィコビリソームで捕捉し，赤色の蛍光を発して，フィコビリソームに隣接する光化学系 II のクロロフィル色素に効率よく光エネルギーを渡す．実に巧妙な集光戦略である．フィコビリタンパク質は，集光性タンパク質として光合成に寄与するほか，窒素飢餓に備えた貯蔵タンパク質やストレス応答タンパク質としての役割もあると考えられている．

フィコビリソームを構成するフィコビリタンパク質は，藍藻や紅藻の主要タンパク質成分であり，水溶性タンパク質の 40〜60％にも及ぶ（Bogolad, 1975）．そのため，フィコビリタンパク質の色（赤色のフィコエリスリン，青色のフィコシアニン，青藍色のアロフィコシアニン）は，紅藻や藍藻の色調に大きく寄与する．フィコビリタンパク質の特定のシステイン残基には，開裂したテトラピロール構造をもつ発色団のフィコビリン（フィコエリスロビリンやフィコシアノビリンなど）がチオエーテル結合を介して結合している（図 2）．フィコビリタンパク質は，α サブユニットと β サブユニットの複合体を単量体（モノマー）単位とする 3量体または 6量体を形成し，ドーナツ状のディスクとなる（図 2）．ディスク中央の孔を埋めるように，リンカータンパク質が結合すると，円筒状のロッドとコアが形成され，これらが会合した超分子複合体のフィコビリソームとなる（図 2）．フィコビリソームのロッドの遠位にフィコエリスリン（吸収極大波長 λ max 565 nm；蛍光極大波長 λ em 576 nm），近位にフィコシアニン（λ max 615〜635 nm；λ em 635〜650 nm），コアにアロフィコシアニン（λ max 650 nm；λ em 660 nm）が配置されており，光エネルギーがフィコビリソームの外側から内側へ向かって渡されていく．最近，紅藻イギス科の一種 *Griffithsia pacifica* から単離されたフィコビリソームのクライオ電子顕微鏡像が解像度 3.5 Å で明らかにされた（Zhang *et al.*, 2017）．半円盤状（hemidiscoidal）の形状をもつ超分子複合体のフィコビリソーム（長さ 680 Å，高さ 390 Å，厚さ 450 Å，質量 16.8 MDa）を構成する 862個のタンパク質と 2,048個の発色団の構造モデリングがなされ，フィコビリタンパク質とリンカータンパク質の相互作用とそれらの空間的配置が明らかになったことで，詳細なエネルギー転移機構の構造的理解が飛躍的に進むことが期待される．あたかも漏斗で液体や粒状物質を集めるかのように，光エネルギーを集めて無駄なく光化学系 II（PSII）へと渡すフィコビリソームの機能はその超分子複合体の秩序だった精緻な構造により発揮されるのであろう．

文献

L. Bogorad：*Annu. Rev. Plant Physiol.,* 26, 369-401 (1975).

J. Zhang, J. Ma, D. Liu, S. Qin, S. Sun, J. Zhao, S-F. Sui：*Nature,* 551, 57-63 (2017).

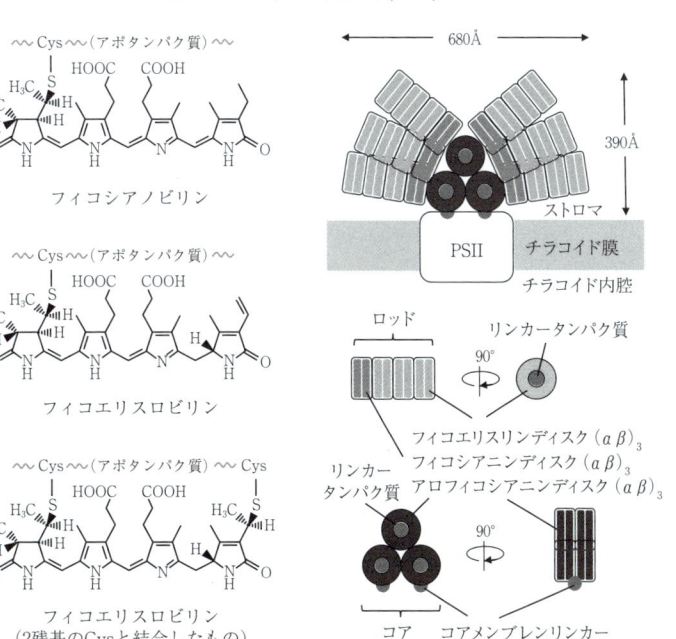

図 2　フィコビリンの化学構造とフィコビリソームの模式図

第5章 脂質の分析

1. 脂質の染色，含量測定および酵素分解

1）Oil red O 染色

■目的

Oil red O によって脂質を染色し，魚体における脂質の分布を光学顕微鏡レベルあるいは目視レベルで観察する．

■理論

Oil red O 染色は 1943 年 Lillie により確立された脂質染色法である．Sudan 染色と比べて赤色が深く，操作も簡単で短時間に微細な脂質顆粒も染色される．本色素は図1に示す構造をもち，疎水性が強い．色素が一定の分配率に従って溶媒から組織の脂質へ移行することによる物理的染色法である．

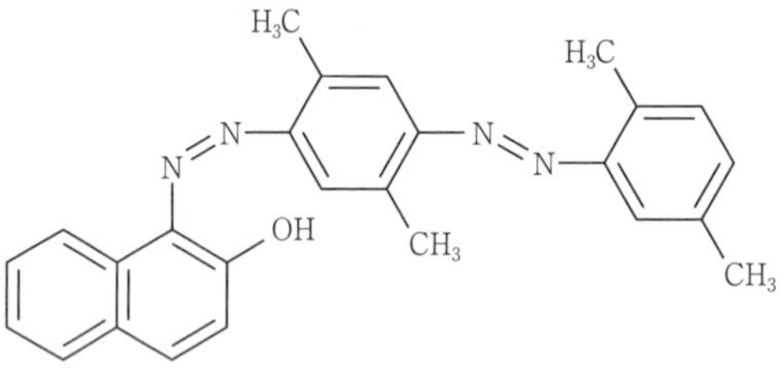

図1 Oil red O の構造

■試薬・器具

試薬

Oil red O 保存液：イソプロパノール 100 mL に 0.3 g の Oil red O 粉末を入れ，ガラスねじ口ビン（250 mL，PP 製蓋付きなど）に入れ，一晩放置する．ときどき振盪し，飽和保存液を作る

4% パラホルムアルデヒド／リン酸緩衝液（PBS）

60% イソプロパノール／蒸留水 60℃

器具

ろ紙

■操作方法

❶内臓を傷つけない位置で魚体を切断し（図2），4% パラホルムアルデヒド／リン酸緩衝液（PBS）で数日間固定する．

❷ Oil red O 保存液と蒸留水を 6：4 の割合でねじ口ビンに入れて混合し，手で激しく振盪する．10 分程度放置した後にろ紙でろ過し，2 時間以内に使用する．混合が不十分な場合は針状結晶が出る（この場合は使用不可）．

❸ 固定した試料を水道水でよく洗浄し，60% イソプロパノール / 蒸留水に 30 分，Oil red O 保存液に 1 時間浸漬する．

❹ 60% イソプロパノール / 蒸留水でバックグラウンドの色素が落ちるまで洗浄し，観察する（図 3）．保存は蒸留水中で行う．

各試料の Oil red O 染色の結果を比較し，脂質の分布様式について考察する．

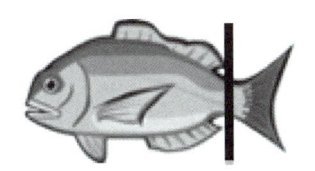

図 2　魚体の切断位置

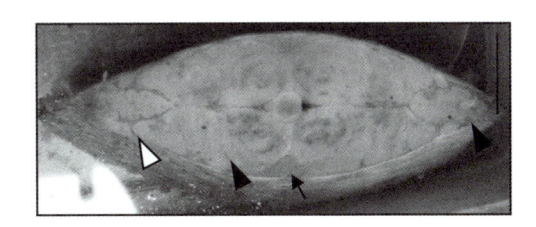

図 3　マダイ断面の Oil red O 染色像
矢尻の部位に脂質が多く蓄積している．
(Kaneko, *et al.*, 2016：Diversity of Lipid Distribution in Fish Skeletal Muscle, *Zoological Science*, **33**（2）170-178)

2) 脂質含量の測定（Bligh & Dyer 法）

■目的

脂質含量は魚肉の品質を決める一要因である．そこで魚肉から全脂質を抽出し，その含量を求める．

■理論

Bligh & Dyer 法は総脂質をクロロホルムに溶解させて回収する方法で，簡便なため広く用いられている．本法では試料中の水分が 80% であると想定しており，魚肉からの脂質抽出に適しているが，水分の異なる試料から脂質を抽出する場合には，最初の段階でクロロホルム：メタノール：水の比が 1：2：0.8 になるようにしなければならない．

■試薬・器具

試薬

メタノール，クロロホルム，飽和食塩水

装置・器具

乳鉢，ブフナーろうと，分液ろうと，ナス型フラスコ，ロータリーエバポレーター，包丁

■操作

❶ 包丁で細かくした試料 30 g に 60 mL のメタノールおよび 30 mL のクロロホルムを加え，乳

鉢でよくホモジナイズする．この段階ではメタノールの割合が高いため，クロロホルムと水は分離せず，液層は1層である．

❷ホモジネートに30 mL のクロロホルムを加えて1分間ホモジナイズし，さらに30 mL の飽和食塩水を加えて同様の操作を行う．

❸得られたホモジネートをブフナーろうとで吸引ろ過し，抽出液を分液ロート（200〜300 mL 容量）に移して分配する．抽出溶媒の組成が正しければ2層に分かれる．中間層が存在する場合はこれを脂溶性画分に入れないこと．脂溶性画分を予め秤量したナス型フラスコ（100 mL 容量）に分取する．

❹ナス型フラスコをロータリーエバポレーターに装着し，40℃以下で減圧濃縮する．

❺少量のエタノールを加えて減圧濃縮し，留去しきれなかった水分を除く．ナス型フラスコの重さを計り，脂質量を求める．

3）酵素反応による脂質の分解

■目的

　トリアシルグリセロール（TAG）は，腸管から吸収される際などにリパーゼによる加水分解を受ける．そこで，次に抽出した脂質を細菌由来のリパーゼで処理し，反応生成物である脂肪酸を Thin Layer Choromatography（TLC，薄層クロマトグラフィー）で検出する．また，遊離したグリセロールを比色法で定量し，酵素反応速度論の基礎を学ぶ．

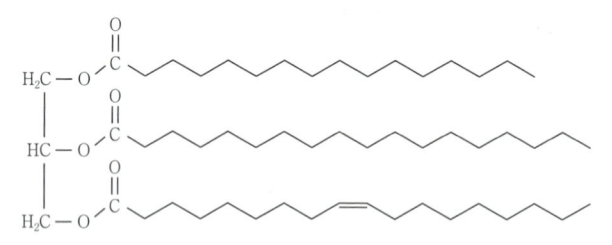

図4　トリアシルグリセロールの構造

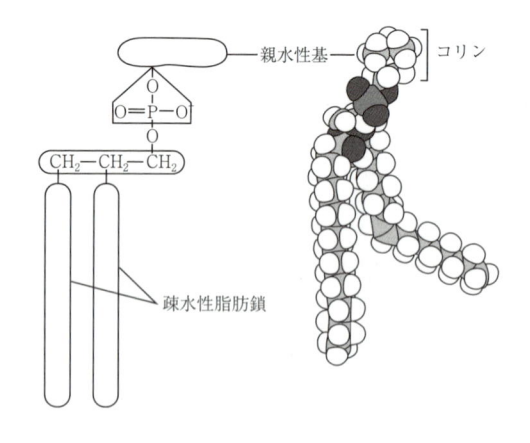

図5　リン脂質（ホスファチジルコリン）の構造

■理論

抽出した脂質の主成分は TAG（脂肪酸 3 分子とグリセロール 1 分子がエステル結合して；図 4）であるが，細胞膜の主成分であるリン脂質（脂肪酸 2 分子と，リン酸を介して各種の極性基 1 分子がグリセロール 1 分子に結合している．極性基にはコリン，セリン，イノシトールなどがある．組織中のリン脂質の組成は生物によって多様で，とくに規則性は認められない；図 5），疎水性の強い色素なども含まれている．それぞれの成分をシリカ上のシラノール基との相互作用により分離，同定もしくは定量するため，まず抽出した脂質を TLC に供する．

【1】薄層クロマトグラフィー

TLC は脂質の分離によく使われる方法で，操作が簡単なこと，微量の試料で分析できることなどの利点がある．薄層プレートや展開溶媒の種類を変えることで様々な脂質を分離，検出することができる．

■試薬・器具

試薬

展開溶媒［ヘキサン：エーテル：酢酸（70：30：1）］，50% 濃硫酸，水 - エタノール（95：5）溶液

器具

プレート：TLC Silica gel 60（Merck Ltd. Japan），ガラスキャピラリー，展開槽

■操作手順

❶ 得られた脂質を n-ヘキサンに溶解する．シリカゲルの薄層プレートの下から 1.5 cm ほどのところに，ガラスキャピラリーを用いて脂質溶液 1 μL をスポットする．脂質量は 1 つのスポットあたり 20 〜 80 μg が適当である．

❷ 展開槽に 60 〜 100 mL の展開溶媒を入れ，30 分から 1 時間放置して槽内の溶媒蒸気を平衡状態にしておく．

❸ 薄層プレートを展開槽の中に立てかけ蓋を閉じて，溶媒をプレートの上から 2 cm 程度まで上昇させる．

❹ プレートを展開槽から取り出し，ドラフト内で溶媒を蒸発させる．

❺ ドラフト内でプレートに 50% 濃硫酸 / 水 - エタノール（95：5）溶液を噴霧し，ホットプレート上で加熱し（約 110℃）発色させる．

【2】リパーゼ処理

リパーゼは水溶性の酵素であるが，その基質である脂質は水に不溶である．そのため，リパーゼによる加水分解反応はミセルあるいはエマルション状の基質と水の界面で起こると考えられる．ここでは，基質溶液に界面活性剤の Tween 20 を加え，超音波処理によって界面を作り出す．

■試薬・器具

試薬

脂質の n-ヘキサン溶液，トリクロロ酢酸，ブタノール

基質溶液（Chou $et\ al.$, 2008 を改変）：

　　200 mM Tris-HCl（pH 8.2），100 mM NaCl，1% Tween 20，50 g/L ウシ血清アルブミン（BSA）．

酵素溶液（原液）：

　　$Pseudomonas$ sp. 由来リポプロテインリパーゼ（LPL; Wako #129-04501）の 1 mg/mL 溶液．実験では，本酵素による TAG 分解の過程を観察できるように酵素溶液（原液）を適宜希釈して用いる．本リパーゼの活性は，37℃で約 850 unit/mg である．なお，1 U は TAG から 1 分間に 1 μmol の脂肪酸を遊離する活性である．

器具

ボルテックスミキサー

■操作手順

❶ 脂質の n-ヘキサン溶液 10 μL と基質溶液 80 μL を混合し，約 50 W，10 秒間超音波で処理する．

❷ ❶の混合液に 10 μL の酵素溶液（上記の原液を適宜希釈したもの）を加え，37℃で適当な時間振盪する．等量の 10% トリクロロ酢酸（TCA）を加えて反応を停止させる．また，酵素溶液のかわりに 10 μL のリン酸緩衝食塩水（PBS）を加えた対照区を作製する．

❸ 200 μL のブタノールを加えてボルテックスミキサーで混合する．

❹ 15,000 × g，5 分間の遠心分離を行い，上層のブタノール層を TLC 分析に供する．

❺ 水層に含まれるグリセロールを以下の方法で定量する．

【3】グリセロールの定量

LPL の作用により遊離したグリセロール量を，キットを用いて測定する．反応液中では以下の 1）から 3）の酵素反応が起こり，最大吸収波長 540 nm の蛍光物質が生じる．1）はグリセロールキナーゼに，2）はグリセロール -3- リン酸オキシダーゼに，3）はペルオキシダーゼにそれぞれ触媒される．

1）グリセロール + ATP → グリセロール -3- リン酸 + ADP

2）グリセロール -3- リン酸 + O_2 → ジヒドロキシアセトンリン酸 + H_2O_2

3）$2H_2O_2$ + 4-AAP* + ESPA* → Quinoneimine dye + $4H_2O$

* 4-aminoantipyrine; ESPA, N-ethyl-N-(3-sulfopropyl)-m-anisidine.

■試薬・器具

試薬

Glycerol colorimetric assay kit（Cayman Chemical, #10010755）

酵素反応液

器具

マイクロプレート

■**操作手順**

❶グリセロール標準液（20 mg/L）を蒸留水で希釈し，0, 2, 4, 6, 8, 10, 15 および 20 mg/L のグリセロール溶液を調製し，検量線の作製に用いる．

❷❶で調製した溶液および試料液を 10 µL ずつ 96 穴マイクロプレートに入れ，酵素反応液 150 µL を加える．

❸室温で 15 分間静置し，540 nm での吸光度から検量線を用いて試料中のグリセロール量を算出する．

　各試料の脂質含量，TLC 分析およびグリセロール定量の結果を比較し考察する．ただし，グリセロールの定量については自分で分析した試料の結果のみを対象とし，酵素反応速度論的に考察する．

■**参考文献**

E.G. Bligh and W.J. Dyer；*Can. J. Biochem. Physiol.*, **37**, 911-917（1959）.

Y.C. Chou, Y.C. Tsai, C.M. Chen, S.M. Chen, J.A. Lee；*Biomed. Chromatogr.* **22**, 502-510（2008）.

医歯薬出版編；Medical Technology 別冊「新 染色法のすべて」，医歯薬出版（1999）.

日本分析化学会近畿支部編；ベーシック機器分析化学，化学同人（2008）.

渡部終五編；水圏生化学の基礎，恒星社厚生閣,（2008）

魚種によって異なる脂質分布

ミトコンドリア DNA 配列を用いて作成した系統樹に脂質分布の模式図（魚体の断面）を重ねた．黒い部分が脂質の蓄積を表す．それぞれの遊泳様式に応じて脂質の分布が異なることがわかる．

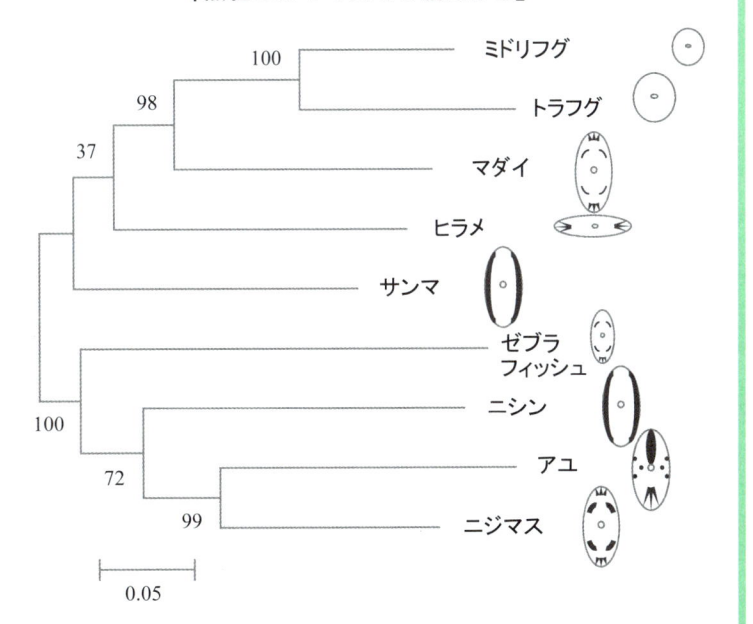

「魚種によって異なる脂質分布」

2. 薄層クロマトグラフィーによる脂質の分離

■目的

　有機溶媒による抽出液には，リン脂質やステロールなど，様々な脂質が含まれている．薄層クロマトグラフィー（TLC）は各脂質を分離し，脂質の検出ないし定性分析を極めて簡便に行える方法である．分離によりそれぞれの定量が行えるほか，吸着剤ごとスポットを削り取れば特定の脂質の回収が可能であり，別の実験のための材料を容易に得ることができる．

■理論

　TLC は一種の吸着クロマトグラフィーであり，ガラスプレート上の吸着剤を固定相として，試料成分の吸着剤への吸着の強さと展開溶媒への溶解性の差により物質を分離する．吸着剤は粒子の細かいものが使われているので，脂質を分離する能力が高い．通常は順相のシリカゲル担体を用いるが，逆相シリカゲル担体や化学修飾担体の薄層板も市販されている．よく使われるシリカゲルの表面にはヒドロキシ基（-OH）が多数あるため，極性が大きい．よって，使用する試料の中で極性が高い物質ほど，シリカゲルに強く吸着する．薄層の下から展開溶媒が毛細管現象により上昇してくるが，シリカゲルに強く吸着する物質ほどシリカゲルから離れにくくなり，移動速度が遅くなる．逆に，極性の小さな物質ほどシリカゲルに吸着しにくいため，移動速度が速くなる．また，展開溶媒の極性を上げるほどシリカゲルに吸着した物質がはずれやすくなり，移動度が大きくなる．これらの性質を利用して脂質を分離する．

■試薬・器具

試薬

展開溶媒（ヘキサン：エーテル：酢酸＝ 80：15：1，90：10：1 などが一般的），ジエチルエーテル，ヘキサン，発色液（5% リンモリブデン酸エタノール溶液など）

器具

ソックスレー抽出器，円筒ろ紙，薬さじ，ガラス棒，ソックスレー用フラスコ，パスツールピペット，蓋付き試験管，ミクロピペット（2 μL など），定規，鉛筆，プラスチック手袋，デシケーター，ピンセット，ホットプレート，バット（薄層板より大きければよい）

薄層プレート：種々のサイズが市販されている．吸着剤は用途によるが，シリカゲルが一般的である．表面を素手で触らないこと．

展開槽（ガラス製で蓋ができるもの，金属製の蓋がついたガラス製の空きビンも使用可）

試料

ミンチャーなどにより均一に磨砕された魚肉ミンチ

■操作手順

❶プラスチック手袋をして円筒ろ紙に魚肉ミンチを 3 〜 5 g 入れる．

❷試料中の水分を除くため，この円筒ろ紙に無水硫酸ナトリウムを適量（薬さじ 2 杯ほど）入れ，ガラス棒で混合する．ガラス棒に混合物がつかなくなるまで行う．円筒ろ紙に穴を開けないよ

う注意する.

❸試料の入った円筒ろ紙をソックスレーの抽出管に入れる.

❹ソックスレーフラスコにジエチルエーテルを 2/3 ほど入れ, 50℃ に調節した湯浴上にセットし, 冷却器に水を通す（第 2 章 3.）.

❺約 15 時間抽出した後, フラスコ内のエーテルをドラフト内で十分に蒸発させたのち, 乾燥器（105℃）で 1 時間乾燥後, デシケータ内で放冷する.

❻得られた試料脂質（約 50 mg）をヘキサン 2 mL が入った蓋付き試験管に入れ, よく振って溶かしたものを TLC の試料液とする. なお, 脂質の抽出法としてクロロホルム‐エタノール法も広く用いられている.

❼薄層板のシリカゲル塗布面を上にして置き, 端から約 10 mm のところに鉛筆でシリカゲルを傷つけないようにうすく線を引く. この線の上に試料を載せる場所を示す印を付ける（図 1 の A, B の上）.

❽試料溶液を市販のミクロピペットにとり, 印をつけた場所に軽く触れて試料を少量置く. 一度に多くの試料を置くとスポットが広がりきれいな結果が得られないため, 少量に分けて数回行い, できるだけ小さく濃いスポットを作るのがポイントである. 別の試料を置くときは新しいミクロピペットを使用する.

❾展開槽に展開溶媒を約 5 mm の高さまで入れたのち, 蓋をして展開溶媒の蒸気で飽和させておく.

❿蓋を開け, ピンセットで薄層板の上端を持ち, 下端が展開液にまっすぐに浸るように入れ, 蓋を閉じる. 展開溶媒の先端が薄層板の上端から約 1 cm になったところで展開を終了する.

⓫ピンセットで薄層板を取り出し, すばやく展開溶媒の先端部分に鉛筆で印を付ける. 遅れると溶媒が乾燥し先端部分が不明瞭になる.

⓬その後, 薄層板をドラフト内で自然乾燥させてから, 発色液（5% リンモリブデン酸エタノール溶液など）を入れたバットに薄層版を沈める. 発色液を噴霧する方法もあるが, 色ムラが出やすい.

⓭すぐに薄層板を取り出し, ホットプレート上（110℃）で乾燥させ発色させる.

⓮出発点から展開溶媒の先端までの距離（a）およびスポットの中心までの距離（b）をそれぞれ定規で計り, Rf 値（b/a）を計算する. Rf 値は物質固有のもので同定のための重要な情報となる.

スポットが円にならないときは, 試料の量を少なくしてやり直す.

　標品と魚油を展開した例を図 1 に示す. 展開溶媒の混合比や組成を変えればスポットの位置が異なる. いくつかの溶媒について同時に実験することで, 最も分離がよい展開溶媒の条件を明らかにできる.

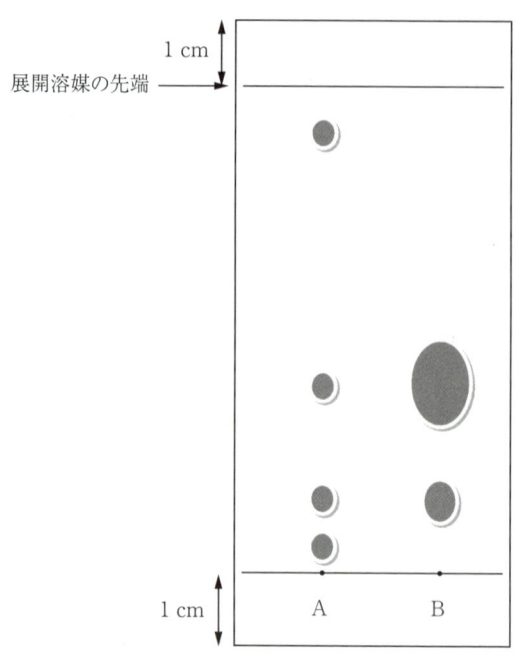

図1　A：標準物質（下からジグリセリド，コレステロール，トリグリセリド，コレステロールエステル，B：ブリ肉から抽出した脂質
線上の各点は試料をスポットした位置

■安全管理上の配慮

　ジエチルエーテルは沸点が 34.6℃ と低く，極めて揮発しやすい．引火点が -45℃ であるため，室内では点火源となる炎や火花（静電気も含む）があると発火する危険がある．また発火点も 160℃ と低いため，室内に 100℃ 以上になるような熱源があるだけで発火するおそれがある．これらの対策として，常に換気をよくし，室内に熱源を置かないことが必要である．

■参考図書

　吉中禮二，佐藤守；水産化学実験法，恒星社厚生閣（1989）．

麻酔にも？　使えたジエチルエーテル

　ジエチルエーテルは麻酔作用がある．ただし効きが遅いため，麻酔状態を維持するための麻酔剤としての使用に限られる．なお，引火性が強いこともあり日本では麻酔剤としては全く使われていない．実験室レベルでは，実験動物の"安楽死"のために麻酔剤として用いられてきた歴史があるが，気道刺激などの副作用があり，苦痛を与える＝安楽死ではない，との考え方が主流となっている．

クロマトグラフィーの父：ツウェット

クロマトグラフィーに関する世界で初めての講演は，1903年ロシアの植物学者ツウェットによるものとされている．1860年代から始まった葉緑素の研究において，葉緑素が単一成分ではないとする仮説を証明するため，彼はその分離方法について考えていた．最終的に葉緑素が複数成分からなることをカラムクロマトグラフィーで証明したが（ただし最初は「変性」により複数成分に見えているだけと反論された），その第一歩は「ろ紙」から始まったそうである．

どういう試行錯誤の果てなのか定かではないが，葉緑素を溶かしたエーテルにろ紙をつけると，着色物質がろ紙に「吸着」することを発見した．カラムクロマトグラフィーの前に，ペーパークロマトグラフィーの第一歩を踏み出したのである．

ろ紙（というかセルロース）にくっつくのであれば，他にも何かあるのではと考えた彼は，今度は吸着剤探しに没頭し，最終的に炭酸カルシウムなどがよいという結論にいたった．なお，試行錯誤した材料の中には，現代でも吸着剤や支持体の主流であるシリカゲルが含まれていた．

結論を知っている現代人からすればあまりにもご苦労様な仕事であるが，当時の彼とすればひとつひとつのすべてが新しく，研究者として至福の時を過ごせたのではなかろうかと思う．

吸着剤が決まれば，次は溶出溶媒である．

炭酸カルシウムをガラス管に詰めて上から溶媒をわさわさ流す・・・ここまでくれば液体を手あたり次第に流せばよいので，これまたどんな結果が出るのか（時間もそうかからないので）至福の時・第二幕だったのではないだろうか．

こうして1903年の報告にいたったようである．何でもそうだが最初が一番難しい．逆に，原理がわかってしまえば開発は比較的たやすいわけで，世界中の研究者が新しいクロマトグラフィー法の開発をめざししのぎを削ったことであろう．

それにしてもカラムクロマトグラフィーは方法論だけに，現代のiPS細胞もびっくりのインパクトだったのではないか？　このレベルのものなら間違いなくノーベル賞だと素人（著者）は思うわけだが，現実には最初のクロマトグラフィーの報告に「変性だ」とケチをつけた（上記）ドイツ人研究者が，葉緑素の研究で1915年（ツウェットが亡くなる4年前）にノーベル賞をもらったのである．

ノーベル賞をもらえなかった悔しさは計り知れないが，「ツウェット」にはロシア語で「色」の意味があり，「クロマト（ギリシャ語でやはり『色』）グラフィー」の中に自分の名前をそれとなくまぜこませることに成功した彼は，最後に笑ってこの世を去ったのであろう．

3. 脂質の過酸化物価と酸価の測定

■目的

　脂質は生体構成成分として極めて重要であるだけでなく，三大栄養素に数えられるように，重要な食品成分の1つでもある．光や熱などへの暴露によって酸化反応を受けやすく，その結果生成する過酸化脂質やカルボニル化合物は食品の品質や風味にも影響を与える．脂質の酸化の程度を評価する方法は多数考案されているが，本項では過酸化物価と酸価の測定方法を紹介する．

1）過酸化物価の測定

■理論

　脂質の酸化過程の初期においては，後述のコラムに示しているような脂質ヒドロペルオキシドが生成する．過酸化物価は，このヒドロペルオキシ基の存在量を示す尺度であり，試料にヨウ化カリウムを加えた際に遊離するヨウ素量を試料1 kgあたりのミリ当量数で表したものである．遊離したヨウ素を定量する方法としてチオ硫酸ナトリウム溶液を用いた滴定法が一般的であるが，本項では少ない試料でも測定しやすい比色法を紹介する．

■試薬・器具

試薬

12.5 mM 硫酸アンモニウム鉄（Ⅱ）水溶液

メタノール /1- ブタノール混液（2/1, v/v）:1- ブタノールに対し，2倍容のメタノールを混合する．

25 mM 塩酸メタノール溶液：1 M 塩酸に対し，40倍容のメタノールを混合することで調製する．
　　　Løvaas の方法ではメタノール性塩酸をメタノールで希釈することで調製しているが，1 M 塩酸をメタノールで希釈するだけでも下記の操作では問題ない．

ヨウ化カリウム飽和水溶液：40℃程度に加温した蒸留水にヨウ化カリウムを溶解させ，その後，室温程度になるまで放冷する．目安として40℃の蒸留水100 gに対して160 gのヨウ化カリムを溶解させればよい．生じた結晶をろ過で取り除いた後に実験に用いる．

装置・器具

2.0 mL マイクロチューブ（またはネジ口試験管），分光光度計，ボルテックスミキサー．
ネジ口試験管を用いる場合は，蓋に有機溶媒耐性のセプタムが付いているものを使う．

■操作手順

❶ 試料（食用油など*）を 10 mg/mL となるようにメタノール /1- ブタノール混液に溶解する．

❷ ❶の試料溶液 350 µL を 2.0 mL マイクロチューブにとり，1 mL のメタノール /1- ブタノール混液を加えて希釈する．

❸ 60 µL の 25 mM 塩酸メタノール溶液を加え，ボルテックスミキサーを用いてよく混合する．

❹ 60 µL の 12.5 mM 硫酸アンモニウム鉄（Ⅱ）水溶液を加え，ボルテックスミキサーを用いてよく混合する．

❺ 40 μL のヨウ化カリウム飽和水溶液を加え，ボルテックスミキサーを用いてよく混合する．

❻ 37℃で15分間反応させた後に 360 nm の吸光度を測定する．

❼次式により過酸化物価を求める．ただし，モル吸光係数は 18,300 とする．

$$過酸化物価（meq/kg）= 23.58 \times A$$

ただし，A：360 nm における吸光度

* 低温（140℃程度）で 1 ～ 2 時間使用した食用油がよい．あるいはウニやイクラなどの海産物から抽出した脂質を一晩以上室温下、空気中で放置すれば十分な量の脂質ヒドロペルオキシドが生成するため実習しやすい．

■データ

クメンヒドロペルオキシド標品を用いて上記の過酸化物価の測定実験を行って得られた吸収スペクトルを図1に示す．360 nm 付近にピークがある．

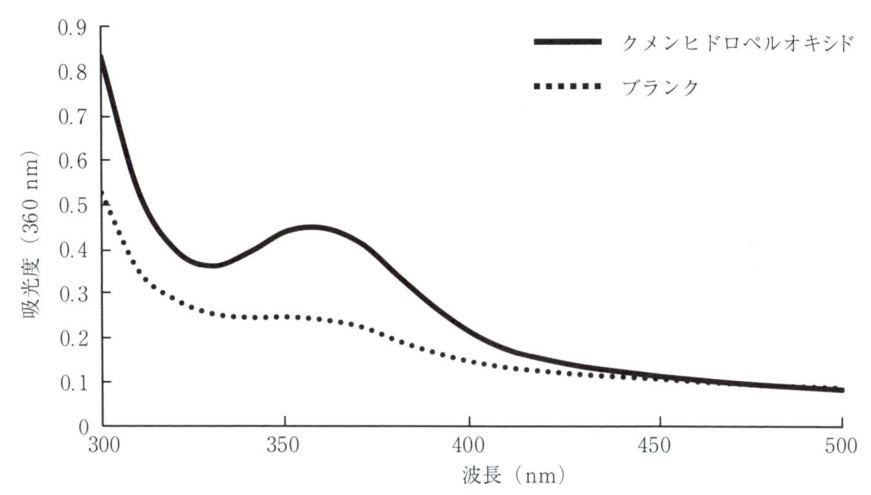

図1　クメンヒドロペルオキシドの吸収スペクトル

2) 酸価の測定

■理論

酸化分解が進んだ脂質中には少量ながら遊離脂肪酸も含まれているため，これを定量することによっても酸化の程度を評価することができる．酸価は，試料 1 g に含まれる遊離脂肪酸を中和するのに必要な水酸化カリウムの mg 数と定義されている．

■試薬・器具

試薬

ジエチルエーテル，エタノール，フェノールフタレイン，水酸化カリウム

1%（w/v）フェノールフタレイン溶液*：フェノールフタレイン 1.0 g をエタノール 90 mL に溶解し，蒸留水を用いて 100 mL にメスアップする．

0.1 M エタノール性水酸化カリウム溶液*：水酸化カリウム 7 g に対して蒸留水 5 mL を加え，完

全に溶解させる．エタノールを用いて１Lにメスアップし，空気（二酸化炭素）を遮断して
２～３日間放置する．ろ過した後に力価を求めてから使用する．

ジエチルエーテル/エタノール混液（2/1, v/v）：エタノールに対し，２倍容のジエチルエーテル
を混合することで調製する．使用前に1%（w/v）フェノールフタレイン溶液を少量加え，0.1
Mエタノール性水酸化カリウム溶液を用いて中和する．

*これらの溶液は，もちろん自前で調製することも可能であるが，容量分析用に調製済みのもの
が市販されている．

器具

三角フラスコ（300 mL），ビュレット（25 mL），ビュレットスタンド

■操作手順

❶三角フラスコに試料（10 g程度）を正確にはかりとる．

❷ジエチルエーテル/エタノール混液*100 mLを加え，試料を完全に溶解させる．

❸1% フェノールフタレイン溶液を数滴加える．

❹0.1 Mエタノール性水酸化カリウム溶液を用いて滴定し，フェノールフタレインの薄桃色が
30秒間続いた時を終点とする．

❺次式により酸価を求める．

$$酸価 = （5.611 \times A \times F）/ B$$

ただし，A：0.1 Mエタノール性水酸化カリウム溶液使用量（mL）

F：0.1 Mエタノール性水酸化カリウム溶液の力価

B：試料採取量（g）

*試料が溶解しにくい場合は，ジエチルエーテルの比率を4/1（v/v）程度まで上げるとよい．

■安全管理上の配慮

1. 脂質を扱う実験全般に共通することであるが，有機溶媒を多量に使用するため，引火と中毒
   には十分に注意する．実験室が狭い場合は，特に注意が必要である．溶媒使用量と実験室の
   容積を考慮し，局所排気装置（ドラフトなど）を使用するなど，適切な安全対策をとること．
2. アルカリからの眼の保護も重要である（ゴーグルなどを着用すること）．
3. 実験廃液は，流しには絶対に捨ててはならない．各施設で定められた通りに回収し廃棄する．

■参考図書

E. Løvaas；*J. American Oil Chemists' Society*, **69**, 777-783（1992）．

藤野安彦：生物科学実験法９ 脂質分析法入門，学会出版センター（1978）．

五十嵐脩，島﨑弘幸 編著：生物科学実験法34 過酸化脂質・フリーラジカル実験法，学会出版セ
ンター（1995）．

脂質の酸化と化学構造

　脂質の酸化には，自動酸化や光増感酸化，さらには酵素によるものが知られている．下図はリノール酸の自動酸化によるリノール酸ヒドロペルオキシド生成機構の概略である．水素の引き抜きは二重結合に挟まれたメチレン水素で圧倒的に起こりやすいため，自動酸化は高度不飽和脂肪酸で起こりやすい．リノール酸の自動酸化では下図のような4種類のヒドロペルオキシド体が生成する．酸化機構（自動酸化・光増感酸化・酵素酸化）によって生成する脂質ヒドロペルオキシドの化学構造や量比は異なる（下図の4種類以外のヒドロペルオキシド体も生成される）が，過酸化物価の測定ではこれらを区別せずに評価する．

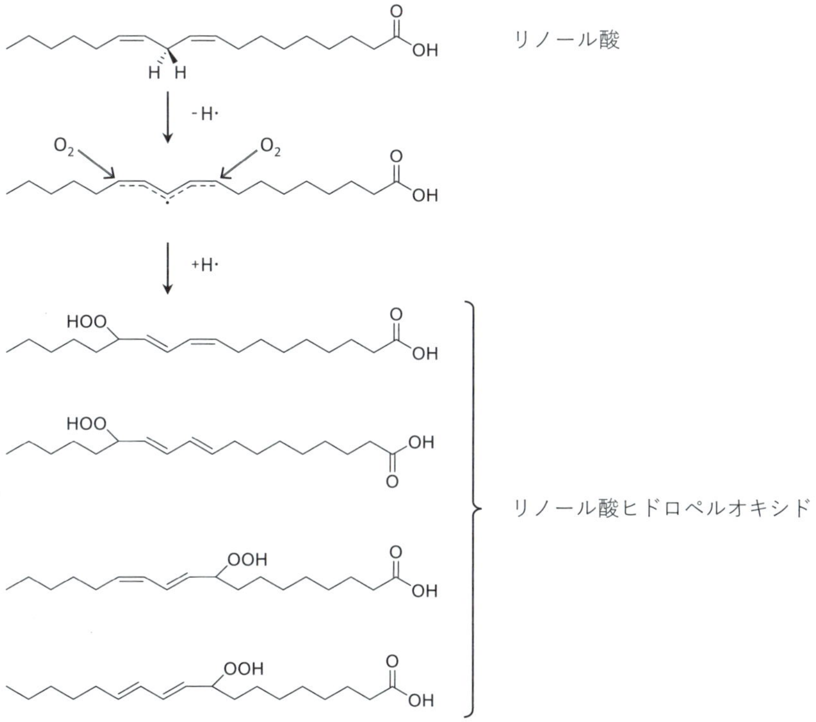

リノール酸

リノール酸ヒドロペルオキシド

　それぞれの化学構造を有するヒドロペルオキシド体を定量し，その量比から酸化機構を推定する研究も進められている．トリアシルグリセロールは，グリセロール1分子に脂肪酸3分子がエステル結合した化学構造を有しているため，食用油中には，構成する脂肪酸の異なる様々なトリアシルグリセロール分子種とその異性体が存在する．それぞれの脂肪酸が酸化されてヒドロペルオキシド体になり得るため，食用油に含まれ得るトリアシルグリセロールヒドロペルオキシドが膨大な種類になることは容易に想像できるであろう．東北大学の仲川教授らのグループは，高速液体クロマトグラフ-質量分析計を用いてジオレオイル-リノレオイル-グリセロールのヒドロペルオキシド体12種類の定量分析法を確立し，市販のキャノーラ油が主に光増感酸化によって酸化されることを報告している[*]．酸化機構が明らかになることによって，より適した酸化防止策を選択することができるようになるため，今後の更なる研究が期待されている．

　[*] S. Kato *et al.*; *npj Sci. Food*, **2** (2018), Article number: 1.

4. 脂肪酸の分析

■目的

　生理学的あるいは栄養学的に重要な脂質の多くは，その分子内に脂肪酸を含んでおり加水分解によって脂肪酸を遊離する．脂肪酸は二重結合の数により飽和，一価不飽和，および多価不飽和脂肪酸に分類されるうえ，炭素鎖数は 4 から 22 にと多岐にわたる．これらを簡便かつ高感度に分離する方法としてガスクロマトグラフィー（GC）が一般的に用いられている．

■理論

　ガクスロマトグラフ装置の基本構成は試料気化室，キャピラリーカラム，検出器である．移動相には窒素，ヘリウム，アルゴンなど不活性ガスを用いる．高温により気化した成分は移動相の不活性ガスとともに移動するが，キャピラリーカラム内の固定相に対して物質ごとに異なる親和性を示す．そのため，カラムを通過する速度に成分ごとの差が生じることで分離され検出器に入る．検出器として最も多用されるのは水素炎により物質をイオン化し，イオン電流の測定により検出する水素イオン炎検出器（FID）である．FID の検出感度は 1 〜 10 ng である．近年の性能の向上，蓄積データにより大多数の脂肪酸の分離，分子種の推定は可能となっている．GC に先だち，脂肪酸のカルボキシ基をメチルエステル化するのが一般的である．この処理により脂肪酸が気化しやすくなるとともに，クロマトグラムのピークの形がシャープになり分離が向上する．

■試薬・器具

試料

本章 1. 2）に従って調製する．

試薬

10％塩酸メタノール溶液（100 mL，市販品），ヘキサン，無水硫酸ナトリウム

器具

蓋付き試験管（蓋の内側には漏れ防止のためのテフロンライナーがはまっていること）

パスツールピペット，ヒートブロック（穴の大きさが試験管のサイズにちょうど合うもの），薬さじ，
　　ろうと，マイクロシリンジ，ガスクロマトグラフ装置，大さじ，ドラフトキャンバー

■操作手順

❶パスツールピペットで脂質 1 滴を蓋付き試験管に入れる．

❷10％塩酸メタノール溶液 2 mL を加え，堅く蓋を締める．

❸ドラフトチャンバー内に置いたヒートブロックに試験管を置き，100℃で 3 時間以上分解する．
　ここから脂肪酸の分画操作となる．

❹冷却後，ヘキサン約 2 mL を蓋付き試験管に入れ，蓋をしめて約 30 秒間よく振り混ぜる．

❺5 分ほど静置し，2 層に分かれたら上のヘキサン層をパスツールピペットで吸い上げ，別の蓋付き試験管Ⓐに移す．

❻試験管Ⓐに蒸留水を約 2 mL 入れ，蓋をして約 30 秒間よく振り混ぜる．

❼静置して2層に分かれたら，ヘキサン層に残った塩酸を洗い流すために下の水層をパスツールピペットで吸い上げ捨てる．

❽再び試験管Ⓐに蒸留水を約2 mL加え，30秒間振り混ぜ，再び下の水層を捨てる．

❾残ったヘキサン層に無水硫酸ナトリウムをろうとを使って薬さじ半分ほど入れ，よく振る．硫酸ナトリウムが水気を吸収し，すぐに固まる．

❿ヘキサン層だけを別の試験管Ⓑに移す．

⓫試験管Ⓑ内の試料をマイクロシリンジで10 μLとり，装置に注入して分析を行う．先頭に大きなヘキサンのピークが出るので，それを除いた全ピーク面積に対して，それぞれの脂肪酸のピークの割合（％）を計算する．市販の標準試料を注入して，保持時間に基づいて脂肪酸を同定する．標準試料にないピークに関しては「その他」としてまとめ，ピーク面積の割合を計算する．

■データ

標準試料（メンハーデン魚油）の分析結果を表1，実際のクロマトグラムの例を図1に示す．使用するキャピラリーカラムの種類，長さ，カラム温度などの条件によって保持時間は異なる．

表1　標準試料の分析結果

ピーク番号	保持時間(分)	脂肪酸の種類	
1	7.01	C 14 : 0	
2	8.70	C 16 : 0	
3	11.20	C 16 : 1	n–7
4	12.22	C 16 : 2	n–4
5	12.46	C 16 : 3	n–4
6	12.75	C 18 : 0	
7	14.24	C 18 : 1	n–9
8	15.70	C 18 : 1	n–7
9	18.47	C 18 : 2	n–6
10	19.28	C 18 : 3	n–4
11	20.82	C 18 : 3	n–3
12	21.17	C 18 : 4	n–3
13	23.76	C 20 : 1	n–9
14	27.75	C 20 : 4	n–6
15	28.98	C 20 : 4	n–3
16	32.09	C 20 : 5	n–3
17	50.99	C 22 : 5	n–3
18	58.60	C 22 : 6	n–3

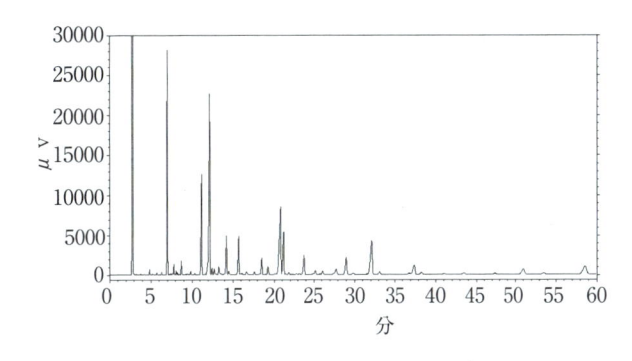

図1　標準品のクロマトグラム

■安全管理上の配慮

高圧の水素ボンベを用いるため，接続部からの漏れに注意が必要である．特に，ボンベを交換する際，新しいボンベを接続する際にスパナを用いてしっかりと接続部のネジをしめる．また，装置の試料注入部は高温になっているので，試料注入の際に触らないように注意する．

■参考図書

日本分析化学会編；分析化学実技シリーズ（機器分析編7），共立出版（2012）．

第6章　食品中の危害物質分析

1. 微生物実験　（食品中の細菌数測定と細菌の形態観察）

　食中毒はその原因物質によって分類されるのが一般的で，厚生労働省から公表されている食中毒統計調査では，病因物質を細菌，ウイルス，寄生虫，化学物質，自然毒に分類している．細菌とウイルスに起因する食中毒をまとめて微生物性食中毒ということもある．

■目的
　食品の微生物汚染状況を知ることは，食品の生産工程や保存状況などの衛生状態を評価し，安全かつ品質の高い食品を確保するために重要である．細菌数は食品の微生物汚染の程度を示す最も有力な指標の一つであり，食品ならびにそれらを取り扱う容器などが検査対象となる．ここでは，簡便で迅速な直接観察法を用いて細菌数測定を行う．乳酸菌の形態観察も同時に行う．

■理論
　食品中の細菌数には，総菌数と生菌数がある．総菌数が，生きている細菌だけでなく死滅した細菌も含めるのに対して，生菌数は，生きている増殖可能な細菌数を，通常は培養を介して計測する．食品衛生法に基づく生乳および生山羊乳の成分規格に「直接個体鏡検法」としてブリード法（Breed method）による総菌数の測定法がある．この方法は特殊な器具・機材を使わずに，極めて迅速に検査ができ，染色した検体の保存も可能であるため，事後においても再確認できる．

　ブリード法は，試料またはその希釈液の一定量をスライドガラス上に塗抹，乾燥，固定，染色後，顕微鏡で観察して，細菌の種類や生死に関係なく，染色された細胞を数えて総菌数を求める手法で，その数値は生菌数よりも理論上大きい．観察される細菌は連鎖や菌塊を形成している場合があるが，1細胞ずつ区別して数える個体法によって総菌数を算定する．

■試薬・器具
試料

飲むタイプのヨーグルト：乳酸桿菌と乳酸球菌の共存するものが細菌の形態観察には適している．例えば，「明治ブルガリアのむヨーグルト」は乳酸桿菌である *Lactobacillus delbrueckii* subsp. *bulgaricus* と乳酸球菌である *Streptococcus thermophilus* を同時に観察することができる．*L. delbrueckii* はメチレンブルー染色で顆粒を呈する特徴がある．

試薬

希釈水：生理食塩水（0.85% NaCl）を121℃で15分間高圧滅菌したもの．

固定液：70%エタノール

染色液：0.6%メチレンブルー・エタノール溶液

器具

顕微鏡：100 倍油浸対物レンズのあるもの．

対物ミクロメーター：0.01 mm 幅の目盛りの刻まれているスライドガラス．

ピペット：0.01 mL を正確に採取できるもの．牛乳用マイクロピペットも市販されているが，一般的なマイクロピペットでもよい．

スライドガラス：塩酸アルコールやアセトンなどで洗浄した，水をはじかない清浄なものが望ましい．新しいものであれば使用可．

誘導板：正確に 100 mm^2 になるような正方形あるいは円形（直径 1.13 cm）が印刷してあるもの（図 1）．スライドガラスに 100 mm^2 の区画が印刷されているものも市販されている．

塗抹針：検査試料を 100 mm^2 の面積に均一に塗抹するための有柄針．先の細いチップであれば，塗抹は可能．植菌用のディスポスティック（ニードル型）でもよい．

乾燥器：スライドガラスを水平に保ち，40 〜 45℃に保温できる恒温器．この実験では落下細菌の影響はないが，細菌検査では落下細菌を防ぐ必要がある．

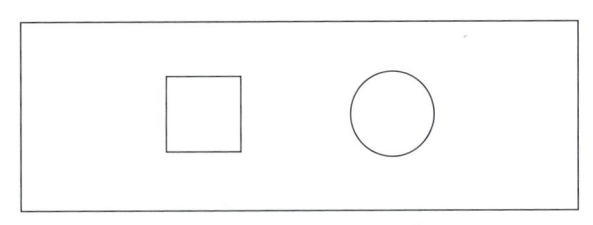

図 1　誘導板（100 mm^2）

■操作手順

❶対物ミクロメーターを用い，油浸対物レンズ（100 倍）の視野直径を測定し，視野面積を算出する．

❷試料を容器とともによく振り（通常 25 回以上）均一な試料とし，一定量（0.1 mL 以上）をとり，希釈水を用いて 10 倍希釈試料を作成し，検体とする．誘導板にスライドガラスを重ね，100 mm^2 の区画に検体を 0.01 mL のせる．検体をマイクロピペットで採取する時は，チップの外壁に検体が残らないようにする．塗抹針を用いて誘導板の 100 mm^2 区画に検体を均一に広げ，40 〜 45℃で十分に乾燥させる（5 分程度）．マイクロピペットのチップで検体を広げてもよいが，その場合は誘導板上の円形を用いるとよい．

❸70％エタノールを 100 mm^2 区画全てが浸されるように滴下し，1 分間固定する．

❹70％エタノールをキムワイプなどで塗抹面に触れないように吸い取り，0.6％メチレンブルー・エタノール溶液を滴下し，1 分間染色する．

❺静かに水洗し，自然乾燥する．流水で水洗する時は，塗抹面に直接水がかからないように，塗抹面を下にして弱い水流で水洗する．

❻低倍率で焦点を合わせ，油浸対物レンズを用い 1,000 倍で鏡検し，視野中の細菌数を計測する．あらかじめ対物ミクロメーターによって求めた視野の面積から，検体 1 mL 中の総菌数を計算する．同時に細菌の形態を観察し，球菌と桿菌のそれぞれの細菌数を計測する．

油浸対物レンズを用い 1,000 倍で観察する場合，視野直径は 0.18 mm 程度である．この場合，視野面積は約 0.025 mm^2 である．これは検体塗抹部の 1/4,000 に相当する．視野中の細菌数に 4,000

を乗ずると $100~mm^2$（0.01 mL）中の細菌数となり，400,000 を乗ずると 1 mL あたりの細菌数となる．400,000 を顕微鏡係数という．複数の視野について細菌数を計測し，1 視野あたりの平均値を求めることが望ましいが，複数人のグループで平均を算出してもよい．測定結果の記載は，上位 3 桁目を四捨五入して有効数字 2 桁とする．視野当たりの細菌数にどの程度のばらつきがあるか確認し，算出された総菌数の正確さの程度を理解する（表 1 参照）．

表 1　ブリード法による総菌数の測定例

| | 視野中の細菌数 | |
	球菌	桿菌
班員 1	243	45
班員 2	102	21
班員 3	235	21
班員 4	180	19
班員 5	490	35
平均（1 視野中）	250.0	28.2

	球菌	桿菌
1 mL 中の総菌数	1.0×10^9	1.1×10^8

試料として，「明治ブルガリアのむヨーグルト」を用いた例．
10 倍希釈した同一の試料について，班員 5 人がそれぞれ操作手順に従って鏡検試料を作製し，1 視野中の細菌数を計測した．通常，総菌数は細菌の種類に関係なく算出するが，ここでは乳酸球菌と乳酸桿菌に分けて以下のように算出した．
1 mL 中の総菌数＝視野中の細菌数×顕微鏡係数×希釈倍率
顕微鏡係数＝ 400,000，希釈倍率＝ 10　として計算．有効数字 2 桁．

〈公定法との違い〉
　「乳及び乳製品の成分規格等に関する省令（乳等省令）」による公定法では，染色にニューマン染色液（メチレンブルー 1.00 〜 1.12 g，無水エタノール 54 mL，テトラクロールエタン 40 mL，酢酸 6 mL）を用いるが，0.6% メチレンブルーで十分染色が可能であることが多数報告されている．また，顕微鏡の視野直径を 0.206 mm に調節し，16 以上の代表的な視野の細菌数を個々に測定し，その平均値から 1 mL 中の総菌数（省令では細菌数と表記）を算出することとなっている．

■安全管理上の配慮

　一般に微生物実験では，微生物の拡散を防ぐために実験廃棄物の滅菌処理が不可欠であるが，本項の実験では特に必要ない．染色液によって手，被服，実験室の床などを汚さないよう注意する．

■参考図書

公益社団法人日本食品衛生協会；食品衛生検査指針　微生物編，公益社団法人日本食品衛生協会（2015）．
藤井建夫・塩見一雄；新・食品衛生学，恒星社厚生閣（2016）．

細菌の形態

　細菌の細胞とその集合体には，図のようにいくつかの異なる形態が見分けられる．球形あるいは卵形の細菌は球菌と呼ばれ，円筒形の細菌は桿菌と呼ばれる．桿菌の中には曲がって，らせん状の形状を示すものがあり，らせん菌と呼ばれている．多くの細菌細胞は，分裂した後も集合体として存在し，これらの集合体の形態が様々な細菌の特性となっている．

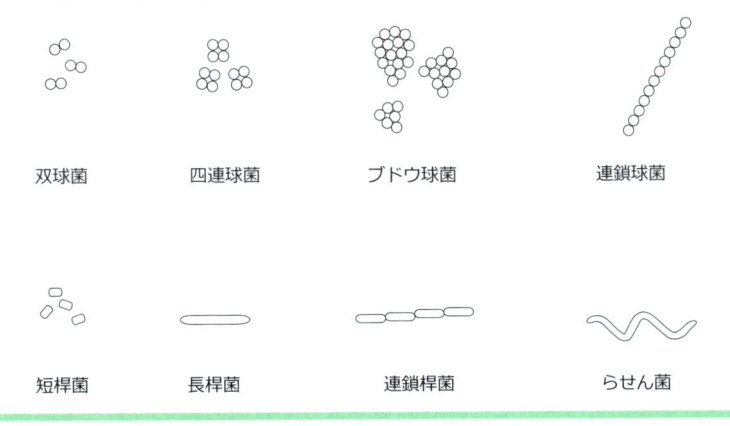

双球菌	四連球菌	ブドウ球菌	連鎖球菌

短桿菌	長桿菌	連鎖桿菌	らせん菌

食品に対する微生物の規格基準

　日本国内で流通するすべての食品は，食品衛生法の適用を受ける．同法第 11 条に，厚生労働大臣は販売の用に供する食品の製造，加工，調理，保存の方法に基準を定め，成分につき規格を定めることができるとある．具体的には，「食品，添加物等の規格基準（昭和 34 年厚生省告示第 370 号）」および「乳及び乳製品の成分規格等に関する省令(昭和 26 年厚生省令 52 号)」により，食品一般および乳・乳製品に対して成分規格が設けられている．以下の表に具体的な微生物の規格基準の例を示す．

食品	細菌数	その他
生乳，生山羊乳	4,000,000/ml 以下（直接個体鏡検法）	
牛乳，成分調整牛乳，低脂肪牛乳，無脂肪牛乳，加工乳	50,000/ml 以下 （標準平板培養法）	大腸菌群　陰性
クリーム	100,000/ml 以下 （標準平板培養法）	大腸菌群　陰性
アイスクリーム	100,000/g 以下 （標準平板培養法）	大腸菌群　陰性
ラクトアイス	50,000/g 以下 （標準平板培養法）	大腸菌群　陰性
はっ酵乳乳酸菌飲料（無脂乳固形分 3.0% 以上）	乳酸菌数又は酵母数 10,000,000/ml 以上 （BCP 加プレートカウント寒天培養基を使用）	大腸菌群　陰性
鶏卵（未殺菌液卵）	1,000,000/g 以下 （標準平板培養法）	
生食用かき	50,000/g 以下 （標準平板培養法）	E. coli 最確数 230/100 g 以下むき身は、腸炎ビブリオ最確数 100/g 以下
無加熱摂取冷凍食品	100,000/g 以下 （標準平板培養法）	大腸菌群　陰性
加熱後摂取冷凍食品（冷凍前加熱）	100,000/g 以下 （標準平板培養法）	大腸菌群　陰性
加熱後摂取冷凍食品（冷凍前加熱以外）	3,000,000/g 以下 （標準平板培養法）	E. coli 陰性
生食用冷凍鮮魚介類	100,000/g 以下 （標準平板培養法）	大腸菌群　陰性腸炎ビブリオ最確数 100/g 以下

2. アレルゲンの検出と定量

■目的

　魚類アレルギー患者における主要アレルゲンは，パルブアルブミン（PA）というタンパク質であることが知られている．本実験では魚肉の抽出液に対して抗PA抗体と，その抗体作製時の宿主動物のイムノグロブリンG（IgG）を認識する酵素標識抗体を順次用いたELISA（Enzyme-linked immunosorbent assay，酵素免疫測定法）を行い，PAを含む試料が陽性反応を示すことを確認するとともに，既知量のPAから作成した検量線を用いて魚肉中のPAを定量することを目的とする．

■理論

　ELISAとは，酵素が結合した抗体（酵素標識抗体）を用いて目的物質を検出する手法である．本実験では市販のマイクロプレートに試料タンパク質を固相化し，ブロッキング処理後に一次抗体としてPAを認識する抗体，および二次抗体として酵素（例えばhorseradish peroxidase，HRP）が結合（表記上は「標識」）した一次抗体を認識する抗体を順次入れて抗原抗体反応を起こさせる．その後，HRPの基質を添加して，反応生成物の量に関するデータ（例えば吸光度）を得る（図1）．片対数方眼紙の対数スケールにPA濃度，リニアスケールに吸光度をプロットすると，理論上はシグモイド曲線が得られる．そこで，勾配の急な2点間を直線に近似し，その範囲に収まる試料から得たPA濃度に抽出時の緩衝液量と抽出液の希釈倍率を考慮すると，筋肉中のPA含量を算出できる．

■試薬・器具

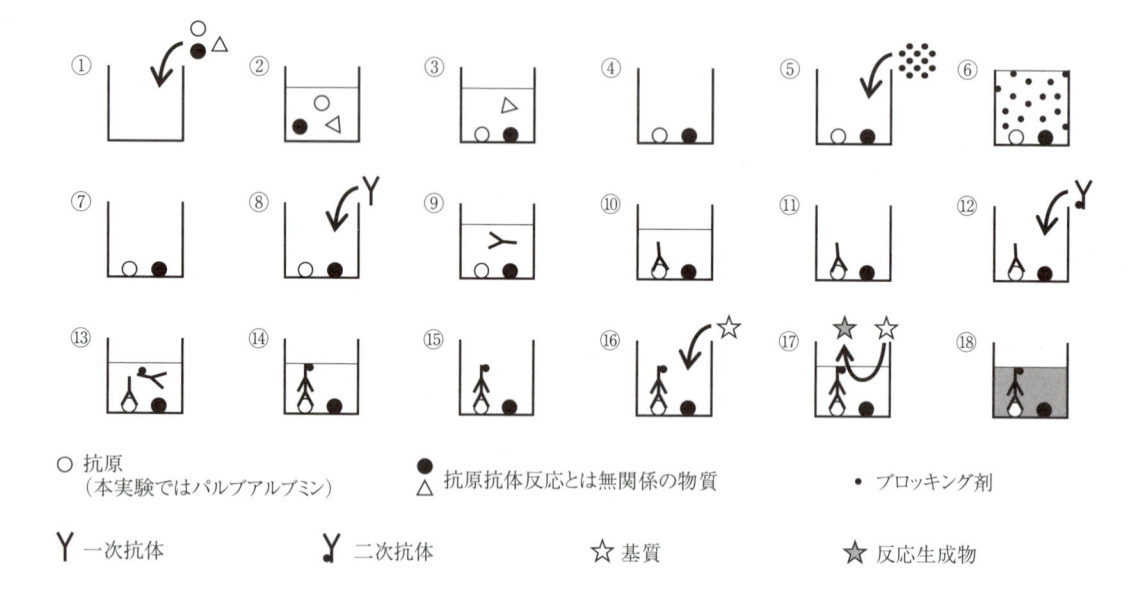

○　抗原
　　（本実験ではパルブアルブミン）　　● 抗原抗体反応とは無関係の物質　　・ ブロッキング剤

△　抗原抗体反応とは無関係の物質

Y 一次抗体　　　　　Y 二次抗体　　　　　☆ 基質　　　　　★ 反応生成物

図1　基本的な ELISA の原理
ウェル内での各物質の反応を模式化．横線は液面，⑱の網掛けは反応生成物による着色を表す．

試料

PA 標準品：魚肉から精製した PA（p125 を参照，後述の固相化緩衝液で 3 μg/mL に調製したもの）

試料溶液：魚肉の抽出液［例えば魚肉に対して 4 倍量の 0.15 M NaCl を含む 10 mM リン酸緩衝液（pH 7.0）〈以降，本実験ではこれを PBS と記す〉を用いて調製したもの．］

試薬

固相化緩衝液：50 mM 炭酸ナトリウム緩衝液（pH 9.5）

洗浄液：0.05％ Tween 20 を含む PBS

ブロッキング液：1％ウシ血清アルブミンを含む PBS

抗体希釈液：0.1％ウシ血清アルブミンを含む PBS

一次抗体：モノクローナルマウス抗カエル PA 抗体（例えば Sigma P3088）

二次抗体：HRP 標識ウサギ抗マウス IgG 抗体（例えば Themo Fisher Scientific A10551）

過酸化物受容体（基質）：o-フェニレンジアミン二塩酸塩錠（例えば Sigma-Aldrich P8287）

基質溶液：約 0.03％過酸化水素を含む 50 mM リン酸−クエン酸緩衝液（pH 5.0）

酵素反応停止液：1 M 硫酸

器具

マイクロプレート：96 穴（例えば ELISA 用プレート H，住友ベークライト）

マイクロピペット：20，200，1,000 μL 用を各 1 本．他に可変式連続分注器，200 μL の 8 または 12 連のマルチチャンネルピペッターなどもあればよい．

マイクロチューブ（1,500 μL）

ボルテックスミキサー

マイクロプレートシール：幅広のテープでも可．（例えば 75 mm 幅のエバーセル OPP テープ，No.830 NEV，積水化学工業）

インキュベーター：37℃に設定できるもの

マイクロプレートリーダー：可視光を測定できるもの

マイクロプレートウォッシャー（なくても実施可能，下記❷）

マイクロプレートミキサー（マイクロプレートリーダーにミキシング機能があれば不要）

■操作手順

❶試料の固相化（図 1 の①〜③）

固相化緩衝液で精製 PA 溶液を 0.01，0.03，0.1，0.3，1.0，3.0 μg/mL になるように希釈する．これらの溶液をマイクロプレート（以降，プレートと表記）の 3 ウェルに 50 μL ずつ分注する．また，固相化緩衝液も同様に分注してブランク試験区とする．魚肉の抽出液は固相化緩衝液で適宜（例えば 100，250，1,000 倍）希釈し，各々の希釈試料溶液を同様に分注する．これらの試料を入れた後，ウェルが密封されるようにマイクロプレートシール（以降，シールと表記）をかぶせて，37℃で 1.5 〜 2 時間保温する．

❷洗浄

プレートのウェルを洗浄液で洗浄する．マイクロプレートウォッシャーがない場合，プレートをひっくり返してウェル内の液を捨て，ウェルを満たすように洗浄液を分注しては捨てるとい

う操作を 4 回繰り返す．洗浄後，厚地の紙ワイパーに叩きつけるようにしてウェル内の水気をよく切る（図 1 の④は洗浄後のウェル内の状態）．

❸ブロッキング（図 1 の⑤〜⑥）

ウェル内を満たすようにブロッキング液を入れ，シールをかぶせて 2 時間保温する．

❹一次抗体（図 1 の⑧〜⑩）

❷と同様な操作によってウェル内を洗浄後，各ウェル内に抗体希釈液で希釈（例えば 3,000 倍）した一次抗体溶液を 50 μL ずつ入れ，シールをかぶせて 37℃ で 1 時間保温する．

❺二次抗体（図 1 の⑫〜⑭）

❷と同様な操作によってウェル内を洗浄後，各ウェル内に抗体希釈液で希釈（例えば 5,000 倍）した二次抗体溶液を 50 μL ずつ入れ，シールをかぶせて 37℃ で 1 時間保温する．

❻酵素反応（図 1 の⑯〜⑱）

❷と同様な操作によってウェル内を洗浄後，基質を入れた溶液を 50 μL ずつ入れ，すみやかに常温，遮光下で 10 分前後放置する．

❼測定

酵素反応停止液を 50 μL ずつ入れて混和し，速やかにマイクロプレートリーダーを用いて 490 nm における吸光度を測定する．

■データ

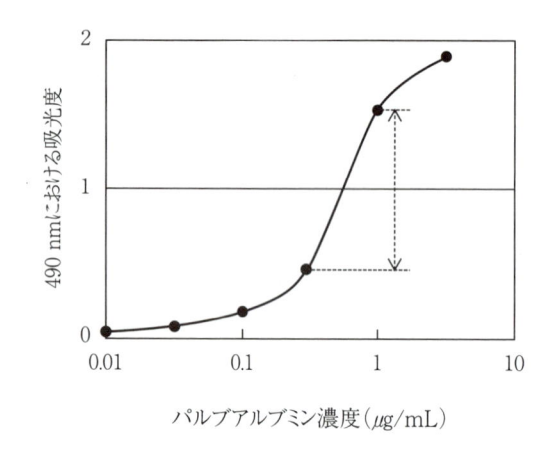

パルブアルブミン濃度（μg/mL）

図 2　パルブアルブミンの検量線

各試料から得られた吸光度の平均値を求め，ブランク試験の平均値を引いた値を実験値とする．片対数方眼紙にプロットした結果，左図のようなグラフが得られたとする．希釈試料溶液から得られた吸光度については，図中の破線矢印間に収まるものを採用する．例えば魚肉に対して 4 倍量の PBS 抽出液を調製し，それを 250 倍に希釈した際の魚肉 1 g あたりの定量値は，抽出液 1 mL を 1 g と見なして次式から求めることができる．

$$PA\ 含量\ (mg/g) = (吸光度に対応する\ PA\ 濃度) \times 250(希釈倍率) \times 5(抽出時の希釈率) \times 10^{-3}$$

■安全管理上の配慮

本実験は魚類アレルギー患者血清を用いないので，倫理上の問題はない．1 M 硫酸を調製（市販品もある）および取り扱う際には注意を要する．また，o-フェニレンジアミンや過酸化水素なども有害物質であるので，各薬品の SDS（安全データシート）を熟読した上での実施が望まれる．なお，吸光度測定後のウェル内の溶液は強酸性なので，流しには直接捨てずに中和後に廃棄することを心がける．

パルブアルブミンの精製

　パルブアルブミン（PA）のアレルゲン性には，ある程度の耐熱性がある．PA の標準品は市販されていないが，魚肉の PBS 抽出液からゲルろ過と逆相クロマトグラフィーへ順次供することによって精製できる．図 3 に，ヤマメの筋肉の加熱抽出液を，ゲルろ過クロマトグラフィーに供した PA の溶出画分（図 3A 中の上に太線で示したフラクション）を逆相カラムを用いた HPLC に供した例（図 3B）を示す．PA を含むフラクションまたはピークは，本実験の ELISA で追跡・確認できる．このとき，PA のアイソフォームは，逆相 HPLC において複数のピークに分離するので合一する（図 3B の I 〜Ⅲ）．最終的に SDS-PAGE で 12 kDa 付近に単一バンドが得られたことを確認する（図 3C）とよい（タイ科魚類では複数のバンドが検出される）．なお，加熱抽出液から PA を精製する場合，ホモジネートを沸騰温浴で処理すると魚種によっては抽出液中にゼラチンが多量に溶出するため，ゲルろ過を低温下で行うとカラム内で抽出液がゲル化することがある．そのため，加熱は 60 〜 80℃ にとどめた方がよい．参考までに，本書で例示した一次抗体には広範な魚種の PA に対する交差反応性がある．

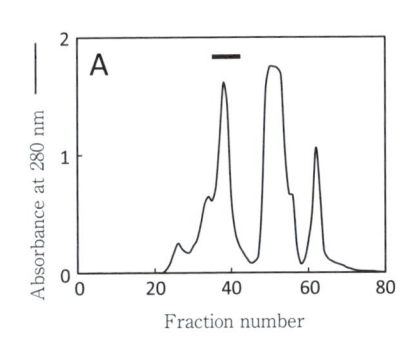
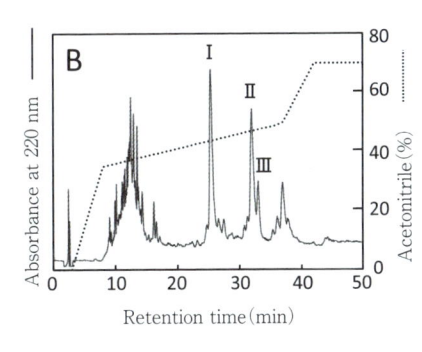
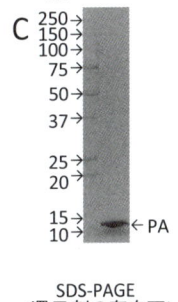

カラム：	Sephacryl S-100 HR
カラムサイズ：	2.5 i.d. × 105 cm
供試液量：	20 mL
分取容量：	10 mL/フラクション

カラム：	TSKgel ODS-120T
カラムサイズ：	0.46 i.d. × 25 cm
A液：	0.1%トリフルオロ酢酸
B液：	70%アセトニトリル in A液
流速：	1 mL/分

SDS-PAGE
(還元剤の存在下)

図 3　魚肉中のパルブアルブミンの精製例

3．ヒスタミンの検出と定性

　ヒスタミンはアレルギー様の症状を引き起こす食中毒原因物質で，鮮度が低下したマグロ，サバ，カツオ，イワシなどの赤身魚に生成していることがある．症状は，食後30分〜1時間の潜伏期を経て，熱感，発赤，じんましん様発疹，頭痛などで，試料100 g中に200〜400 mg存在すると中毒症状が現れるとされる．ヒスタミンを検出することは，食中毒予防につながるほか，魚類の腐敗の度合いを知る1つの目安ともなる．

■目的
　円形ろ紙を用いたペーパークロマトグラフィーにより，ヒスチジンとヒスタミンを分離し発色試薬で検出する．この方法を用いて試料中にヒスタミンが含まれているかどうかを簡便に調べる．

■理論
　赤身魚の筋肉中には遊離ヒスチジンが多量に含まれ，魚に付着していた細菌類のもつヒスチジン脱炭酸酵素の作用によって，ヒスチジンからヒスタミンが生成する（図1）．

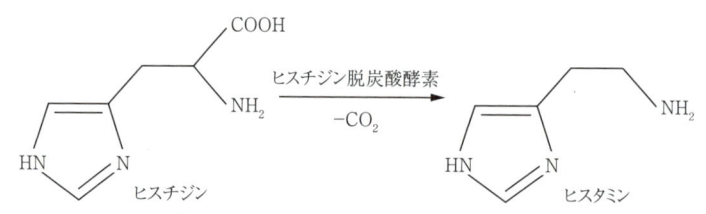

図1　ヒスタミンの生成

クロマトグラフィーでそれらを分離し，塩酸酸性下でスルファニル酸および亜硝酸から生成したジアゾ化合物と反応させると，色調の異なる発色によりヒスタミンを検出することができる．

$$HO_3S \!-\!\!\bigcirc\!\!-\! NH_2 \xrightarrow[\text{HCl}]{Na_2CO_3\ NaNO_2} \bar{O}_3S \!-\!\!\bigcirc\!\!-\! \overset{+}{N} \equiv N$$

■試薬・器具
試料
カツオ，イワシなどの新鮮ではない赤身魚の血合肉および内臓（高温に貯蔵し，わざと鮮度を落としてもよい）

試薬
塩酸エタノール：エタノール150 mLと1%塩酸溶液100 mLを混和したもの
展開溶媒：10%アンモニア水100 mLと1-ブタノール100 mLを混和し平衡化した上層を用いる．
発色試薬I液：スルファニル酸0.25 gを0.1 M塩酸50 mLに溶解し，氷冷下1%亜硝酸ナトリウム50 mLを加えて混和したもの
発色試薬II液：飽和炭酸ナトリウム溶液（炭酸ナトリウムを溶解度より過剰に水に加え，よく撹拌後一晩静置し，上清液またはろ液を用いる）

器具

乳鉢, 乳棒, 三角フラスコ（50 mL, プラスチック製遠沈管）, ろうと（直径5 cm）, ろうと台, ビーカー（100 mL）, ガラスキャピラリー, ドライヤー, 噴霧ビン, ラップ, メスシリンダー（50 mL）, 直径9 cm および18 cm（蓋付）のガラスシャーレ, 円形ろ紙（直径9 cm ろ過用および直径11 cm クロマトグラフィー用）, はさみ

■操作手順

❶試料5 g をはさみで細切し乳鉢にとり, 塩酸エタノール溶液15 mL を少量ずつ加えながら乳棒で5分間よくすりつぶし懸濁液とする. 少量の海砂を加えるとすりつぶしやすい.

❷❶の懸濁液をひだ折りろ紙でろ過後, ろ液を試験溶液とする.

❸円形ろ紙を約5 mm の幅で中心まではさみで切り込みを入れ, 中心から約2 cm を残して切り取る（図2）.

❹ろ紙切込みの根元部分に折り目をつけ, 折り目から約2 mm 下の位置に, ガラスキャピラリーを用い, 試験溶液を数回重ねてスポットする（約10 μL）. スポットが広がらないようにドライヤーで乾燥させながら行うとよい.

❺直径9 cm のシャーレに展開溶媒を10 mL 入れ, その上に❹のろ紙を水平になるよう載せたのち, 直径18 cm の大型シャーレに入れ, ラップをした上から蓋をかぶせて室温で展開する.

❻展開溶媒が半径2〜3 cm に浸透したとき, ろ紙を取り出しドライヤーで乾燥させる.

❼発色試薬Ⅰ液, Ⅱ液の順に噴霧する.

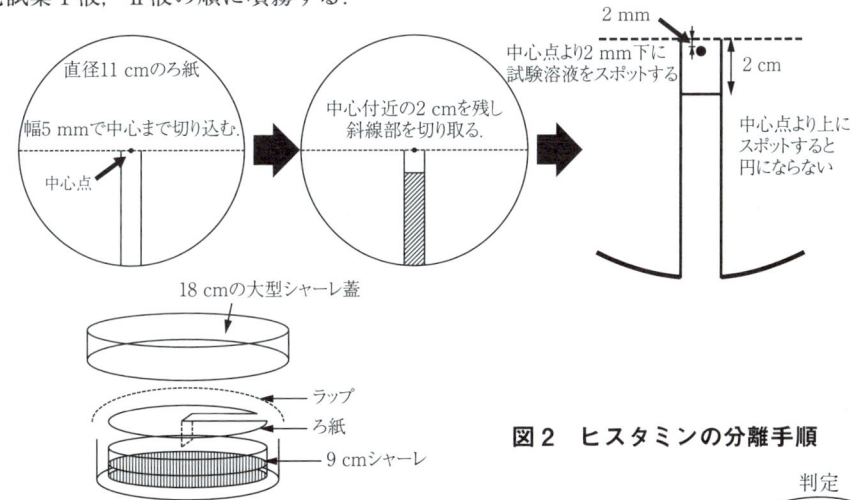

図2　ヒスタミンの分離手順

■判定

やや色調の異なる2重の赤色リングが現われたとき, 陽性と判定される（図3）. ヒスタミンは, 半径1.5 cm 付近の外側のリングとして検出される. このほかチロシン由来のチラミンが橙色リングとして観察されることがある.

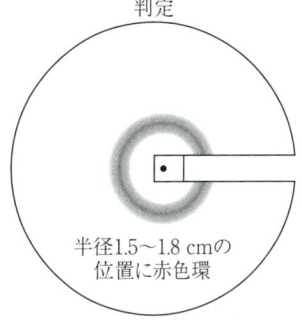

図3　ヒスタミンのリング

■参考図書

藤井建夫；日本食品微生物学会雑誌, 23, 61-71（2006）.

第7章　応用分析

1. エキス窒素および遊離アミノ酸の定量

■目的

　魚貝類の組織から熱水または除タンパク剤などにより抽出されるエキス成分は，遊離アミノ酸，ペプチド，ATP 関連物質，トリメチルアミンオキシド，グアニジノ化合物，尿素などの含窒素成分と，有機酸，遊離糖などの無窒素成分に分けられる．魚貝類の組織では，前者が後者に比べ多量に含まれていることから，組織中の非タンパク態窒素であるエキス窒素を定量し，エキス成分含量の目安とする．またエキス成分のうち，遊離アミノ酸は最も重要な成分であり，魚貝類組織の生化学的・食品化学的特徴を把握するために，しばしば定量される．

1）エキス窒素の定量

■理論

　試料をトリクロロ酢酸，過塩素酸などの除タンパク剤で処理したエキス成分中の窒素をケルダール法により求める．

■試薬・器具

試薬

10% トリクロロ酢酸（TCA）水溶液，濃硫酸，分解触媒（硫酸カリウム：硫酸銅 = 9：1），30% 水酸化ナトリウム溶液，4% ホウ酸溶液，混合指示薬（0.05% ブロムクレゾールグリーン -0.05% メチルレッド -95% エタノール溶液）

器具

ケルダールフラスコ，加熱分解装置，ビウレット，メスフラスコ（50 mL），三角フラスコ（100 mL），ケルダール蒸留装置，硫酸紙（小），電子天秤（最小表示 0.1 mg），デシケーター，薬さじ

ホモジナイザー（例えばエースホモジナイザー AM-1，（株）日本精機）

■操作手順

【1】エキス成分の抽出

❶試料（魚貝類の組織）約 5 g を精秤し，ホモジナイズ用カップ（50 mL 容）に入れる．

❷氷中で冷却した蒸留水 5 ml と 冷却した 10%TCA 水溶液 10 mL を加える．氷冷しながらホモジナイザーを用いて約 10,000 rpm で 3 分間磨砕する．

❸室温で約 30 分間放置後，5,000 × g, 15 分間，10℃以下で遠心分離する．

❹得られた上清を 50 mL メスフラスコに回収後，沈殿をホモジナイズ用カップに入れ，5%TCA

水溶液 10 mL を加える.

❺冷却しながらホモジナイザーを用いて約 10,000 rpm で 3 分間磨砕後, 上の条件で遠心分離し, 上清を合一する.

❻再度, 沈殿に 5%TCA 水溶液 10 mL を加え, 同様に磨砕・遠心分離し, 上清を合一する. メスアップ後, よく撹拌したものをエキス試料とする.

【2】エキス窒素量の定量

❶ケルダールフラスコに分解触媒を薬さじ半分くらい入れた後, エキス試料 20 mL を正確に入れた後, 濃硫酸約 10 mL を駒込ピペットで入れる (以降の操作は第 2 章 3. 2) を参照).

2) 遊離アミノ酸の定量

■理論

遊離アミノ酸の分析には, 高速液体クロマトグラフィー (HPLC) によるアミノ酸分析装置を用いる. アミノ酸の分離・定量法には, *o*-フタルアルデヒド, フェニルイソチオシアネート, ダンシルクロライドなどにより試料中のアミノ酸を誘導化した後, 逆相カラムを用いた HPLC により分析する方法 (プレカラム誘導体化法) とイオン交換カラムを用いた HPLC により試料中のアミノ酸を分離した後, ニンヒドリン試薬などにより誘導化して検出する方法 (ポストカラム誘導体化法) がある.

■試薬・器具

試薬

ニンヒドリン試薬 [調製法は, 使用する装置のマニュアルを参照すること. 例えば, ニンヒドリン試液ワコーアミノ酸自動分析装置用キット (日立用)]

器具

アミノ酸分析装置 (例えば, 日立高速アミノ酸分析計), メンブレンフィルター [例えば, アドバンテック親水性フィルター 0.45 μm, 東洋濾紙 (株)]

■操作手順

ニンヒドリンを用いたポストカラム誘導体化法の場合, 1)のエキス試料をメンブレンフィルターでろ過したものを分析用試料とする. アミノ酸分析装置の使用に関しては, 通常, 取り扱いになれた専門の分析者に依頼することが多いので, 試料の準備機器の操作の詳細については, 担当者の指示または使用する装置のマニュアルに従って行う.

■データ

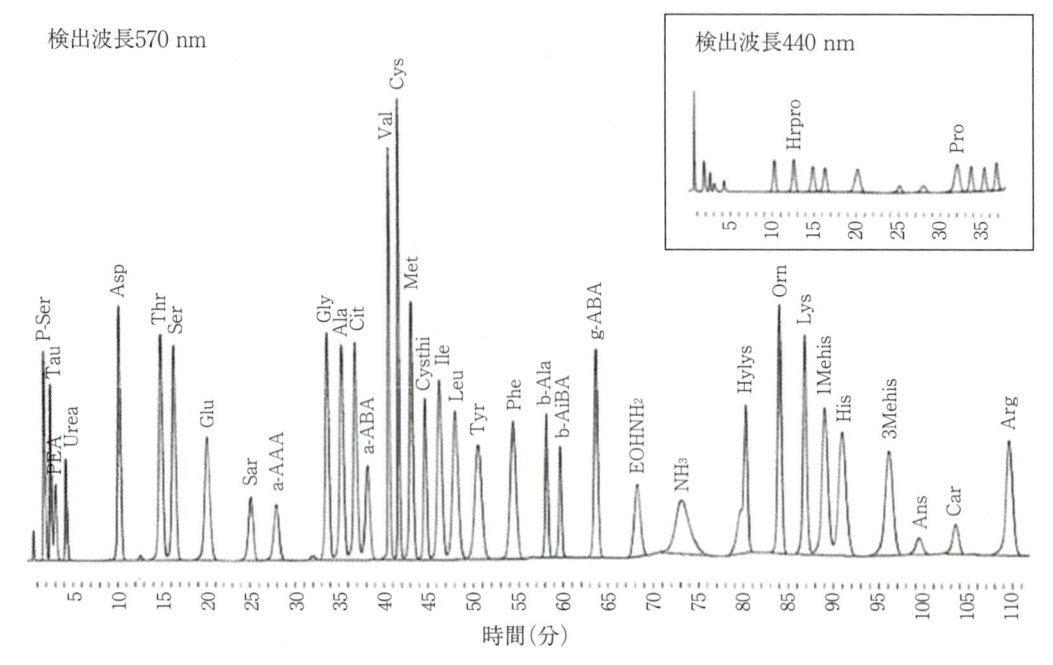

図1　ポストカラム誘導体化法による生体試料用標準アミノ酸の分析例.

日立 L-8500A 型アミノ酸分析計を使用.

検出波長：570 nm（1 級アミン），440 nm（2 級アミン）. 試料液 20 μL あたり標準アミノ酸 2 nmol 含有.

■安全管理上の配慮

第 2 章 3.2 を参照.

■参考図書

日本食品科学工学会新・食品分析法編集委員会編：新・食品分析法（I），光琳（1996）.

泉　美治ら監修；第 2 版　機器分析のてびき 2，化学同人（1996）.

生体中の遊離アミノ酸

　生体試料の分析で検出される主要なアミノ酸の名称，分子量，特徴を表1に示した．魚貝類筋肉中の遊離アミノ含量は，種類によって異なることが知られている．例えば，タウリンは，イカ・タコ類などの軟体動物筋肉に多量に含まれ，マダイなどの底生魚筋肉に比較的多く含まれる．グリシン，アラニン，アルギニン，プロリンなどが軟体動物筋肉に多量に含まれる．またヒスチジンは，カツオ・マグロ類などの回遊性魚筋肉に多量に含まれる．魚貝類を含む食品中の遊離アミノ酸含量については，遊離アミノ酸データベース（公益社団法人日本栄養・食糧学会 HP, https://www.jsnfs.or.jp/database/database_aminoacid.html）が利用できる．

表1　生体試料分析で検出されるアミノ酸および関連物質

名称	略号*	分子量	特徴
ホスホセリン	P-Ser	185.1	Ser の OH 基がリン酸化されたアミノ酸
タウリン	Tau	125.2	アミノスルホン酸
ホスホエタノールアミン	PEA	141.1	エタノールアミンリン酸．リン脂質代謝の中間体
アスパラギン酸	Asp	133.1	COOH 基を側鎖に含むアミノ酸
トレオニン	Thr	119.1	OH 基を側鎖に含むアミノ酸
セリン	Ser	105.1	OH 基を側鎖に含むアミノ酸
アスパラギン	AspNH$_2$	132.1	CONH$_2$ 基を側鎖に含むアミノ酸
グルタミン酸	Glu	147.1	COOH 基を側鎖に含むアミノ酸
グルタミン	GluNH$_2$	146.2	CONH$_2$ 基を側鎖に含むアミノ酸
サルコシン	Sar	89.1	コリンから Gly への代謝中間体
α-アミノアジピン酸	a-AAA	161.2	Lys の代謝中間体
グリシン	Gly	75.1	脂肪族の側鎖を含むアミノ酸
アラニン	Ala	89.1	脂肪族の側鎖を含むアミノ酸
シトルリン	Cit	175.2	尿素回路を構成するアミノ酸
α-アミノ酪酸	a-ABA	103.1	オフタルミン酸代謝の中間体
バリン	Val	117.1	脂肪族を側鎖に含むアミノ酸．分枝アミノ酸
シスチン	Cys	240.3	S 原子を側鎖に含むアミノ酸
メチオニン	Met	149.2	S 原子を側鎖に含むアミノ酸
シスタチオニン	Cysthi	222.3	システイン合成の中間体
イソロイシン	Ile	131.2	脂肪族の側鎖を含むアミノ酸．分枝アミノ酸
ロイシン	Leu	131.2	脂肪族の側鎖を含むアミノ酸．分枝アミノ酸
チロシン	Tyr	181.2	芳香族の側鎖をもつアミノ酸
フェニルアラニン	Phe	165.2	芳香族の側鎖をもつアミノ酸
β-アラニン	b-Ala	89.1	Ala の構造異性体
β-アミノイソ酪酸	b-AiBA	103.1	ヌクレオチドの代謝中間体
γ-アミノ酪酸	g-ABA	103.1	Glu の分解によって生成する神経伝達物質
エタノールアミン	EOHNH$_2$	61.1	リン脂質の代謝に関与する物質
ヒドロキシリシン	Hylys	162.2	Lys の水酸化によって生成するアミノ酸
オルニチン	Orn	132.2	尿素回路を構成するアミノ酸
トリプトファン	Trp	204.2	芳香族の側鎖をもつアミノ酸
リシン	Lys	146.2	塩基性の側鎖をもつアミノ酸
1-メチルヒスチジン	1MeHis	169.2	His のイミダゾール基の1位がメチル化されたアミノ酸
ヒスチジン	His	155.2	塩基性の側鎖をもつアミノ酸
3-メチルヒスチジン	3Mehis	169.2	His のイミダゾール基の3位がメチル化されたアミノ酸
アンセリン	Ans	240.3	β-アラニル-π-メチル-L-ヒスチジン
カルノシン	Car	226.2	β-アラニル-L-ヒスチジン
アルギニン	Arg	174.2	塩基性の側鎖をもつアミノ酸
ヒドロキシプロリン	Hyp	131.1	Pro の水酸化によって生成するアミノ酸
プロリン	Pro	115.1	環状アミノ酸（イミノ酸）

*略号は，図1（p. 130）で示したもの

2. 物性測定

■目的

　食品の力学的特性に基づいた手指や口腔内の触感を総称してテクスチャーといい，口触り，歯触り，滑らかさ，コシ，粘りなど様々な物理的性質を含んでいる．本項では物性測定装置（レオメーター，図1）を用いて，食品の破断強度と破断歪み率を測定し，その物性を客観的に評価すること，およびプランジャーの形状によって，測定結果が変わってくることを理解する．

■理論

　人間が食品を食べた時に感じる硬さやしなやかさは，試料を一定速度で圧縮した時の最大応力とその時の圧縮率を測定することで客観的に評価できる．弾性を示す試料をプランジャー（図2）で圧縮し破壊すると，測定波形は山形となり，ピークが破断点を示す．この時にかかった力が破断強度，変形度合が破断歪み率であり，それぞれ硬さ，しなやかさの指標となる．破断しない場合も波形を比較することで物性の違いを知ることができるが，波形のどの部分を比較をするかによって評価が異なるため，文献や過去の測定例などを参考にしながら評価する．

1）魚肉の物性測定

■試薬・器具

試料

魚肉（操作手順❶の量が十分に確保できる魚貝類．弾力が強いものや脂の多いものは測定しにくいので避ける）

器具

包丁，まな板，定規，レオメーター（図1），プランジャー2種類（球形5 mm，円柱形5 mm，楔形30°など；図2），レコーダー（プリンター）

■操作手順

❶魚肉を厚さ1 cm程度，縦横はプランジャーの径よりも大きく試料台よりも小さい同じ形状に切る．これを6つ用意する．

❷プランジャーを1つ選んでレオメーターに取り付け，平らな試料台の中心に魚肉を乗せる．その際，筋原繊維の向きが異なると測定値が大きく異なるため，繊維の方向を記録しておく．基本的には，実際に歯ごたえを調べるときに歯で噛む方向と同じ向きにする．

❸測定速度1 mm/秒，破断歪率95%に設定し測定を開始する．魚肉が破断した時の破断強度（N）と破断歪み率（%）を記録する．破断点が検出されない場合は破断歪率60〜80%付近の同じ歪み率での荷重（N）を記録する．試料を取り替え，同じプランジャーで同様の操作を行い，合計3データを取る．データ不採用の場合，試料に余裕があればもう一度測定する．余裕がない場合はデータの平均値をとる．

❹プランジャーを取り替え，同様に測定を行う．

❺それぞれのプランジャーで測定した結果を比較し，プランジャーが異なると測定結果にどのような違いが出るのかを考察する．また，測定に使わずに残った試料があれば，測定したものと同じ形状に切って官能評価に付し，測定データとあわせて考察するとよい．

2）かまぼこゲルの物性測定

■試薬・器具

試料

冷凍すり身，食塩，フレーク状の氷もしくは冷水

器具

包丁，まな板，定規，フードプロセッサー，絞り袋（240 mm × 370 mm、使い捨てタイプ），ゴムべら，ケーシングチューブ（35 mm × 410 mm、直径 2.2 cm）2 本，タコ糸，恒温水槽 2 台（30℃および 85℃に設定），レオメーター（図 1），プランジャー（球形 5 mm）（図 2），レコーダー（プリンター），ビニールテープ，温度計

＊ケーシングチューブが長すぎて恒温水槽に入らない場合は，適当な長さに切ってから肉糊をつめ使用する．

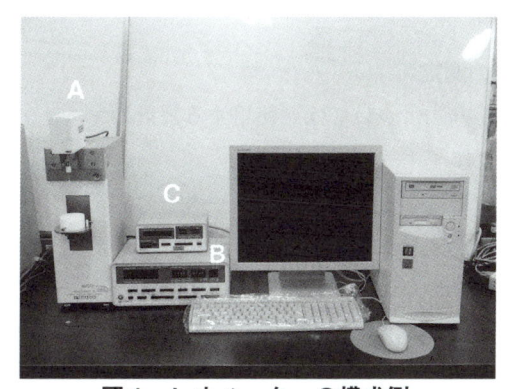

図 1　レオメーターの構成例

A，B：㈱山電 RHEONER II CREEP METER RE2-33005S，C：㈱山電 SAMPLE-HEIGHT COUNTER HC2-3305S

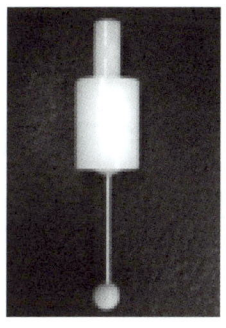  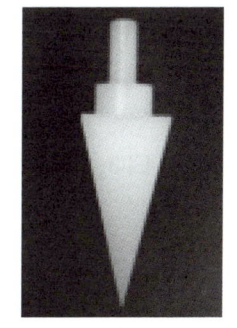

図 2　プランジャーの例

左から球形（φ 5），円柱（φ 5），楔形（30°）

■操作手順

【1】 かまぼこゲルの調製

❶冷凍すり身（−25℃以下保存，約100 g）を解凍する（冷蔵庫で一晩もしくは流水解凍）.

❷すり身を温度の上昇に注意しながら包丁で細かく切り，重量を測定する. なお，切り終わったすり身は氷上に置き，温度の上昇を防ぐ.

❸フードプロセッサーで軽く粉砕（荒ずり）後，すり身重量の20%のフレーク氷を加え，水のばしする. 氷が全体にまんべんなく混ざる程度でよい（フレークの形は残ったまま）

❹水のばししたすり身の総重量の2.5〜3%の食塩を加え，温度を5〜10℃に保ちながら最低20分間（すり身につやが出るまで）混合（塩ずり）する.

❺塩ずりした肉糊をゴムベラを用いて絞り袋に詰め，机にたたきつけて空気を抜く.

❻絞り袋の先端を切り，ケーシングチューブに肉糊を詰める. 先端を長めのタコ糸で縛り，そこに試料情報を書いたビニールテープを貼っておく.

❼もう片方の端もタコ糸で縛る. これを2本作り，加熱するまで氷水に浸し，温度上昇を防ぐ.

❽2本を以下の2条件で1本ずつ加熱し，ゲル化する.

A：85℃ 30分間，B：30℃ 30分間加熱後，85℃ 30分間加熱

❾加熱終了後，直ちに冷水にとる.

❿冷えたら室温に放置し（30分間以上），ケーシングチューブからゲルを取り出し，高さ2.5 cmに切る（図3）.

【2】 破断強度，破断歪率の測定

レオメーターの詳細な使用方法については，使用する装置のマニュアルに従う. ここでは一般的な装置を用いた方法を以下に記す.

❶切ったゲルの切り口を上下になるようにレオメーターの測定台の中心に置く（図4）.

❷圧縮試験モード（試料台が上昇するモード）を選択する. 測定速度1 mm/秒，破断歪率95%に設定し測定を開始する. ゲルが破断した時の破断強度（N）と破断歪み率（%）を記録する（図

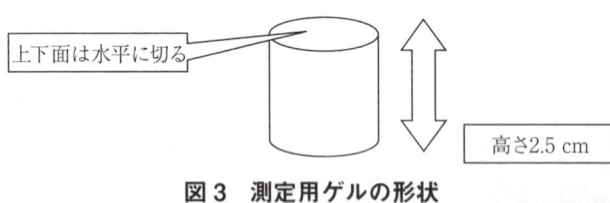

上下面は水平に切る

高さ2.5 cm

図3　測定用ゲルの形状

図4　扁平型試料台（左），円柱（φ5）プランジャーを用いた物性測定

5). 同じ加熱条件のゲル3つを測定する.

　グラフを作成し（図6，7），ゲルAとBの物性の違いについて考察する．また，可能であれば余った試料を官能評価に付し，測定データとあわせて考察するとよい．

■データ

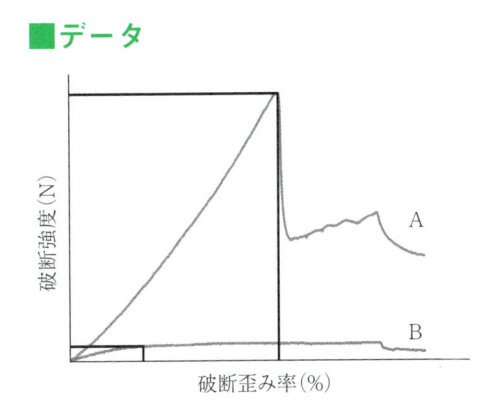

図5　レオメーターの波形

A：破断点がある波形、B：破断点がない波形

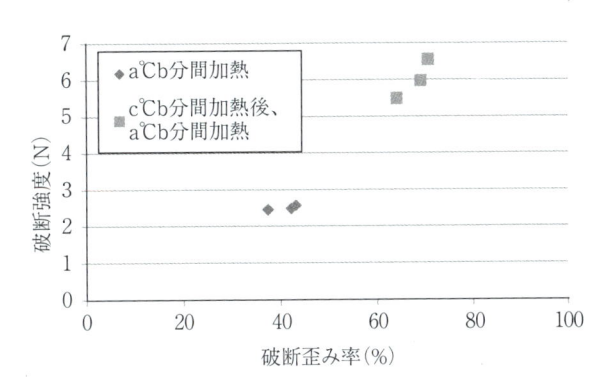

図6　かまぼこゲルの物性測定グラフの例（散布図）

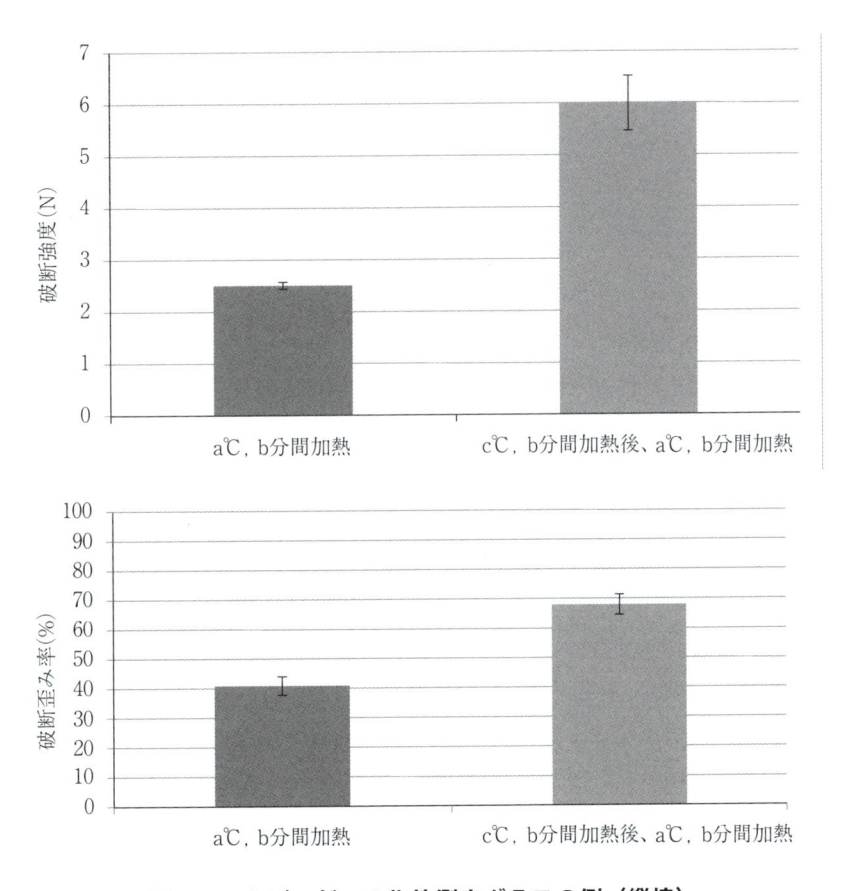

図7　かまぼこゲルの物性測定グラフの例（縦棒）

3）魚肉すり身の坐り速度解析と活性化エネルギーの算出

■目的

　水産練り製品の原料に用いられる魚肉すり身は，原料魚種や等級によりその加工特性が大きく異なる．また魚肉すり身は，加工時の加熱温度や時間によってもその物性は多大な影響を受けることから，温度履歴の管理が非常に重要である．本項では魚肉すり身の加工過程に特有な「坐り」現象に着目し，本現象の解析を通じて食品の性質を数値として評価する食品工学的視点を養うことを目的とする．

■理論

　水産練り製品は魚肉タンパク質の性質を上手く利用した食品である．独特の物性は，食塩の添加により溶け出した筋原繊維タンパク質が85℃以上の加熱（本加熱）により網目構造を形成することで発現する．また加熱過程では様々な反応が起こる．魚肉すり身を $20 \sim 40$℃の低温で加温した時に起こる坐りゲルの形成は，本加熱した製品のゲル強度の増強や保水性の向上，製品の均一化などに貢献するといわれている．現在のところ，坐りゲルの形成は，すり身中に存在するトランスグルタミナーゼにより，すり身中のタンパク質が重合することが主要因であると考えられている．本項ではこうした坐り反応を食品工学的手法により解析する．

■試薬・器具

試料

冷凍すり身（スケトウダラ，ホキ，イトヨリダイなど，坐る性質を示すものがよい）

試薬

塩化ナトリウム（食塩）

器具

フードプロセッサー（MK-K48P，パナソニック㈱製など），ケーシングチューブ（35×40 mm），絞り袋（250×350 mm），恒温水槽（$15 \sim 35$℃間で3温度を設定），レオメーター（RE2-33005C，㈱山電製など），温度計

■操作手順

【1】塩ずりすり身（肉糊）の調製

❶ -25℃以下で保存していた冷凍すり身を，冷蔵庫（-4℃）で一晩かけて解凍する．

❷すり身を包丁で細断後，フードプロセッサーなどによりフレーク状にほぐす（荒ずり）．その後，すり身に対して $30 \sim 40$% の水を添加し，全体が均一になるよう $1 \sim 2$ 分かけてよく混合する（水のばし）．肉温が10℃を超える場合は，冷水や細氷を適宜加える．

❸すり身と水の総重量に対して $2 \sim 2.5$% の食塩を数回に分けて添加し，よく混合して肉糊を調製する（塩ずり）．すり上がり温度は10℃以下とする．

【2】ケーシング詰め，坐り加熱

❶絞り袋を用いて，空気が入らないように肉糊をケーシングチューブに充填し，両端をタコ糸で

結紮する.

❷坐り加熱は 15 ～ 35℃間の 5℃以上離れた 3 つの温度（例えば 18℃，26℃および 32℃）に設定した恒温水槽内で行う.

【3】坐りゲルの物性測定

❶測定法は前項の物性測定を参照.

❷坐り加熱中のゲルを経時的に取り出し，破断強度（Breaking Strength：BS）を求める．BS は坐り時間に伴って上昇するが，平衡に達した時間で停止する（魚種や坐り加熱温度により時間が異なるため，予備実験により各温度で最大の破断強度に達する時間を測っておくことが望ましい）.

【4】坐り速度および活性化エネルギーの解析

❶片対数グラフの x 軸に坐り時間を，y 軸に破断強度をとり，各加熱ゲルの破断強度をプロットする（図1）.

❷近似曲線を引き，最大破断強度（BSmax）の 1/2 に達するまでの時間（秒数）（$T_{1/2}$）をグラフから求め，その逆数（$1/T_{1/2}$）を坐り速度 K（s^{-1}）とする.

【5】活性化エネルギーの解析

❶片対数グラフの x 軸を温度（絶対温度）の逆数値（1/T），y 軸を肉糊の坐り速度の対数値とし，3 温度から得られたデータ 3 点をプロットし，それらを結んだ直線を引く（図2）.

❷グラフの傾き（$d(\log K)/d(1/T)$）を求め，次式から活性化エネルギー（Ea）を算出する.

$$Ea = -2.303 \times R \times d(\log K)/d(1/T) \qquad R: 気体定数（1.98 \text{ cal/deg}）$$

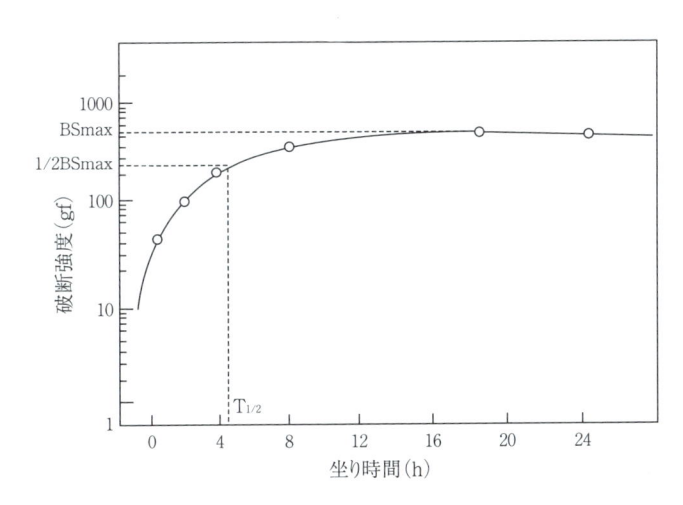

図1　坐り反応中（坐り温度 26℃，表 1 参照）の破断強度の変化

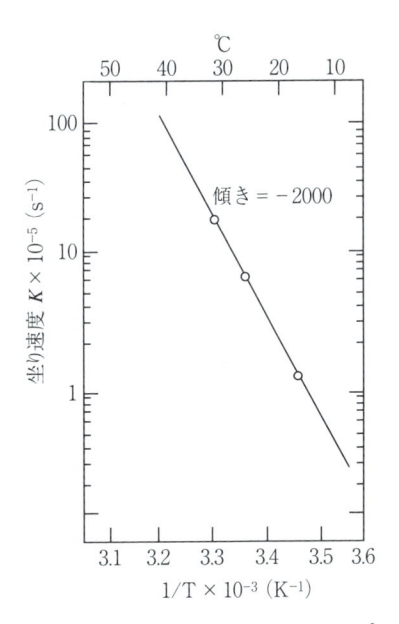

図2　坐り速度のアレニウスプロット（表 1 参照）

■**データ**

　イトヨリダイ冷凍すり身から調製した肉糊を，18，26 および 32℃で加熱し分析したところ，表1に示すようなデータが得られた．坐り時間と破断強度の関係を図1のように示し，最大破断強度の半分に達する時間（$T_{1/2}$）から坐り速度をそれぞれ求めた．さらに図2のように坐り速度と絶対温度の逆数値のグラフの傾き［d（log$K$）/d（1/T）:－2000］を求め，次式により活性化エネルギーを算出した．

表1　イトヨリダイ冷凍すり身から得られた坐りゲルの破断強度，坐り速度および活性化エネルギー

坐り温度（℃）	最大破断強度（gf）	$T_{1/2}$（s）	坐り速度（s^{-1}）	活性化エネルギー（cal/mol）
18	404	86400	1.16×10^{-5}	
26	556	15120	6.61×10^{-5}	9.12×10^4
32	708	7200	1.39×10^{-4}	

$$Ea = -2.303 \times 1.98 \times (-2000) = 9.12 \times 10^4 \ (\text{cal/mol})$$

　活性化エネルギーを求めることで，魚種や等級ごとの坐りやすさを比較することができる．

■**参考文献**

　加藤　登，橋本昭彦，野崎　恒，新井健一；日水誌，50，2103-2108（1984）．

食品の物性測定では「噛んで」みる

　人は食品を食べた時，「柔らかい」とか「弾力がある」など，微小な違いを瞬時に判断することができる．機器を用いた物性測定と同時に官能検査も行われることが多いのはこのためである．人が感じた僅かな物性の違いを数値として検出するには条件設定が大事だが，試料を押すのか引っ張るのか，プランジャーはどれを使うのか，スピードはどうするのかなど，設定項目は多く，初めて物性を測定する人には非常に難解な作業である．そのため多くの場合，教科書や論文の測定条件をそのまま用いて測定がな

されているが，実はその方法が測定したい試料にとって必ずしも最適な測定条件ではない．そんな時，頼りになるのが自分で「噛んだ」時の感覚だ．噛んだ時にはどの歯を使ったのか，噛んだ速度や硬さの程度などを記録しながらプランジャーや押し込み速度，測定モードなどの条件を設定するとよい．噛んだ時に感じた違いが数値の違いとして出てくれば，それが最も適した測定条件なのである．食品の物性を測定する際には実際に「噛んで」みることも有用である．

（和田律子）

かまぼこのゲル形成の仕組み

　かまぼこや竹輪など水産練り製品は日本の伝統食品であり，我々にとって馴染み深い食品である．平安時代の書物の中で，祝宴の膳に「蒲鉾」の文字と絵の記載があるように，古くから慶事の場や日常食などで親しまれてきた．伝統食品でありながら，現在でもその生産量は水産加工品の中でトップであり，全国津々浦々で漁獲される魚を使って，地域色豊かな製品が作られている．その製造は肉を取り出し，水で洗い，そこに塩，酒などの調味料を加えて練り，加熱によりゲル化させ製品となる．魚肉は劣化し易く貯蔵が難しいが，加熱ゲル化によって貯蔵耐性だけでなく，美味しさが付与される．練り製品は添加物，物性や形状を変えることで様々な製品がつくれるため，工夫次第で用途が広がる．国内の生産・消費は減少傾向にあるが，1970年代に開発されたカニ脚風味かまぼこは，グローバルな食品となっており，海外における消費は増加している．

　練り製品の主成分はタンパク質である．日本食品標準成分表によれば練り製品 100 g あたりにタンパク質は 8 〜 16 g 含まれ，水分以外の成分では最も多い．練り製品の原料となる魚肉すり身の主成分は筋原繊維タンパク質である．その中でも重要なのはミオシンであり，本タンパク質が主体となり加熱ゲルが形成される．ミオシンは約 200 kDa の 2 本の重鎖と約 20 kDa の 4 本の軽鎖からなる約 480 kDa のヘテロダイマーの巨大分子で，加熱ゲル化では特に線維状の重鎖が主体となる．ミオシン分子中では 2 本の重鎖が主に疎水性相互作用により重合しているが，これが加熱に伴って分子がほどけ（unfolding という），分子内での相互作用が分子間で作用し，網目構造が構築されることでゲルが形成される．

　魚肉ゲルの形成には加熱の温度履歴も重要で，魚肉すり身にしか見られない特徴的な温度帯には特に注意が必要である．本章でも取り上げた「坐り」は，加熱工程の比較的低温度下で起こる現象で，この温度帯で坐りゲルを形成させた後，80℃以上の本加熱をするとゲル強度は著しく向上する．一方，それより高い 50℃付近では，ゲル形成にとっては良くない「戻り（火戻り）」現象が生じる．これはすり身に残存した複数のプロテアーゼがタンパク質を分解することに起因する．水晒しで取り除けるプロテアーゼの他に，取り除けない筋原繊維に結合するタイプも存在する．

　1960 年代にスケトウダラを原料に開発された冷凍すり身は，水晒しした魚肉に凍結変性防止剤として糖が混合されている．− 25℃以下で保存すれば，変性しやすい魚肉タンパク質の加熱ゲル形成能が保持され，長期間の貯蔵が可能である．現在，ホキ，イトヨリダイ，パシフィックホワイティングなど世界の海の多くの魚から冷凍すり身が製造されており，練り製品の中間原料として販売・利用されている．冷凍すり身の原料魚種や等級，また添加物や加熱履歴によって，すり身の性状や出来上がる加熱ゲルの物性は大きく変わる．本章にある物性試験など各種実験や官能検査などを通して実感してもらいたい．

（福島英登）

3. 酵素反応速度の解析

　酵素反応速度論の研究は 1904 年インベルターゼ（invertase）の研究に端を発する．重要なのは酵素反応が 2 つの素反応より成り，その第 1 反応が酵素－基質複合体（ES complex）の形成であるという考えである．1913 年 Michaelis と Menten はこの考えを酵素反応の一般理論へと発展させた．その後 1925 年に Briggs と Haldane は酵素反応に定常状態という概念を導入し Michaelis らの解析を一般化した．したがって，これらの酵素反応の解析を定常状態速度論（Steady-state kinetics）と呼ぶ．

■目的

　セリンプロテアーゼのうち，α－キモトリプシンを用いて酵素活性の測定を行い，反応初速度，ミカエリス定数，最大速度，最適温度，活性化エネルギー，最適 pH など，酵素反応速度論的解析を行う．α－キモトリプシンの活性測定法は様々な方法が考案されているが，ここでは，プロテアーゼ一般に広く応用できる「カゼイン消化法」のうち，カゼインに人工的に色素を結合させたアゾカゼインを基質タンパク質として用いる，より簡便な測定法で活性を求める．

■理論

　タンパク質がプロテアーゼによって分解されると低分子のペプチドが生じる．この反応混液に，タンパク質沈殿剤（過塩素酸など）を添加すると，プロテアーゼが失活して酵素反応が停止するとともに，未消化のタンパク質（酵素作用を受けていない基質タンパク質）が沈殿する．この時，反応生成物である低分子ペプチドは沈殿しないので，このペプチドを遠心分離やろ過で沈殿から分離し，濃度を測定することにより，反応生成物量を求めることができる．アゾカゼインには色素が結合しているので，分光光度計で測定した吸光度から濃度を求めることができる．

■試薬・器具

試薬

0.2 M トリス塩酸緩衝液（pH 7.8）：トリスアミノメタン（2- アミノ -2- ヒドロキシメチル -1,3- プロパンジオール）2.4 g を蒸留水約 70 mL に溶解し，pH メーターを使用して 1 M HCl で pH 7.8 に調整する．次いで，蒸留水で 100 mL にメスアップする．

α－キモトリプシン（0.03 〜 0.05 mg/mL）：1 mM HCl 50 mL に溶解する．安定化のため終濃度 1 mM の $CaCl_2$ を添加しておく．正確な濃度は 280 nm における吸光度 A = 2.04（1 mg/mL）を用いて算出する．冷蔵保管する（約 1 か月使用可）．

0.4％アゾカゼイン：アゾカゼイン 4 g に 0.1 M トリス塩酸緩衝液（pH 7.8）700 mL を加え，90℃で約 10 分間加温して完全に溶解し，同緩衝液で 1 L にメスアップする．小分けして冷蔵保管する（2 週間位使用可，長期保存する場合は冷凍する）．

5％過塩素酸（PCA）：市販の 60％（w/w）$HClO_4$（比重 1.54）から調製する．

器具・機器

ガラス製反応管（径 30 mm × 180 mm），ろ過用ガラス製試験管，ろうと（径 30 mm），自動ピペッ

トまたはメスピペット（0.5, 2, 5 mL），ストップウォッチ，ろ紙（ADVANTEC No.3, 径 55 mm），プラスチックセル（またはガラスセル），温度計，恒温槽，分光光度計．

■操作手順

【1】酵素活性測定の基本的手順

❶恒温槽を 30℃ に設定する．

❷基質のアゾカゼインを予め 30℃ に保温しておく．

❸反応管に 0.2 M トリス塩酸緩衝液（pH 7.8）0.5 mL を入れ，氷冷する．

❹続けて，α－キモトリプシン 0.5 mL を入れ，30℃ で約 5 分間プレインキュベートする．酵素液を室内で取り扱う場合は，氷冷しておく．

❺30℃ にインキュベートしておいたアゾカゼイン 2.0 mL を反応管に吹き入れ，直ちに撹拌して反応を開始する．アゾカゼインを吹き入れた時点でストップウォッチのスタートボタンを押し，正確に 10 分間保温する．ここで使用するピペットは全てブロウピペット（吹き出しピペット）を用いる．アゾカゼインや PCA は文字通り勢いよく吹き入れること．

❻10 分後に 5% PCA 3.0 mL を添加してよく混ぜ，反応を停止する．PCA 添加後は，このまま 30℃ で 10 分間程度放置し沈殿を静置する．

❼ろ紙を用いて反応物をろ過する．

❽ろ液をセルの七分目程度まで入れる．分光光度計を用いて波長 366 nm の吸光度を測定する．ブランクには蒸留水を用いる．

❾酵素活性は 1 分間あたり 1 μmol の反応生成物を生じる活性を 1 単位（1 unit）などと定義することが多いが，ここでは，「吸光度 ΔA_{366} を 1.0 上昇させる酵素活性を 1 unit」と定義する（本法に限った簡便な定義であることに留意．各種の酵素活性単位は，酵素を販売する各メーカーが独自に定義している場合が多い）．

❿酵素反応のブランクは，カゼインと PCA を入れる順番を逆にしたものを用いる．吸光度測定のブランクと酵素反応のブランクを区別する．酵素反応のブランクは，実験の目的により適宜変える．また，ここで示した方法では，基質であるカゼインの添加で酵素反応を開始しているが，酵素添加で反応を開始してもよい．

【2】酵素反応初速度の測定

酵素は重量や容量などの数量（amount）ではなく，活性量（activity）で表わされる．活性量とは反応速度，特に反応初速度 v_0（反応時間 0 の時の速度）のことである．酵素反応初速度を測定するには，反応生成物濃度［P］と反応時間 t の関係を求め，このグラフを時間 t で微分して反応時間 0 における接線を算出する．ただし酵素反応の初期には t と［P］は，直線関係にあるとみなすことができるので，この直線の傾き（つまり，この時間範囲での平均速度）から v_0 を求めることができる（図 1）．

❶反応管を 6 本用意し，反応時間を 0, 5, 10, 15, 20, 25 分などとし酵素反応を行う．反応時間 0 分（酵素反応のブランク）には，始めに PCA を入れ，後からアゾカゼインを入れる．

❷6 本の反応を進めるためのタイムスケジュールを立てる．アゾカゼインを添加する時間を 1 分

ずつずらして，全ての反応が上手く行なえるよう注意深く計画する.

❸反応が全て終了してから，366 nm の吸光度を測定する. ΔA_{366}（ブランクを差し引いた値）と反応時間 t の関係をグラフに描き，反応初期の直線関係が成立する部分の傾きを求めて反応初速度 v_0 を算出する. 反応初速度は上記の定義にしたがい unit で表わす.

❹単位酵素あたりの活性，すなわち酵素の比活性を求める. ここでは，上記で求めた活性を，反応に用いた酵素重量で除し，比活性（unit/mg）を計算する.

> 〈計算例〉
>
> 10 分まで直線関係が成立し，10 分後の $\Delta A_{366} = 0.356$ の場合，
>
> $$v_0 = 0.356/10 = 0.0356 \text{ unit}$$
>
> 酵素濃度が 0.04 mg/mL とすると，反応に用いた酵素量は，
>
> $$0.04 \text{ mg/mL} \times 0.5 \text{ mL} = 0.020 \text{ mg}$$
>
> よって比活性は，
>
> $$0.0356/0.020 = 1.78 \text{ unit/mg}$$
>
> となる.

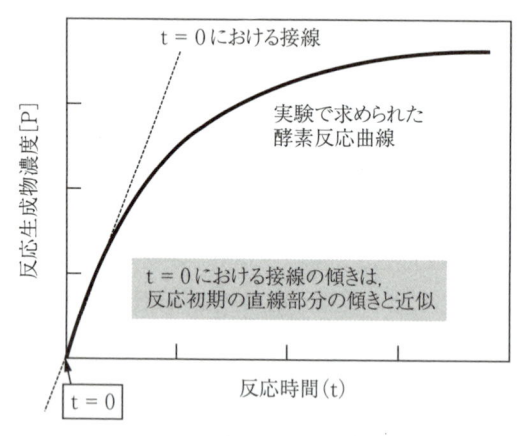

図1 酵素反応曲線

【3】酵素反応初速度に及ぼす基質濃度の影響（K_m 値の測定）

酵素反応の最大の特徴は，反応速度が基質濃度の影響を受けることにある. 酵素反応は，基質濃度が低い時は基質濃度に比例して速度が上昇するが（基質濃度に対して一次反応だが），基質濃度が高くなると速度の増加は緩慢になり，やがて基質をそれ以上増やしても速度上昇が見られなくなる（基質濃度に対して 0 次反応となる）. ここでは，酵素の K_m 値（ミカエリス定数）を測定し，酵素と基質の関係について速度論的解析を行なう.

❶アゾカゼインを 0.1 M トリス塩酸緩衝液（pH 7.8）で 1/2 倍ずつ希釈し，4, 2, 1, 0.5, 0.25, 0.125 mg/mL アゾカゼイン溶液を調製する. この希釈系列は次のように反応管に直接作製する.

まず 5 本の反応管に 0.1 M トリス塩酸緩衝液（pH 7.8）を 2 mL ずつ入れておく. 1 本目の試験管にアゾカゼイン 2 mL を入れ，よく混ぜて 1/2 倍濃度の溶液を作る. ついで，その 1/2 倍アゾカゼイン溶液（4 mL になっている）から 2 mL をとり，次の反応管に入れ 1/4 倍濃度のアゾカゼイン溶液を作製する. これを繰り返して，濃度が 1/2 ずつ減じた希釈系列を作る. 液

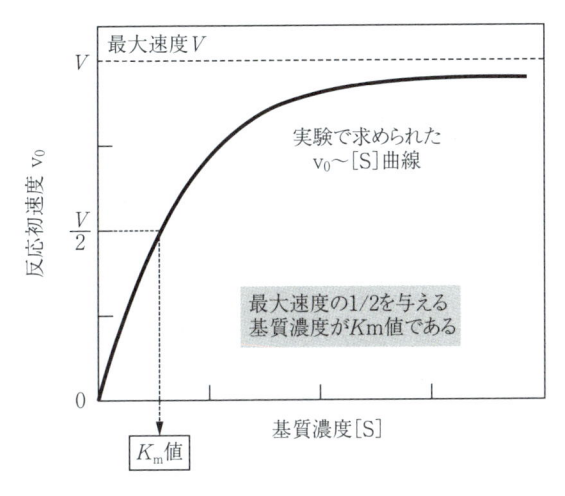

図2　酵素反応初速度に及ぼす基質濃度の影響
　　　（V と K_m 値の関係）

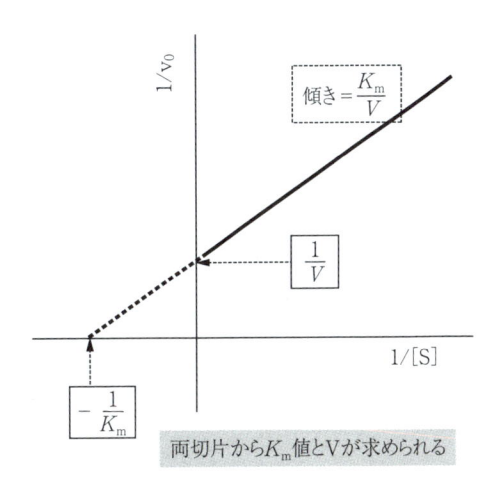

図3　ラインウェーバー・バークのプロット（両逆数プロット）

　　量をあわせるため，最後の反応管から 2 mL をとるのを忘れないこと．

❷各濃度のアゾカゼインについて 10 分間の酵素反応を行う．反応の開始は，酵素の添加で行なうので，酵素を除く反応混液を調製後，30℃にインキュベートしておき，氷冷しておいた酵素を加えて混ぜ，正確に 10 分間反応させる．酵素の予備保温は省略する．

❸各基質濃度について反応初速度 v_0（unit/mg）を求める．

❹反応初速度 v_0（unit/mg）と基質濃度 [S]（mg/mL）の関係をグラフに描く（図2）．この時の基質濃度には，酵素反応中の終濃度を用いる．

❺次に $1/v_0$ と $1/$[S] の関係（両逆数プロット）をグラフに描き，K_m 値と Vmax を求める（図3）．

◆**酵素反応速度論**

　酵素反応は 2 つの素反応よりなり，酵素反応初速度 $v_0 = k_2$[ES] である（k_2 は速度定数）．

$$E + S \underset{k_{-1}}{\overset{k_1}{\longleftrightarrow}} ES \overset{k_2}{\longleftrightarrow} E + P$$

　酵素反応中 ES 濃度は一定（定常状態）なので，ES 生成速度：k_1[E][S] = ES 分解速度：k_{-1}[ES] $+ k_2$[ES] である．ここで①酵素は反応初期を観測するので逆反応の k_{-2} は無視できる，②同じ理由で [S] は不変，③ [E$_0$] = [E] + [ES]，と考えると（[E$_0$] は酵素初濃度），

$$v_0 = k_2[ES] = \frac{k_2[E_0][S]}{K_m + [S]} = \frac{V_{max}[S]}{K_m + [S]} \qquad \left(K_m = \frac{k_{-1} + k_2}{k_1} \right)$$

となる（k_2[E$_0$] = Vmax）．これをミカエリス・メンテン式という．ここで両辺の逆数をとると，

$$1/v_0 = K_m/V \cdot 1/[S] + 1/V$$

と変形できる．

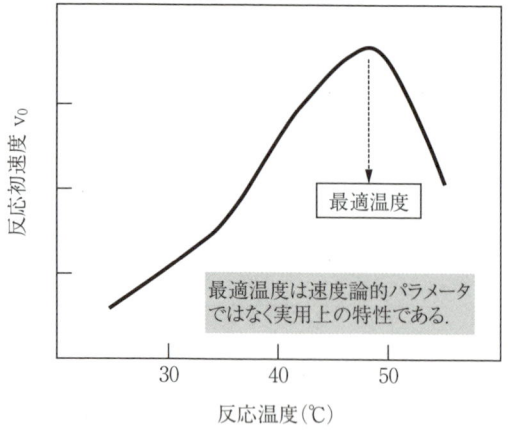

図4 酵素反応初速度に及ぼす反応温度の影響

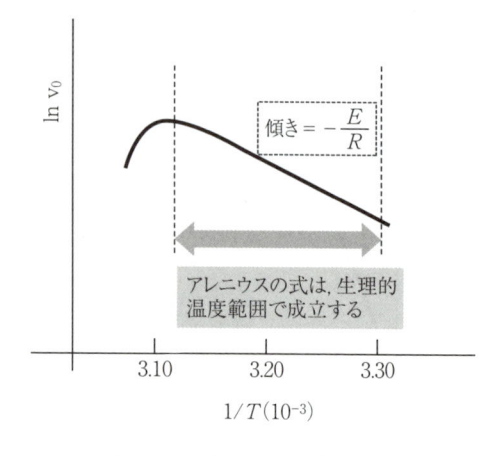

図5 アレニウスプロット

【4】酵素反応初速度に及ぼす反応温度の影響（活性化エネルギーの測定）

酵素反応は化学反応であるから反応温度の影響を受ける（図4）．一方，酵素はタンパク質でもあるので熱により不可逆的な変性がおこると失活する．ここでは，α－キモトリプシンの活性に及ぼす反応温度の影響を調べる．ついで，失活が見られない温度域において，反応速度 v_0（unit/mg）と温度の関係をアレニウスプロットに変換し，酵素の活性化エネルギー（E）を求める（図5）．活性化エネルギーはそれぞれの酵素に固有の値である．

❶予め恒温槽を 30, 35, 40, 45, 50, 55℃ にしておく．

❷各温度の恒温槽で10分間の酵素反応を行う（酵素添加で反応を開始する）．

❸各反応温度における反応初速度 v_0（unit/mg）を求める．反応温度は温度計で実測する（実験を通じ同一の温度計を使う）．

❹反応初速度 v_0（unit/mg）と反応温度（℃）の関係をグラフに描き反応最適温度を調べる（図4）．

❺活性の対数値（$\ln v_0$）と絶対温度の逆数（$1/T$）の関係をグラフに描き，どの範囲で直線関係が成立するか確認する（図5）．このグラフをアレニウスプロットという．ここでは速度定数 k を反応初速度 v_0 で表すことにする．ここで ［P］がモル濃度で計測できるように酵素反応に合成基質等を用いると v_0（V）を M・s^{-1} で表すことができ，これを酵素濃度 ［E_0］（M）で除すると速度定数 k（s^{-1}）を求めることができる．

❻アレニウスプロットの直線部分（図5の↔で示した部分）の傾きから活性化エネルギー（E）を求める．

◆アレニウスプロット

アレニウスは反応温度と反応速度の量的関係について以下の実験式を得た（アレニウスの式）．

$$k = A\, e^{\left(-\frac{E}{RT}\right)}$$

ここで k は反応速度定数，E はアレニウスの活性化エネルギー，R は気体定数，T は絶対温度（K），

A は頻度因子である． $R = 8.31\ \mathrm{J \cdot K^{-1} \cdot mol^{-1}}$ （$1.98\ \mathrm{cal \cdot K^{-1} \cdot mol^{-1}}$），$0℃ = 273.15\mathrm{K}.$

両辺の対数をとると，$\ln k$ と $1/T$ が傾き $-\dfrac{E}{R}$ の直線として表される．

$$\ln k = -\frac{E}{R} \cdot \frac{1}{T} + \ln A$$

【5】酵素反応初速度に及ぼす反応 pH の影響

❶ pH 5.5 ～ 9.0 の緩衝液を調製する．緩衝液の濃度は標準的活性測定法に準じる．

pH 7.0 ～ 9.0 はトリス塩酸緩衝液を用いることができる．pH 5.5 ～ 7.0 は，グッドの緩衝液（株式会社同人化学研究所）のうち MES などを用いると良い．グッドの緩衝液の調製方法はメーカーのマニュアルに従う．

❷ 各緩衝液を用いて反応混液を調製し．30℃の恒温槽で 10 分間の酵素反応を行う（酵素添加で反応を開始する）．

❸ 各反応 pH における反応初速度 v_0 を求める．

❹ 反応初速度 v_0（unit/mg）と反応 pH の関係をグラフに描き反応最適 pH を調べる（図 6）．

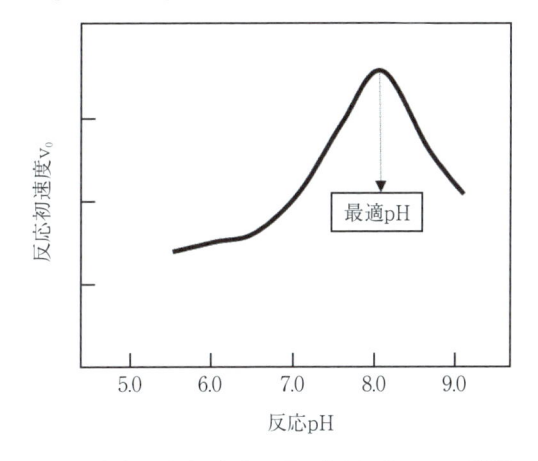

最適pH

図 6　酵素反応初速度に及ぼす反応 pH の影響

■安全管理上の配慮

1. 過塩素酸（PCA）を誤って飲み込まないよう十分に注意する．万が一，PCA が口に入った場合は速やかに腔内を真水で洗浄し，医療機関にて処置する．操作が不慣れな場合は，安全ピペッターを利用するとよい．

2. 使用後のろ紙は PCA を含んでいるため，取扱いに注意して沈殿物ごと非金属製のごみ箱に捨てる．強酸なのでステンレス製流し台などに放置すると錆びる．

4．ATP 関連化合物の抽出と鮮度判定

　魚貝類は鮮度が大切だといわれるが，この「鮮度」という言葉には明確な学術的定義はない．それゆえ，時として曖昧に用いられ誤解を生ずることが多い．鮮度という言葉には2つの異なる意味が含まれている．1つはいわゆる「生きのよさ」で，魚貝類を生食する場合の生鮮度を指す．もう1つは食品としての安全性を意味し「腐敗」の程度を示す．現在，様々な鮮度判定法が存在するが，最も代表的な「生きのよさ」の判定指標は，魚肉中の［ATP分解生成物総量］に対する［イノシンとヒポキサンチンの合計量］の百分率，すなわちK値である．腐敗の程度を示すものには，生菌数，揮発性塩基窒素（VBN），トリメチルアミン（TMA）量などがある．これらの鮮度判定法はそもそも尺度の違うものであり，使用目的に合わせた判定法の選択が必要である．

■目的

　魚類筋肉からATPおよびその関連化合物を抽出し，各成分をイオン交換クロマトグラフィーやHPLC（High performance liquid chromatography，高速液体クロマトグラフィー）を用いて分離・定量して，生きの良さの尺度として用いられるK値を算出する．

■K値の定義と原理

　K値は北海道大学の新井ら（当時）により提唱された鮮度判定指標で，下記の定義で算出する．

$$K 値（\%）= \frac{イノシシ＋ヒポキサンチン}{ATP＋ADP＋AMP＋IMP＋イノシシ＋ヒポキサンチン} \times 100 \quad \cdots（式1）$$

　魚の死後，筋肉中のATPは主に図1の経路で分解される．触媒する酵素は，①アデノシントリホスファターゼ（ATPase，EC 3.6.1.3），②アデニル酸キナーゼ（EC 2.7.4.3），③ AMP デアミナーゼ（EC 3.5.4.6），④5'−ヌクレオチダーゼ（EC 3.1.3.5），⑤プリンヌクレオシドホスホリラーゼ（EC 2.4.2.1）である．AMP デアミナーゼの活性が強いので IMP（5'−イノシン酸）までは死後，比較的速やかに進行するが，以降の反応は遅いので一時的に IMP が蓄積する．

　K値の最も優れた点は，これが官能検査の結果とよく一致することである．ATP関連化合物の生成パターン，つまりK値の原理が魚種によらず同じで汎用性がある点も良い．一方，変化に要する時間は魚種に大きく依存するので，魚種間で数値を比較することはできない．また漁獲時に乳酸蓄積量が多いと，ATP分解酵素群が阻害されK値が鮮度を反映しない．K値を利用する時は，

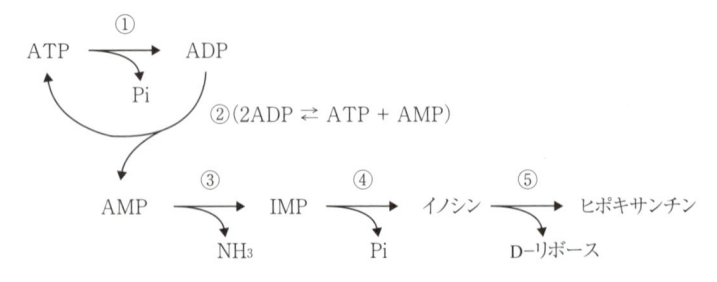

図1　魚類筋肉中の ATP 分解経路

これらの特性を良く理解して用いることが肝要である.

■試薬・器具

試薬

10%（w/w）過塩素酸（PCA），5%（w/w）PCA：市販の 60%（w/w）PCA（比重 1.54）から調製する.

10 M KOH, 1 M KOH

2 M HCl

2 M NaOH

溶媒 I（0.002 M HCl）

溶媒 II（0.01 M HCl—0.6 M NaCl）

25％アンモニア水（市販品）

器具・機器

50 mL ポリ遠沈管（ディスポーザブル），ガラス棒，ホールピペット（10 mL），メスピペット（5, 10 mL），クロマト管（径 12 mm × 40 cm），スクリューコック（ホフマン式，幅 40 mm），ピンチコック（モール式，幅 40 mm），脱脂綿，Dowex 1－X8（イオン交換樹脂），pH 試験紙（TB，BTB，BCG），三角フラスコ（100 mL），石英セル，遠心分離機，紫外分光光度計，包丁，まな板.

■操作手順

【1】ATP 関連化合物の抽出操作

❶試料魚は購入後，実験開始直前まで冷蔵保管しておく．普通筋約 5 g を採取する（血合筋，皮，骨などを入れないこと）．採肉時に体温や室温で魚肉があたたまると筋肉中の酵素反応が促進されるので，除タンパク操作（過塩素酸を入れる）まではなるべく手早く処理する.

❷包丁などで細かく切りミンチ状にする．これを 50 mL 容ポリ遠沈管に入れ 10% PCA を 10 mL 加えてガラス棒でよくつぶしながら攪拌する．ここで抽出と除タンパクを行う.

❸バランスを合わせて，遠心分離する（およそ 1,000 × g で 5 分間，汎用のスイング型遠心分離機で 3,000 rpm 程度，冷却は特に必要ない）.

❹得られた上清を三角フラスコ（100 mL）などに保存する．続いて遠沈管中の沈殿に 5% PCA を 15 mL 加えて攪拌する（再抽出）.

❺同様にバランスを合わせて遠心分離する（1,000 × g で 5 分間）．ここで得られた上清を❹の上清と合わせる．沈殿は遠沈管ごとポリ容器などに捨てるのが安全である（法令に違反しない場合）.

❻イオン交換クロマトグラフィー用の試料とするため，得られた上清を KOH で中和する．はじめ 10 M KOH で，次いで 1 M KOH で中和し pH 7.0 〜 8.0 に調整する（TB 試験紙，次いで BTB 試験紙で pH を確認する．pH 9.0 以上は不可）.

❼難溶性の過塩素酸カリウムの白色沈殿が生じるので，そのまま冷蔵庫で一晩静置または 2 時間ほど氷冷して十分に沈殿させる.

❽底部に白色の沈殿を生じるので,透明な上清を静かに別の容器に移す（必要な分量だけでよい）. もし上清の pH が酸性の場合は 25%アンモニア水を 1 滴添加する.

【2】K 値の測定（簡便法）

　簡単なイオン交換クロマトグラフィーを使用し K 値を測定する. まずカラムを準備する. クロマト菅は片方の先端を細く加工し, 先を斜めにカットしたシリコンチューブを付ける（図 2 の網掛け部分）.

◆カラムの作製

❶脱脂綿を脱イオン水でぬらし, 空気が入らないようにクロマト管底に詰める（図 2）. あまり固く詰めすぎないこと.

❷ Dowex 1－X8（官能基に –CH$_2$N$^+$（CH$_3$）$_3$ を有する強アニオン樹脂）約 3 g を 50 〜 100 mL の脱イオン水に懸濁し水になじませる.

❸クロマト菅を鉛直に固定し樹脂を懸濁させながら流し込む. 樹脂層に気泡が閉じ込められないように注意し約 3 〜 5 cm の高さに樹脂を充填しカラムを作製する. 樹脂上面に脱イオン水が残っている状態でシリコンチューブをピンチコックで挟み滴下を止める.

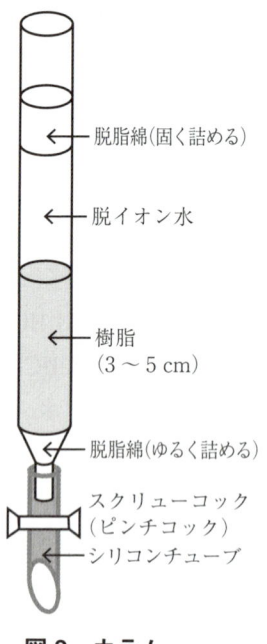

脱脂綿(固く詰める)
脱イオン水
樹脂
（3 〜 5 cm）
脱脂綿(ゆるく詰める)
スクリューコック
（ピンチコック）
シリコンチューブ

図 2　カラム

◆樹脂の前処理

❹ホールピペットで 2 M HCl 10 mL を流し, ピンチコックを外して滴下を開始し樹脂を洗浄する.

❺続いて樹脂上面が枯れない（少し液体が残っている）うちに脱イオン水を 50 〜 100 mL 流し樹脂を中性にもどす. 溶出液が pH 6.0 位になるまで洗浄する（初め TB 試験紙で, 次いで BCG 試験紙で pH を確認する）.

❻❹と同様に 2 M NaOH 10 mL を流し樹脂を OH 型にする.

❼❺と同様に脱イオン水を流し, 溶出液が pH 8.0 位になるまで洗浄する（TB, 次いで BTB 試験紙で確認する）.

❽❹と同様に 2 M HCl 10 mL を流して樹脂を Cl 型とする.

❾❺と同様に脱イオン水を流し pH 6.0 〜 7.0 位になるまで十分に洗浄する（TB, 次いで BCG 試験紙で確認する）. 滴下を止め樹脂上面に脱イオン水を満たしておく. 操作❺, ❼, ❾の終了時であれば, 操作を一時中断して差し支えない.

◆試料の負荷・分画

❶カラム内に気泡のないことを確認する. 一旦, 上端まで脱イオン水を満たし, 湿らせた脱脂綿を固く詰め, ピンチコックを外してから, 樹脂界面の上方 5 〜 7 cm 位のところまでメスピペットなどを利用して押し下げる. 脱イオン水を入れ, 脱脂綿の上部の水が溶出した後, 自動的に滴下が停止することを確認する(樹脂上面と上部脱脂綿の間は脱イオン水が満ちた状態にする).

❷スクリューコックを調整し, 流速 2.5 〜 3.3 mL/ 分とする.

❸三角フラスコ（100 mL）をカラム出口にセットする.

❹メスピペットで中和した上清 3 mL をカラムに負荷する.

❺次いで溶媒 I を 10 mL ずつホールピペットで 4 回, カラム内壁を洗うように流す. ここまで

の溶出液（試料＋溶媒 I）を全て三角フラスコに分取する（Fraction A）.

❻同様に溶媒 II を 40 mL 流し，溶出液を三角フラスコに分取する（Fraction B）.

◆ K 値の測定

❼Fraction A, B の 250 nm における吸光度（A_{250}）を測定する．吸光度が高すぎる場合は適宜希釈して測定する.

❽K 値は（式 2）で求める．ただし Fraction A, B の吸光度はそれぞれの実際の容量分を補正する必要がある（例えば Fraction A の吸光度に 43/40 を乗じ補正する）.

$$K 値（\%） = \frac{Fraction A の A_{250}}{Fraction A の A_{250} + Fraction B の A_{250}} \times 100 \quad \cdots （式 2）$$

◆簡易法の原理（吸光値の比だけで K 値が求められる理由）

K 値を正確に求めるには ATP 〜ヒポキサンチンそれぞれの濃度を求める必要がある．しかし市場に流通している生鮮魚の大部分は死後硬直からしばらく経過したもので，主成分は IMP とイノシンと考えられる．そこで K 値を（式 3）のように近似する.

$$K 値（\%） = \frac{イノシン}{イノシン ＋ IMP} \times 100 \quad \cdots （式 3）$$

つまり Fraction A はイノシン，Fraction B は IMP が主成分と考える．ここで IMP とイノシンの 250 nm におけるモル吸光係数はともに 12,400（酸性および中性域）なので，吸光度比がモル濃度比となり K 値が計算できる．250 nm は IMP，イノシンの極大吸収波長である．当然，ヒポキサンチンを多く含む場合や図 1 で AMP 以前の成分が残存する高鮮度魚では，この簡便法は誤差が大きくなる．このような場合は以下の HPLC 法で全成分を定量する.

【3】K 値の測定（HPLC 法）

正確な K 値を求めるには HPLC 分析などで各成分を分離・定量する．下記に分析の一例を示す．[1] で調製した抽出液を下記 HPLC で分析する場合は，脱イオン水で 2/3 に希釈すると丁度よい．念のため HPLC 分析用に少し改変した抽出法を次に示す.

◆試薬

10%（w/w）過塩素酸（PCA）

10 M KOH, 1 M KOH

0.1 M リン酸ナトリウム緩衝液（pH 3.0）：0.2 μm のセルロースアセテートフィルターでろ過しておく.

◆器具・機器

50 mL ポリ遠沈管（ディスポーザブル），ガラス棒，ホールピペット（10 mL），自動ピペット（1000 μL），万能 pH 試験紙，HPLC システム，分析用カラム：Shodex Asahipak GS-320 HQ など，0.2 μm セルロースアセテートフィルター，ポリシリンジ（5 mL），オートサンプラー用バイアル.

◆試料の抽出（HPLC 分析用）

❶[1] と同様に生鮮魚の普通筋を約 3 g 採取する.

❷包丁などでミンチ状にして，50 mL ポリ遠沈管に入れ，10% PCA を 10 mL 加えてガラス棒でよくつぶす．ここでエキス成分の抽出と除タンパクを行う．

❸10% PCA を 10 mL 追加してよく撹拌する．さらに 10% PCA を 10 mL 追加してよく撹拌する（このようにして，10% PCA を合計 30 mL 添加する）．

❹もう 1 本のポリ遠沈管に脱イオン水を入れて，天秤でバランスを合わせる．この 2 本のポリ遠沈管を遠心分離する．遠心分離の条件は，およそ1,000 × gで5分間とする．冷却は特に必要ない．

❺得られた上清を新しい 50 mL ポリ遠沈管に移す．沈殿は遠沈管ごとポリ容器に捨てるのが安全である（法令に違反しない場合）．

◆試料液の調製

❻HPLC 用の試料とするため，得られた上清を KOH で中和する．はじめ 10 M KOH を 2 mL（1 mL × 2 回）入れ，万能 pH 試験紙を用いて pH を確認する（橙色）．次いで 1 M KOH を 4 mL（1 mL × 4 回）入れ同様に pH を確認する．その後は 1 M KOH を 0.5 mL ずつ入れ pH を確認する作業を繰り返し，最終的に pH 8.0 付近（深緑色）に調整する．

❼そのまま冷蔵庫で一晩静置または 2 時間ほど氷冷し，十分に過塩素酸カリウムの沈殿（白色）を生じさせる．

❽透明な上清を 0.2 μm のセルロースアセテートフィルターに通し微粒子を除去する（5 mL 容量のポリシリンジを用いてろ過する）．

❾フィルターを通した上清 1.0 mL を自動ピペットを用いてオートサンプラー用のバイアルに移す．

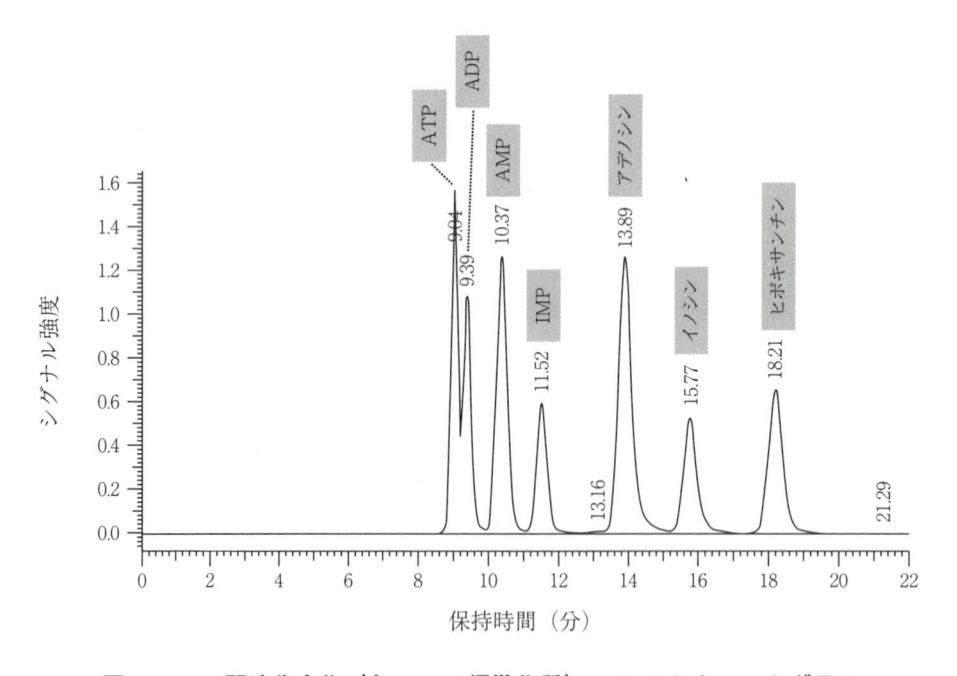

図 3　ATP 関連化合物（各 1 mM 標準物質）の HPLC クロマトグラム

表 1　HPLC 分析結果のまとめ（例）

成分	保持時間 （min）	面積 × 10^{-6} （標準物質, 1.0 mM）	面積 × 10^{-6} （分析試料）	試料液中の濃度 （mM）
ATP	9.04	13.86	0.40	0.03
ADP	9.39	16.76	0.56	0.03
AMP	10.37	16.39	0.40	0.02
IMP	11.52	6.74	4.16	0.62
アデノシン *	13.89	17.25	–	–
イノシン	15.77	8.71	1.67	0.19
ヒポキサンチン	18.21	6.59	0.04	0.01

* アデノシンは魚類筋肉では通常検出されない.

◆ HPLC 分析

❿ バイアルをオートサンプラーにセットし，以下の条件で分析を行う.

> 溶出液　：0.1 M リン酸ナトリウム緩衝液（pH 3.0）
>
> 流　速　：1.0 mL/min　　　試料量　：20 μL　　　カラム温度：40℃
>
> 検出波長：260 nm　　　　　溶出時間：20 min

⓫ 分析が終わったら標準物質と試料液の分析チャートを比較して，保持時間とピーク形状を総合的に判断してどの成分が溶出されているかを確認する. 次いで，検出された各成分の濃度を面積比から計算する.

⓬ （式 1）に各成分の濃度を代入し，K 値を算出する.

◆ 各成分の含有量（μmol/g 筋肉）を求めるには，（1）魚肉重量の 9 倍の PCA で抽出し（正確に 10 倍希釈する），添加した KOH の体積分を補正する，または（2）十分な PCA で徹底的に抽出後，中和した抽出液を定容するなどの工夫が必要である.

■ 安全管理上の配慮

1. 過塩素酸は劇物ではないが，5% でも皮膚への刺激性が強いので，白衣，手袋，安全メガネを着用して取り扱う.

2. 2 M NaOH を調製する際は溶解熱により高温になるので冷却する. ドラフト内での操作が望ましい.

3. 10 M KOH は高濃度のアルカリ溶液で危険なので，安全ピペッターや自動ピペットを使用する. 皮膚などに付着した場合は，速やかに多量の真水で洗浄し，医療機関にて処置する.

■ 参考文献

T. Saito, K. Arai and M. Matsuyoshi；*Bull. Jap. Soc. Sci. Fish.* 24, 749–750（1959）.

K. Arai, T. Saito；*Nature*, 192, 451–452（1961）.

5. 缶詰・レトルト食品における殺菌効果の評価

■目的

　容器包装詰加圧加熱殺菌食品（缶詰やレトルト食品）は，「pH 4.6 を越え，かつ水分活性が 0.94 を越えるものにあっては，その中心部を 120℃で 4 分間加熱する方法，またはこれと同等以上の効力を有する方法で加熱殺菌すること」が定められている（厚生省告示第 370 号：食品，添加物等の規格基準）．加熱殺菌工程がこの規格基準を満たすことを証明するには，殺菌効果を算出して規格基準と比較する必要がある．本項では，任意の加熱条件下における殺菌効果の評価法を学ぶ．

■加熱殺菌理論

【1】微生物の耐熱性指標と致死率

　微生物を加熱すると，その生菌数は指数関数的に減少する．そこで，生菌数を一定温度下で 1/10 に減少させる加熱時間（D 値：分）と，D 値を 1/10 に低減させるための温度変化（Z 値：℃）が，微生物の耐熱性指標として用いられる．このとき，任意の温度（T_i）における殺菌効果（致死率：L_i）は，基準温度（Tr）における殺菌効果を 1 とした相対値として式 1 で表すことができる．

$$L_i = 10 \left[\frac{T_i - T_r}{Z} \right] \quad \cdots \text{（式 1）}$$

　缶詰・レトルト食品の加熱殺菌における Li は，ボツリヌス菌耐熱芽胞（Z = 10；缶詰・レトルト食品においてもっとも留意すべき食中毒菌）を対象とし，また Tr は 121.1℃（華氏 250 度）と定められている．

【2】加熱殺菌効果の解析

　食品製造分野では，任意の温度履歴下における加熱殺菌効果を F 値（殺菌効果の評価指標）と称し，基準温度における殺菌効果に対する相対値で表す．特に 121.1℃ を基準温度とした加熱殺菌効果を，F_0（エフゼロ）値と称する．

　微生物の殺菌は不可逆反応なので，式 1（T_r=121.1℃）で算出した L_i を時間積分すれば，加熱工程全体での殺菌効果（F_0）が算出できる（式 2）．

$$F_0 = \sum_{i=1}^{n} (L_i \times t_i) \quad \cdots \text{（式 2）}$$

　ここで t_i は温度の測定間隔（任意：通常は 1 分間隔）である．また L_i は 100℃以上の値を採用する．

　式 1 において T_r =121.1℃ の L_i を 1.000 とすると，120℃の L_i は 0.776 となるので，食品，添加物などの規格基準で要求された 120℃で 4 分間の殺菌効果は，121.1℃ では 3.1 分間で得られる．そこで任意の加熱殺菌工程における F_0 を算出し，これが 3.1 を越えていれば，上記の規格基準を上回る殺菌効果が得られたと評価できる．

　温度履歴から L_i の経時変化を求めて殺菌効果を算出した例を，表 1 に示す（例示のため 5 分間

隔でデータ収集している）．この例では F_0 値は 4.0 となり，規格基準を満たしている．

表1　温度履歴からの致死率と Fo の算出

加熱時間 （分）	缶中心温度 （℃）	致死率 （Li）	$Li \times \Delta T$ （$\Delta T = 5$）	$\Sigma (Li \times \Delta T)$ （F_0）
0	21.4	0	0	0.0000
5	40.6	0	0	0.0000
10	65.3	0	0	0.0000
15	86.5	0	0	0.0000
20	102.1	0.0126	0.0630	0.0630
25	108.3	0.0525	0.2625	0.3255
30	110.5	0.0871	0.4355	0.7610
35	110.4	0.0851	0.4255	1.1865
40	110.9	0.0955	0.4775	1.6640
45	110.7	0.0912	0.4560	2.1200
50	110.7	0.0912	0.4560	2.5760
55	110.5	0.0871	0.4355	3.0115
60	110.2	0.0813	0.4065	3.4180
65	109.8	0.0741	0.3705	3.7885
70	106.3	0.0331	0.1655	3.9540
75	102.1	0.0126	0.0630	4.0170
80	94.2	0	0	4.0170
85	85.8	0	0	4.0170

■装置

次に示す装置類を用意して図1のような実験系を準備する．

温度センサーが装着可能な高圧殺菌装置（以下，レトルト装置）．容器内に収納できる耐熱性の
　　超小型温度記録装置（データロガー）があれば，通常の高圧蒸気殺菌装置でも実験が可能．

温度記録装置（温度センサー，缶・レトルトパウチへのセンサー装着用器具，超小型温度記録装
　　置など一式）

食品容器（缶，レトルトパウチ）およびその密封装置（巻締装置，ヒートシーラーなど高圧殺菌
　　機の仕様に合わせて準備）

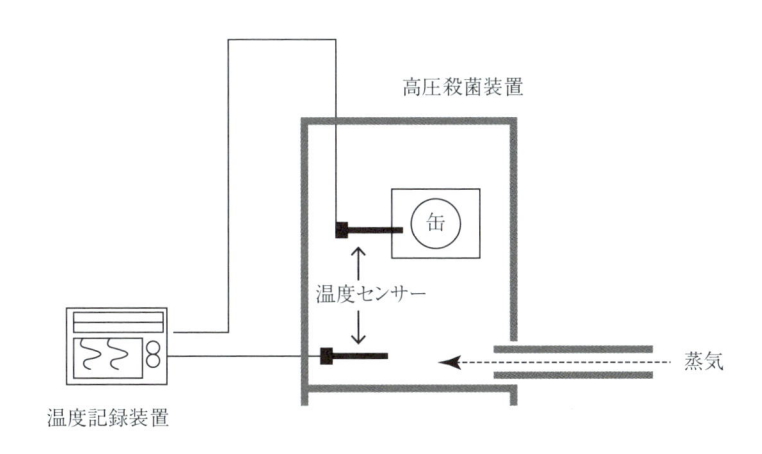

図1　測定装置の配置図

■操作手順

容器に充填・密封した食品を高圧加熱殺菌し，容器中心の温度履歴から F_0 値を算出する．サケの水煮缶詰を例にして，実験手順を述べる．

❶空缶（JIS 規格，平 2 号缶）にサケの肉を隙間なく充填・密封後，缶中心部の温度が測定できるように温度センサーを装着する．複数の測定缶を用意するとともに，高圧殺菌装置内の温度も同時に測定する（図 1）．温度変化は 1 分間隔でモニタリングする．

❷高圧殺菌装置の庫内温度を 115℃（任意）に設定し，蒸気（あるいは熱水）を導入する．庫内温度が 115℃に達したら，さらに加熱を 70 分間継続する．

❸加熱終了後，装置に応じた方法で速やかに冷却する．温度計測は缶内温度が 100℃以下になるまで継続する．

❹温度データを回収し，食品と高圧殺菌装置内部の温度履歴曲線を作成する．

❺表 1 を作成する．（式 1）を用いて缶内の温度変化に対応した Li を求めた後，それを時間積分して F_0 を算出する．

表 1　F_0 を算出するためのデータシート

加熱時間	温度　（℃）		致死率	$Li \times \Delta T$	$\Sigma (Li \times \Delta T)$
（分）	装置庫内	缶中心	（Li）	（ΔT= 測定間隔）	（F_0）
0					0
1					:
2					:
:					:
:					:
測定終了					F_0

❻測定終了時点の F_0 値を用いて殺菌効果を評価する．F_0=3.1 を越えていれば「殺菌条件が規格基準を満たしており，微生物学的安全性が確保された」と判断する．

■安全管理上の配慮

高圧殺菌装置の運転操作に習熟するとともに，日常点検をおこなうこと．

■参考図書

日本缶詰びん詰レトルト食品協会編；缶詰手帳，日本缶詰びん詰レトルト食品協会（2017）．

小泉千秋・大島敏明編：水産食品の加工と貯蔵，恒星社厚生閣（2005）．

島　一雄ら編；最新水産ハンドブック，講談社（2012）．

ボツリヌス菌を対象とした安全性確保

■ボツリヌス菌

ボツリヌス菌（*Clostridium botulinum*）は，遊離酸素がほとんど存在しない環境で生育する(偏性嫌気性)グラム陽性桿菌である．海洋，河川，土壌に広く分布し，100℃加熱では容易に失活しない耐熱性芽胞を形成する．ボツリヌス菌の芽胞は，無酸素下で出芽して栄養型（通常の細菌）となり，増殖して菌体外に毒素を分泌する．

■ボツリヌス菌毒素

分子量150,000のタンパク質．筋肉運動を司る神経系において，アセチルコリン（神経伝達物質）の放出を抑制するので，筋肉が麻痺して呼吸不全が誘発される．自然毒素中で最強といわれる．なお，ボツリヌス毒素の耐熱性は低く，80℃，30分間の加熱で失活する．

■ボツリヌス食中毒（ボツリヌス症）

食品の品質劣化を抑制するための真空パック，ガス置換，脱酸素剤の使用は，無酸素状態が維持されることでボツリヌス菌芽胞の発芽を促す恐れがある．これまで，真空パックの辛子レンコン，ハヤシライスの具材，ニシンのいずし，里芋の缶詰，オリーブ瓶詰めなどでボツリヌス食中毒が起きている．ボツリヌス食中毒の死亡率は5～10%であるが，かつては20%以上に達することもあった．

■ボツリヌス菌の芽胞を対象とした安全性確保

缶詰・レトルト食品の殺菌条件は，ボツリヌス菌が生産する耐熱性芽胞の危害排除を目的としている．120℃，4分間という殺菌基準は，ボツリヌス菌の耐熱芽胞の殺菌に，そのD値の12倍の時間をかけることで安全性を担保している（12Dの概念）．これは初発の芽胞（細菌）数を$1/10^{12}$まで低減させるという強力な殺菌条件である．具体的には10^6個（起こりうべき汚染レベル）の芽胞を，計算上は10^{-6}個まで低減させる条件で，実用上の完全殺菌を意味する．

■加熱殺菌条件と食品の品質

食品加熱殺菌工程は，同時に調理工程である．過度の加熱殺菌は食品の風味劣化や退色を引き起こすので，殺菌条件は製品の品質を考慮しながら設定される．なお魚肉缶詰の場合は，$F_0=3.1$を越えて脊椎骨が食べられるまで加熱調理を行う必要がある（サケ水煮缶詰では，F_0がおおむね10を越える）．また，致死率とΣ Liの経時変化をそれぞれグラフ化すれば，品質の改善や工程管理に活用することができる．

6. 核酸の分析による魚種判別

核酸はリボ核酸（RNA）とデオキシリボ核酸（DNA）からなり，生命情報の保存・複製・発現を担う，すべての生物が普遍的にもつ生命鎖である．その塩基配列は生物種に特有なため，配列解析により種の識別が可能で，また領域により同種内地域集団や個体間でも異なる．塩基配列の違いを検出する技術により，外観からは原材料の特定が困難な加工済み食品でも，使用される食材やその産地の偽装の有無を検査することが可能であり，食の安心・安全を担う重要な技術となっている．

■目的

身近な食材からDNAを抽出し，これを用いた食品検査技術の一端に触れることで，核酸についての理解を深める．水産食品として重要な魚類を対象とした，DNAの抽出，およびPCR-RFLP法による種判別について紹介する．

■理論

PCR（polymerase chain reaction，ポリメラーゼ連鎖反応）は微量のDNAから特定の領域を増幅可能な技術で，極めて応用性が高く，分子生物学的研究においては不可欠な技術である．RFLP（restriction fragment length polymorphism, 制限酵素断片長多型）法は，DNAの特定の配列を認識・切断する酵素（制限酵素）により切断されたDNA断片長のパターンに基づく，多型を検出する技術で，塩基配列の解析を行わずとも比較的簡便に遺伝子型の違いを検出可能である．その際，核ゲノムに比べて進化速度の大きいミトコンドリアゲノムは，種間における塩基配列の違いが大きいため，そのコード遺伝子領域をターゲットとする場合が多い．

1)　DNAの抽出（通常）

■試薬・器具

試料

鮮魚数種（表1に記載された科や属もしくは近縁種）

切り身や刺身でも良いが，その切り身・刺身の種名が偽装されている場合を想定し，外観から魚種がわかるものが好ましい．

試薬

DNA抽出用バッファー：10 mM Tris-HCl（pH 8.0），150 mM NaCl, 10 mM EDTA, 0.5% SDS, 1 mg/mL Proteinase K（20 mg/mL のストック溶液［滅菌水もしくは10 mM Tris-HCl（pH 8.0），1 mM CaCl$_2$, 50%グリセロールに溶解］を分注して −20℃に保存しておいたものを実験直前に解凍し添加する）

TE（Tris/EDTA）：10 mM Tris-HCl（pH 8.0），0.1 mM EDTA

TE飽和フェノール溶液（遮光保存）：TEで飽和, 0.1%（w/v）8-ヒドロキシキノリンを含む（調製が煩雑のため，市販品を推奨）．上層はTE，下層がフェノールのため，下層を用いる

PCI（phenol/chloroform/isoamyl alcohol）溶液（遮光保存）：TE飽和フェノール：クロロホルム：

表1　PCR-RFLP を利用した魚種判別法で用いられるプライマーおよび制限酵素

対象魚[a]	遺伝子領域[e]	プライマー	増幅長（およそ）	制限酵素
サケ科[b] タラ科[c] メルルーサ科[c] カレイ科[c]	Cyt b	L14735: 5'-AAAAACCACCGTTGTTATTCAACTA-3' H15149: 5'-GCICCTCARAATGAYATTTGTCCTCA-3'	450 bp	*Dde* I, *Hae* III, *Nla* III
マグロ属[d]	ATPase 6 - COIII	L8562: 5'-CTTCGACCAATTTATGAGCCC-3' H9432: 5'-GCCATATCGTAGCCCTTTTTG-3'	900 bp	*Alu* I, *Mse* I, *Mlu*C I (*Tsp*509 I)
サバ属[d]	tRNA-Leu - ND5	LSs1-Leu: 5'-ATCCGCTGGTCTTAGGAACC-3' HSs1-ND5: 5'-CCTTCTCAGCCGATAAATAGTT-3'	500 bp	*Hae* III, *Hin*f I
ウナギ属[d]	16S rRNA	AJ16S1L: 5'-GCCTAGTTATAGCTGGTTGC-3' AJ16S2H: 5'-ATGTTTTTCCTAAACAGGCG-3'	550 bp	*Apa* I, *Hha* I

a：魚種判別に用いられる種名は以下のとおり．サケ科（サケ，ギンザケ，タイセイヨウサケ，ベニザケ，マスノスケ，カラフトマス，サクラマス，オショロコマ），タラ科（タイセイヨウダラ，マダラ，シロイトダラ，コダラ，スケトウダラ，ホワイティング），メルルーサ科（ヨーロピアンヘイク，*Merluccius paradoxus*，ホキ），カレイ科（プレイス），マグロ属［太平洋クロマグロ，大西洋クロマグロ，ミナミマグロ，メバチ（αタイプ），メバチ（βタイプ），キハダ，ビンナガ］，サバ属（マサバ，ゴマサバ，タイセイヨウサバ），ウナギ属［ニホンウナギ（ジャポニカ種），ヨーロッパウナギ（アンギラ種）］．b：Russell *et al.*（2000）より引用・抜粋．c：Dooley *et al.*（2005）より引用・抜粋．d：独立行政法人農林水産消費安全技術センター（FAMIC），独立行政法人 水産総合研究センター公開技術情報（http://www.famic.go.jp/technical_information/hinpyou/index.html）より引用・抜粋．e：いずれもミトコンドリア DNA コード遺伝子領域．Cyt b, cytochrome b; ATPase 6, ATP synthase Fo subunit 6; COIII, cytochrome c oxidase subunit III; ND5, NADH dehydrogenase subunit 5; I, inosine; R, A or G; Y, T or C

　　　　イソアミルアルコール（3-メチル-1-ブタノール）=25：24：1，下層を用いる

エタノール（-20℃で保存）

リボヌクレアーゼ A（RNase A）ストック溶液（DNase フリー）：終濃度 10 μg/mL で使用（10 ～ 100 mg/mL のものを用意）

3 M 酢酸ナトリウム（pH 5.2）

器具

ヒートブロック / インキュベーター（37℃），メス（もしくはカッター刃），回転培養器（もしくはシェーカー），マイクロチューブ（もしくはコニカルチューブ），ブルーチップ（1,000 μL），マイクロチューブ用遠心機（もしくはコニカルチューブ用遠心機），分光光度計，キムワイプ

■操作手順

　複数の魚種を入手後，予備実験的に各魚種の RFLP パターンを一通り確認し，RFLP パターンが得られないなど不適なものは除いておく．本実験時に，各魚種由来の筋肉（普通筋）小片をマイクロチューブなどに入れ，「魚種不明試料」として実験者に配布する．最後に，予備実験での RFLP パターンと比較して魚種を同定する．試料からの DNA の抽出は本項 1）または次項の簡易法（アルカリ溶解法）のいずれかの手法により行う．

❶余分な水分をキムワイプなどで軽く除去した試料魚から，普通筋 5 mm 角片をメスなどを用いて採取し，計量する．魚種ごとに刃を替えること．

❷採取した試料をメスで素早く細断する．

❸試料に対し 10 倍量の DNA 抽出用バッファーを添加し，清潔なはさみで先を切断（口径を大きく）したブルーチップ（1,000 μL 用）で試料片ごと吸い上げ，マイクロチューブもしくは 15 mL コニカルチューブに移す．

❹55℃で 2 時間以上保温する（回転培養器もしくはシェーカーがあれば穏やかに撹拌する．これら機器がない場合は 30 分間ごとに撹拌）．

❺TE 飽和フェノール（下層）を等量添加し，回転培養器もしくはシェーカー（なければ手）を用いて室温で 15 分間穏やかに転倒混和する．

❻遠心分離（2,000 × g, 室温, 10 分間）し，清潔なはさみで先を切断したブルーチップで上層（水層）を丁寧に回収し，新しいチューブに移す．

❼PCI 溶液（下層）を等量添加し，回転培養器もしくはシェーカー（同上）を用いて室温で 15 分間穏やかに転倒混和する．

❽遠心分離（2,000 × g, 室温, 5 分間）し，清潔なはさみで先を切断したブルーチップで上層（水層）を丁寧に回収し，新しいチューブに移す．

❾2 倍量の -20℃保存エタノールを添加し，転倒混和する．

❿遠心分離（10,000 × g, 4℃, 15 分間）し，上清を取り除く．

⓫70%エタノールを 1 mL（マイクロチューブ）もしくは 5 mL（コニカルチューブ）添加し，軽く転倒混和する．

⓬遠心分離（10,000 × g, 4℃, 5 分間）し，上清を取り除く．

⓭フタを開けたチューブを逆さに置き，沈殿が流れ落ちないよう注意して 10 〜 15 分間風乾する．

⓮200 μL（マイクロチューブ）もしくは 1 mL（コニカルチューブ）の TE で沈殿を溶解する．（TE を添加後，しばらく静置して馴染ませてからタッピングやピペッティングで穏やかに溶解）

⓯終濃度 10 μg/mL となるよう RNaseA ストック溶液を添加して混合し，37℃で 1 時間保温する．

⓰❼〜❽の操作を 2 回繰り返す．（ただし転倒混和は 5 分とする）

⓱1/10 量の 3 M 酢酸ナトリウム溶液を添加して混合する．

⓲❾〜⓮の操作を繰り返す．

⓳分光光度計を用いて 260 nm における吸光度 A_{260} を測定し，DNA の収量を確認する．

$$\text{DNA（二本鎖）の濃度（μg/mL）} = A_{260} \times 50 \text{（光路長 1.0 cm の時）}$$

⓴1 〜 5 μL を PCR 反応に用いる．使用まで -20℃以下で保存する．

2）DNA の抽出（簡易法：アルカリ溶解法）

■試薬・器具

試薬

アルカリ溶解液（未調整でおよそ pH 12）：50 mM NaOH，0.2 mM EDTA

中和バッファー：1 M Tris-HCl（pH 8.0）

器具

ヒートブロック（95℃），マイクロチューブ用遠心機，メス（もしくはカッター刃），キムワイプ，マイクロチューブ，氷

■操作手順

❶清潔なメスもしくはカッター刃で，余分な水分をキムワイプで軽く除去した試料魚から普通筋2 mm 角片（25 mg 程度）を採取.

❷マイクロチューブに試料を移す.

❸アルカリ溶解液 180 μL を添加する.

❹95℃で 10 分間保温する.

❺氷上で 2 分間冷やす（試料の温度が 4℃ 程度になればよい）.

❻中和バッファー 20 μL を添加し，よく混和する.

❼遠心分離（10,000 × g，室温，5 分間）し，上清を回収し，新しいチューブに移す.

❽1 μL を PCR 反応に用いる. 使用まで –20℃ 以下で保存する.

なお，ここで得られる DNA は PCR グレードで，サザンブロットなどには不適である.

3) PCR-RFLP 法による DNA 分析

■試薬・器具

試料・試薬

DNA 試料

DNA ポリメラーゼ（dNTP mix および反応バッファー付き）（高正確性でないもの）

　　高正確性 DNA ポリメラーゼ（校正機能あり）はイノシン含有プライマーには不適. 2) アルカリ溶解法で抽出した DNA 試料を対象とする場合，クルードサンプル用 DNA ポリメラーゼ（例えば東洋紡社製 KOD FX Neo）を用いるとよい.

プライマー（表 1）

制限酵素（表 1）

電気泳動用アガロース

エチジウムブロマイド（EtBr）（もしくは SYBR Green などの核酸染色試薬）

装置・器具

サーマルサイクラー（PCR および制限酵素処理に使用）（例えばアナリティクイエナ社製 Biometra TOne サーモサイクラー）

インキュベーター（制限酵素処理の反応温度に対応したもの）

アガロースゲル電気泳動装置（例えばミューピッド社製 Mupid-2plus），核酸染色試薬に対応したゲル撮影装置，0.2 mL チューブ（PCR 用チューブ）

■操作手順

❶使用する DNA ポリメラーゼの付属説明書に従い，目的の種判別に適したプライマー対（表 1）を用いて PCR 反応液を調製する.

例として，一般的な 10 × PCR バッファー付属の DNA ポリメラーゼを用いた反応液組成（1本分）を次に記す.

10 × PCR バッファー	5 μL	
dNTP mix（2 mM each）	5 μL	
プライマー 1（10 μM）	1 μL	
プライマー 2（10 μM）	1 μL	
DNA 試料	1 ～ 5 μL	
DNA ポリメラーゼ	0.5 μL	
滅菌水	32.5 ～ 36.5 μL	
計	50 μL	

　上記組成から DNA 試料分を除いた分で試料数＋3 本分（2 本分は下記 PC および NC1 用，もう 1 本分は予備）のマスターミックスを調製する．PCR マスターミックスを 45 μL ずつPCR チューブに分注後，各 DNA 試料を 5 μL ずつ添加しよく混合する．合わせて，別途与えられた（予備実験で増幅が確認された）試料を鋳型としたポジティブコントロール（PC），DNA を含まないネガティブコントロール 1（NC1），PC と同じ DNA 試料を鋳型とし，プライマーを含まないネガティブコントロール 2（NC2）をそれぞれ 1 本用意する．NC1 は DNA試料の代わりに，NC2 はプライマー溶液の代わりに同量の滅菌水を用いる（マスターミックスはプライマーを含むため，NC2 反応液はこれとは別に調製する）．

❷サーマルサイクラーで PCR を行う．使用するポリメラーゼに推奨された温度サイクルで行えばよいが，ここでは以下のように一般的な 3 ステップでの温度サイクルを示す．

熱変性	94℃	2 分	
熱変性	94℃	30 秒	
アニーリング	55℃	30 秒	40 サイクル
伸長	72℃	30 秒～*	
伸長	72℃	5 分	
終了（保存）	4℃		

　　*目的産物の増幅長（表 1）によって時間を変更する．ポリメラーゼの
　　伸長速度によるが，1 分 /kbp のものが多い．

❸PCR 終了後，反応液（～ 5 μL）をアガロースゲル電気泳動［ゲル濃度 3%（w/v）］に供し，正常に目的産物が増幅されたこと，また NC1・NC2 に増幅産物がないことを確認する．NCで増幅産物がみられた場合はコンタミが考えられるため，混入に気をつけて再度実験を行う．

❹制限酵素反応溶液を調製する．各制限酵素の付属説明書に記載された反応液組成（20 μL 系）を参考に，DNA 試料（PCR 反応液 10 μL 使用）を除いた分で試料数 +2 本（PC 用 1 本分，予備 1 本分）のマスターミックスを調製する．マスターミックスを 10 μL ずつ 0.2 mL チューブに分注後，❷の各 PCR 反応液（PC を含む）を 10 μL ずつ加え，よく混合する．合わせて，制限酵素を含まない反応液（NC，PC と同じ DNA 試料を使用）を別途 1 本用意する．反応開始まで氷上に置く．

❺サーマルサイクラーもしくはインキュベーターを用いて，各制限酵素の付属説明書に記載された反応温度で，同じく記載の反応時間× 1.5 倍以上を目安に制限酵素処理を行う．

❻制限酵素処理後，ただちにアガロースゲル電気泳動［ゲル濃度 3%（w/v）］に供する．NC で増幅断片が消化されていないことを確認し，各試料の RFLP パターンを撮影・記録する．予備実験の結果と比較し，各試料の魚種を推定する．制限酵素処理後，翌日にアガロースゲル電気泳動を行う場合は，試料を −20℃で保存し，解凍後，よく混和してから泳動に供する．

表 1 の魚種の他，アイナメ科魚種，ブリ近縁種・類似魚種，アジ類塩干品の原料原産地，辛子めんたいこの原料魚種 などについても PCR-RFLP による判別法が開発されている（高嶋ら，2014）．

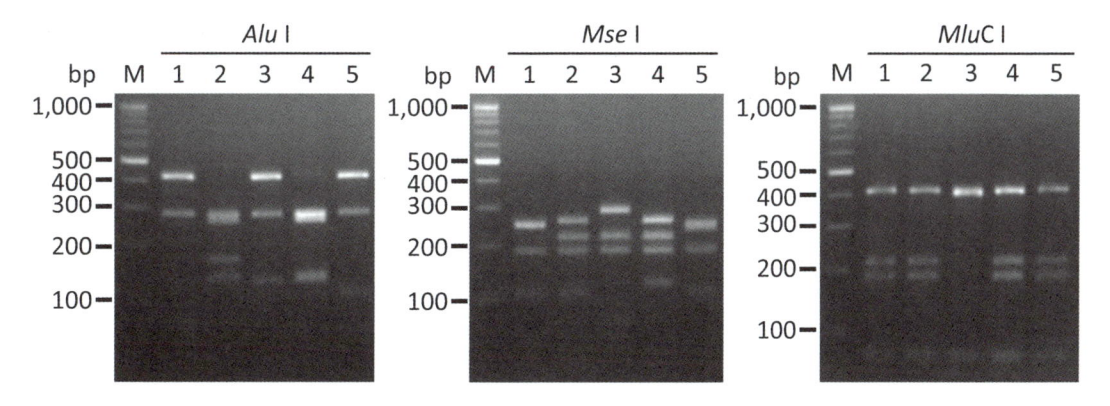

図 1　PCR-RFLP 法による魚種判別結果の例
マグロ属 5 検体の市販刺身（生 / 解凍）を試料に，アルカリ溶解法により DNA を抽出後，KOD FX Neo（東洋紡）を用いて増幅した PCR 産物を各制限酵素で処理した結果を示す．各検体間で切断パターンが異なることがわかる．
M：100 bp ラダーマーカー，1：太平洋クロマグロ［長崎県産（養殖），解凍］，2：大西洋クロマグロ［マルタ産（養殖），解凍］，3：メバチ（沖縄県産，生），4：キハダ（太平洋産，解凍），5：ビンナガ（和歌山県産，生）

■安全管理上の配慮

フェノール，PCI およびアルカリ溶解液は強力なタンパク質変性剤，エチジウムブロマイド（EtBr）は強い発がん性があるため，素肌に触れないよう気をつける．触れた場合は直ちに速やかに石けん水と大量の水でよく洗い流す．

■参考図書

須磨春樹編；バイオ実験イラストレイテッド②遺伝子解析の基礎 第 7 版，秀潤社，pp. 117-121（1999）．

高嶋康晴，井口　潤，浪越充司，山下由美子，山下倫明；*BUNSEKI KAGAKU*，**63**，797-807（2014）．

V.J. Russell, G.L. Hold, S.E. Pryde, H. Rehbein, J. Quinteiro, M. Rey-Mendez, C.G. Sotelo, R.I. Pérez-Martin, A.T. Santos, C. Rosa；*J. Agric. Food Chem.*，**48**，2184-2188（2000）．

J.J. Dooley, H.D. Sage, M.L. Clarke, H.M. Brown, S.D. Garrett；*J. Agric. Food Chem.*，**53**，3348-3357（2005）．

独立行政法人 農林水産消費安全技術センター（FAMIC）；品質表示の確認に係る分析法（http://www.famic.go.jp/technical_information/hinpyou/index.html）

7. バイオインフォマティクス

　生物情報科学と訳されるバイオインフォマティクス（bioinformatics）は，*in silico*（コンピューターの中）で，各種配列・発現解析データから情報科学的手法により生物学的な意味を発掘（mining）する学問・技術である．近年の網羅的配列解析・発現解析技術の発展に伴い，今後も加速度的にビッグデータが蓄積されつつあり，ますます重要となっていく分野である．

■目的

　ゲノム配列は，一見無秩序な4種類の塩基の羅列に見えるが，この中に膨大な情報が隠れている．本項では以下の課題を明らかにする．

　課題1：与えられたゲノム配列に含まれるタンパク質コード遺伝子数およびその配列の推定

　課題2：推定されたタンパク質コード遺伝子につき，一次構造解析および機能推測（既知ドメイン予測，シグナルペプチド推測，細胞内局在予測）

　ここでは生物系の初学者を対象としたバイオインフォマティクスという位置づけで，すべての解析手法は特別なプログラムを必要とせず，オンサイト（フリー）で可能である．また，その他の解析対象として，次世代シーケンサーおよびアレイ解析によるトランスクリプトーム解析や，マススペクトロメトリー（MS）解析によるプロテオーム解析などのビッグデータマイニングにもバイオインフォマティクス的手法が必要であるが，これらには専用ソフトウェア（有料）が必要となる．

■理論

　ゲノムプロジェクトでは，シーケンス解析により得られる無数の短い配列から，配列間の相同領域をもとに繋ぎ合わせるアセンブリ作業により，長短様々な一連の長い配列（scaffold）が数百〜数十万構築される．これら scaffold 配列がどの染色体のどの位置に相当するかは，さらに高度な解析が必要となる．ゲノム配列中にはタンパク質コード遺伝子（CDS）（メッセンジャー RNA，mRNA）が転写される領域，また同転写産物の発現調節領域（プロモーター，エンハンサー領域など）が存在する．mRNA 以外の転写産物は non-coding RNA（ncRNA）と呼ばれ，タンパク質の翻訳に必要なトランスファー RNA（tRNA）やリボソーム RNA（rRNA），また近年，その機能の重要性が明らかになりつつあるマイクロ RNA（miRNA）などがある．タンパク質コード領域はヒトゲノムでは約2%のみが相当する．

　ここでは GENSCAN を用いたタンパク質コード遺伝子予測を課題に行うが，論文を投稿する際には GENSCAN をはじめ，AUGUSTUS など複数の配列予測プログラムを用いたり，他生物種での結果と比較するなど，統合的な解析を行うことで，より正確な予測が必要となる．

■機器・データなど

機器

インターネットに接続可能な一般的なコンピュータ（デスクトップ型／ノートブック型）

データ

100万塩基対以下のゲノム配列データ

高度なゲノム解析が完了したものは染色体（chromosome）レベルでのアセンブリデータとなり，データとしては膨大で手に余る．解析に割ける時間にもよるが，ゲノムプロジェクトが進行中のものの scaffold 1 つ分，もしくは適当なゲノム配列 100 万塩基以下を抜き出して使用するのが適当である．1 つの染色体の情報を数人で小分けして，それぞれを解析して最後に結果をまとめてもよい．

■操作手順

【1】 解析準備

データベースからのゲノム配列取得手法は様々であるが，ここでは "NCBI Genome"（表 1）経由での方法について紹介する．

❶ "NCBI Genome" に入り，"Using Genome" 項の "Browse by Organism" をクリックしてページを移動する．"Genome Information by Organisms" 欄にて対象とする生物種名（英名または学名）を入力し，"Search by Organism" をクリックして検索を開始する（もしくは各タブを操作して，対象とする生物種名を探索してもよい）．

❷ 対象生物種が見つかったら，"Organism/Name" 記載の種名をクリックし，"Organism Overview" ページに移動する．もし scaffold 配列データのダウンロードを意図するのであれば，"Summary" の "Assembly Level" が "Scaffold" であることを確認しておく（染色体配列データは同項目が "Chromosome" となる）．

❸ 次に，同じく "Summary" の "Whole Genome Shotgun（WGS）" に記載の ID をクリックし，移動したページ下部の "WGS_SCAFLD" の ID をクリックする（生物種によっては核ゲノムとミトコンドリアゲノムの 2 種が登録されている場合があるが，"○○‐○○" と記載されているものが核ゲノムのものである）．移動したページは各 scaffold（もしくは chromosome）別での詳細配列ページへのリンクとなる．塩基対数情報が記載されていることから，適当なものを選択してタイトルをクリックして，詳細情報ページに移動して Reference 情報などを確認する．同ページ左上の "GenBank ▼" をクリックし，Format を "FASTA（text）" とすると，FASTA 形式（">" の後に配列の名前，改行後に配列が記載）での配列が現れることから，">" を含めてすべて選択・コピーして，メモ帳（.txt）にペーストする．これを解析対象データとする．

【2】 ゲノム配列からのタンパク質コード遺伝子領域検索

❶ GENSCAN（表 1）サイトを開き，まず "Print options" を "Predicted Peptides Only" に設定し，その他のパラメーターは変更せず，指示されるように配列情報ファイルをアップロードするか，配列を与えられた空欄にペースト後，"Run GENSCAN" をクリックして解析を開始する（検索アルゴリズムなどについては本サイト下部の Reference を参照のこと）．

❷ 結果のページでは，推定されたすべてのタンパク質コード遺伝子のエクソン情報や方向（コード鎖）などが記される．"Predicted genes/exons:" から "Suboptimal exons…" の前までをコピーしてメモ帳（.txt）に保存し，保存ファイルを Excel でスペース区切りデータとして開くと，数値がセルごとに分かれたものとして扱える．エクソン‐イントロン構造図なども作成が可能である．

表1　各配列解析用サイト

サイト	URL	解析の内容と特徴
NCBI Genome	https://www.ncbi.nlm.nih.gov/genome/	ゲノム情報の閲覧，配列取得
GENSCAN	http://genes.mit.edu/GENSCAN.html	タンパク質コード遺伝子転写領域の検索
NCBI BLAST	https://blast.ncbi.nlm.nih.gov/Blast.cgi	相同配列検索
Pfam	http://pfam.xfam.org/	アミノ酸配列中の既知ドメインの検索
SignalP	http://www.cbs.dtu.dk/services/SignalP/	アミノ酸配列におけるシグナルペプチドの推測
TargetP	http://www.cbs.dtu.dk/services/TargetP/	配列ベースの細胞内局在予測
iLoc-Euk [a]	http://www.jci-bioinfo.cn/iLoc-Euk	データベースを用いた細胞内局在既知タンパク質との比較による細胞内局在予測．真核生物用．細菌やウイルスに特化した予測プログラムも有る（開発者 Dr. Xuan Xiao のサイト http://www.jci-bioinfo.cn/# を参照）
AUGUSTUS	http://bioinf.uni-greifswald.de/augustus/submission.php	タンパク質コード遺伝子転写領域の検索
All-in-One Seq Analyzer	http://www-personal.umich.edu/~ino/blast.html	塩基配列の大文字化・小文字化や，配列と数字が混在した文字列からの配列抽出，相補鎖配列への変換などがワンクリックでできる
Clustal Omega	http://www.ebi.ac.uk/Tools/msa/clustalo/	複数配列間でのアライメント作成，相同性比較．FASTA 形式で入力．
Expasy - Translate tool	http://web.expasy.org/translate/	塩基配列から翻訳後アミノ酸配列を算出
Expasy - Compute pI/Mw	http://web.expasy.org/compute_pi/	アミノ酸配列から等電点（pI）および分子量を算出
RADAR	https://www.ebi.ac.uk/Tools/pfa/radar/	分子内反復配列の検出
NetNGlyc	http://www.cbs.dtu.dk/services/NetNGlyc/	アミノ酸配列中の N 結合型糖鎖付加サイトを検索

ブラウザによってはサポートされていない可能性もある．エラーが出た場合は，他のブラウザにて再試行する．
a：検索配列の体裁に制限があるため，できるだけ同サイト記載の配列例に合わせて体裁を整えること．

❸ページ中盤から各推定遺伝子の翻訳産物配列が FASTA 形式で記載されている（最初と最後の配列は完全長でないこともあり，先頭もしくは末尾に X が記されている）．これをすべてコピーして，メモ帳（.txt）に保存する．

❹同配列情報を NCBI BLAST（表1）にて相同配列検索に供する．BLAST サイトでは，手持ちの配列がアミノ酸配列のため，相同タンパク質の検索に Protein BLAST（blastp）を選択する．上記の複数の FASTA 配列をそのまま "Enter Query Sequence" 欄にペーストする．パラメーターは変更せず，ページ下部 "BLAST" をクリックして検索を開始する（解析には数分を要する）．検索容量過多の場合，解析後にエラーメッセージが出る．その際は入力配列数を減らして再検索する．

❺結果の "Results for:" から各 FASTA 配列に対する検索結果を表示する．この "Results for:" 欄において＊印が先頭についた配列は，膨大な配列情報データベース内でも相同配列が検索されなかったもので，偽陽性である確率は高いが，必ずしも除外すべきものではない．

❻各 BLAST 検索結果の詳細を確認する（BLAST については，ページ右上の "Help" をクリックすると，各項目に関する詳細を確認できるので一読をお勧めする）．ページ上から大きく，検索条件（タイトル記載なし），"Graphic Summary"，"Descriptions"，"Alignments" と分

けられている．"Graphic Summary"で示される色付きのバーの範囲がデータベースに登録された配列と類似する領域を示す．データベース上のいずれの配列とも相同性を示さない（バーで示されていない）領域は，実際には発現していない可能性が高い．

❼ バー上にカーソルを合わせると，下の"Descriptions"にも記載されている相同配列名およびそれを有する種名が一部確認できる．同じライン上のバーが細線でリンクされているものは同じタンパク質を表し（細線はギャップを表す），細線でリンクされていない場合は，その領域で前者とは異なるタンパク質をヒットしたことを示す．この場合，GENSCAN検索で1つの遺伝子産物として検索されたが，実際は2つの遺伝子産物である可能性が考えられる．"Descriptions"では相同性を示した配列が確からしさの高い順に記載され，名前をクリックすると，配列比較を示す"Alignments"が示される．アライメントにおけるQueryは検索に用いた配列，sbjctは推測されるデータベース上の相同配列を示し，数字はそれぞれのアミノ酸配列の位置を表す．

❽ 相同配列の詳細はアライメント上部に記載された"Sequence ID"をクリックして確認でき，詳細情報（論文や各種Features）を確認して，検索に供したタンパク質配列がどのような機能を有する可能性があるか考察する．配列を取得するには，前述のようにページ左上の"GenPept ▼"部分を操作してFormatを"FASTA (text)"とすればよい．

❾ GENSCANで検索された推定タンパク質配列を対象に，一次構造解析ならびに機能予測を行う．GENSCAN解析はあくまで推定のため，実際の転写開始点や翻訳開始点と異なる場合も多い．これと相同性を示したタンパク質配列［可能であれば，ゲノムプロジェクトにより得られた推定配列（Predicted sequence）ではなく，cDNAクローニングなどで直接発現が確認されたもの］と合わせて一次構造解析を行い，比較解析するとよい．解析用サイトとして，既知タンパク質ドメインを検索するPfam，小胞体膜内への移行に関与するN末端シグナルペプチド領域の有無を検索するSignalP，オルガネラ局在シグナル領域の有無を検索するTargetP，データベース上で相同性を示す既知タンパク質をGene Ontology情報などにより局在予測するiLoc-Eukなどがある（表1）．細胞内局在解析については，GENSCANにより予測した配列が，N末端部分が実際の遺伝子・タンパク質と一致しないことも多く，SignalPやTargetPがうまく働かないため，iLoc-Eukを用いた方が無難である．また，表1にその他の有用なサイトを示した．

　BLAST検索では，進化的系統が近いもので配列相同性が高くなり，これらが優先的にヒットする．モデル生物でないものは，研究データもあまり蓄積されておらず，ヒットした遺伝子についての機能的な情報に乏しい．そこで，BLAST検索時に，検索対象をモデル生物やヒトとして検索してみる（"Organism"にmouseやhumanと入れる）と，ヒットした遺伝子に関する論文や"Features"の詳細が登録されている場合も多く，そこから当該遺伝子の機能推定を行うことが可能である．

❿ これら *in silico* による解析は，解析プログラムそのものやパラメーターに大きく依存するため，レポートとしてまとめる際，プログラム名と詳細なパラメーターで解析した結果かを明記する．

■参考文献

C.B. Burge, S. Karlin；*Curr. Opin. Struct. Biol.*, **8**, 346-354（1998）．

8. キチンの精製とD-グルコサミン結晶の単離

　キチンは，N-アセチル-D-グルコサミン（GlcNAc：2-acetamido-2-deoxy-D-glucopyranose）が直鎖状にβ-1,4結合した高分子（塩基性多糖類；図1）であり，菌類，植物から動物に渡る幅広い生物相に分布しており，無脊椎動物，特に，甲殻類や昆虫類の外骨格を構成する主要な多糖類である．特に，甲殻類の外皮由来キチンは重要な機能性バイオマス資源の1つである．生体適合性や生体親和性を有することから，医療用縫合糸など医用材料など多方面での利用研究が行われている．

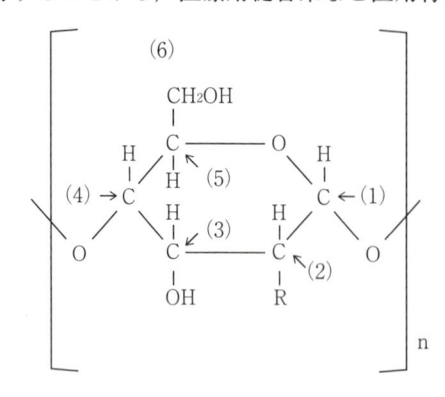

R：NHCOCH₃　　　キチン（chitin）
　　NH₂　　　　　キトサン（chitosan）
　　OH　　　　　　セルロース（cellulose）
1.（　）内の数字は炭素原子の位置番号
2. nは重合度

図1　キチンおよび関連物質の化学構造

　キチンの化学構造は，セルロースによく似ており，2位の炭素に結合する官能基が，キチンでは極性の高いアセトアミド基（-NHCOCH$_3$）になっているが，セルロースではヒドロキシ基（-OH）になっている．キチンを濃アルカリで処理した脱アセチル化物をキトサンと呼んでいる．キチン，キトサンに関する詳細情報については，成書を参照のこと．

1）ズワイガニ甲殻からのキチンの精製

■目的

　キチンを生体成分として含む生物の中で，現在，キチンの工業的原料として使われているものは，水産物として漁獲されるカニ類やエビ類の外骨格である．ここでは，カニ殻からキチンを調製し，海洋生物資源の有効利用について理解を深めることを目的とする．

■理論

　キチンは炭酸カルシウムを主成分とする無機塩，タンパク質や色素などと結合しているため，キチンを精製・単離するためには，これらの物質を①塩酸処理（脱灰工程），②水酸化ナトリウム処理（除タンパク質工程），③過マンガン酸カリウムおよびシュウ酸処理（脱色工程）により，順次除去することが必要である．

■試薬・器具・装置

試料

ズワイガニ甲殻（他のカニ甲殻でも代用可）

試薬

濃塩酸，水酸化ナトリウム，過マンガン酸カリウム，シュウ酸（いずれも特級試薬を用いる）

器具・装置

ビーカー（2 L，1 L），メスシリンダー（500 mL，1000 mL）ガラス棒，温度計，薬さじ（ステンレス製），薬包紙，ろ紙（No. 2，ϕ 125 mm），pH 試験紙［チモールブルー（TB）：変色域 pH 1.2 〜 2.8, 8.0 〜 9.6, メチルレッド（MR）：変色域 pH 4.2 〜 6.2］，ブフナーろうと（外径　ϕ 150 mm），アスピレーター，定温乾燥器，電子天秤，湯煎鍋，三脚，ガスバーナー，洗びん，ハサミ

■操作手順

【1】脱灰

❶ 水洗・乾燥したズワイガニ甲殻（図2）約 100 g（14 〜 15 枚相当）をおよそ 1 〜 2 cm 四方の断片に細切し，2 L ビーカーに入れる．

❷ 細片が浸るように 6% 塩酸を加え，室温で時々撹拌する（激しく発煙するので，必ずドラフト中で操作を行うこと）．この時，炭酸ガスの発泡に注意しながら必要に応じて 6% 塩酸を追加し，同様に時々撹拌しドラフト中で 24 時間室温放置する．この操作により，カニ殻中の炭酸カルシウムが塩化カルシウムとなって溶出するため，除去できる．

(A)   (B)

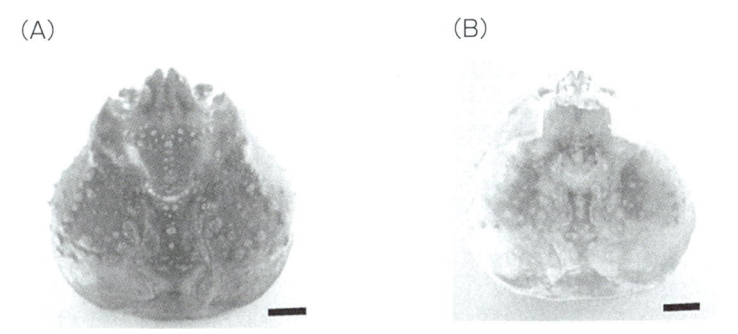

図2　水洗・乾燥したズワイガニ甲殻
(A) 表面　　(B) 裏面　　　スケールバー：1 cm

【2】水洗

[1]で残存する 6%塩酸をアスピレーター（水流ポンプ）を用いる吸引ろ過（図3）により除去し，脱灰したカニ殻をアスピレーターを用いて同様の方法で水洗する．このとき pH 試験紙を用いて，酸が残っていないことを確かめる．

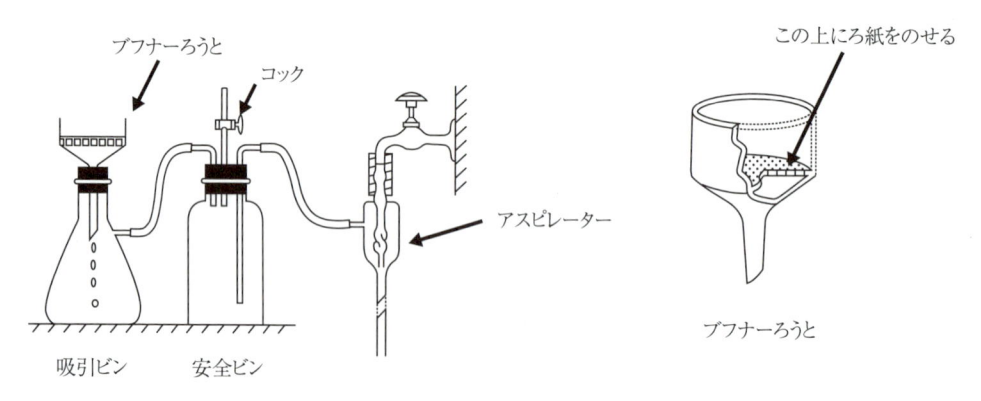

図3 アスピレーターによる吸引ろ過
安全ビンは，吸引ビンの内部が減圧されたとき水道水が逆流するのを防ぐためのもので，安全ビンのコックは圧力の程度を加減するためのものである．

【3 除タンパク質】

　4%水酸化ナトリウム溶液（300 ～ 400 mL）を脱灰したカニ殻に浸るように加え，1 L ビーカー中で時々撹拌しながら約5時間煮沸する（熱濃アルカリの扱いには，特に注意すること）．煮沸はドラフト内の湯浴で行う（湯煎鍋の水がなくならないよう適宜補充する）（図4）．加熱による溶液の減少に応じて4%水酸化ナトリウム溶液を追加する．この操作により，カニ殻中のタンパク質は分解して可溶化する．

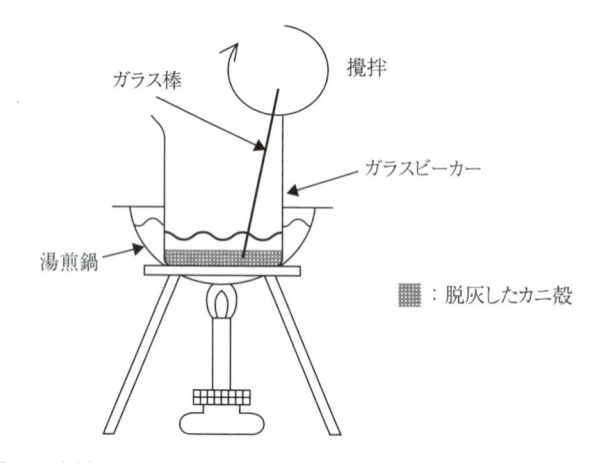

図4 水酸化ナトリウム溶液による除タンパク（湯浴）
ガラス棒で撹拌する際，ガラスビーカーの底部破損に注意する．
鍋の中の水量が多すぎるとビーカーが転倒する．

【4】水洗

　［3］で残存する4%水酸化ナトリウム溶液をアスピレーターで吸引ろ過して除去後，カニ殻を水洗する（かなりの水量を要するので，まず十分量の水道水で洗い，最後に，蒸留水で洗う）．pH試験紙を用いて，アルカリが残っていないことを確かめる．

【5】脱色・水洗・乾燥

❶脱灰，除タンパクしたカニ殻（粗キチン）を1 L ビーカーに移し，500 mL の0.5%過マンガン

酸カリウム水溶液を加え，約1時間，時々撹拌しながら脱色（脱色素）処理する．

❷得られたカニ殻をアスピレーターで吸引ろ過し，過マンガン酸カリウムの色が消えるまで水洗する．

❸水分をできるだけ除去した後，さらに1%シュウ酸水溶液500 mLに浸漬し，60～70℃で40分間時々撹拌しながら加温した後，アスピレーターを用いる同様の方法で十分に水洗する［シュウ酸の除去の程度は，洗浄液に極微量の過マンガン酸カリウム水溶液（うすいピンク色）を添加した時の色調（ピンク色）の変化で判断する（シュウ酸が含まれていない場合はピンク色が変化しない）］．この処理により，カニ殻はフレーク状で純白のキチンになる．定温乾燥器中(40～50℃)に一晩放置すると，フレーク状の精製キチン（20～30 g）が得られる（図5）．定温乾燥器の温度が上がり過ぎるとキチンが炭化してしまうので，温度管理に注意する．

図5　ズワイガニ甲殻から得られた精製キチン

■実験のポイント

1. 実験の全般を通じて，強酸，強アルカリを使用するので，ドラフトでの実験操作に留意し，安全ゴーグル，耐酸性（耐アルカリ性）手袋を必ず着用すること．
2. 誤って，試薬が手に付着した際は，大量の流水で皮膚を洗浄すること．
3. 実験に使用した過マンガン酸カリウム水溶液（洗浄液も含む），強酸，強アルカリなどの実験廃液は，専用の廃液タンクに廃棄するなど決められた廃液処理法に従って，処理すること．

2) D- グルコサミン（塩酸塩）の精製

■目的

前項でカニ殻より調製した精製キチンを用いて，キチンの構成糖である D- グルコサミン（塩酸塩）：D-glucosamine hydrochloride (2-amino-2-deoxy-D-glucopyranose hydrochloride) を単離し，再結晶化する．

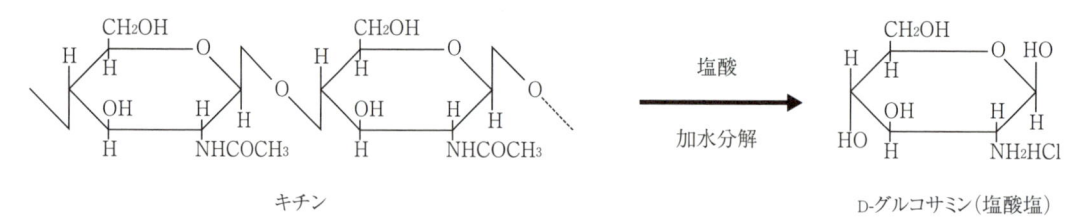

図6　キチンの加水分解，加水分解による D- グルコサミン（塩酸塩）の生成

■理論

　キチンを塩酸で加水分解し，得られる D- グルコサミン塩酸塩（図6）を①活性炭処理（脱色），②減圧濃縮（結晶化），③再結晶化することにより，精製度を高めていく．再結晶法は，物質の溶解度の差を利用して結晶性物質の純度を上げる方法で，天然物質の精製において用いられる．

■試薬・器具・装置

試薬

濃塩酸，活性炭，水酸化ナトリウム，アルコール（エタノール）（いずれも特級試薬を用いる）

器具・装置

ビーカー（1 L，500 mL，100 mL），メスシリンダー（1000 mL，500 mL），ガラス棒，温度計，薬さじ（ステンレス製），薬包紙，ろ紙（No.2，φ 70 mm），ブフナーろうと（外径　87 mm），アスピレーター，ロータリーエバポレーター，定温乾燥器，電子天秤，湯煎鍋，三脚，ガスバーナー，デシケーター，目ざらろうとガラスろうとφ 70 mm，目ざらφ 20 ～ 25 mm，（濃縮用）ナス型フラスコ（1000 mL），洗ビン

図7　ロータリーエバポレーター

■操作手順

【1】加水分解

　前項で得られた精製キチン（約 10 ～ 15 g）を 1 L のビーカーにとり，濃塩酸 200 mL を加え，ドラフト内の沸騰湯浴上に置き，ときどきガラス棒で撹拌しながら 2 時間半加水分解する（熱濃塩酸の扱いには，特に注意すること）．

【2】脱色・ろ過

　加水分解液に蒸留水（200 mL）と活性炭（約 2 g）を加え，時々撹拌しながら，1 時間，約 60℃に保ち，アスピレーターで吸引ろ過する［ろ紙を 2 枚重ねる（活性炭によるろ液の汚染を防ぐ）］．ろ液が淡黄燈色をしている場合は，活性炭を用いて同様に脱色する．

【3】減圧濃縮

　ろ液をナス型フラスコに入れ，ロータリーエバポレーターを用いて，約 10 mL 程度まで減圧濃縮する．濃縮の途中からグルコサミン（塩酸塩）の粗結晶（さらさらした白色あるいは淡白色の結晶性粉末）が現れ始める．

【4】粗結晶の洗浄・回収

　粗結晶に 94%アルコールを少量（10 〜 20 mL 程度）加え，アスピレーターで吸引ろ過するとともに，ブフナーろうと上の粗結晶を同溶媒で洗い，試薬ビンに回収する（8 〜 10 g 程度）．

【5】再結晶化

❶粗結晶をビーカー（100 mL）にとり，できるだけ少量の熱水（50 mL 以下．再結晶化を成功させるために重要）に溶かし，活性炭（薬さじ 1 杯程度）を加え，溶液が熱いうちにろ過する．

❷得られたろ液を約 10 倍容の 94%アルコール（1 L ビーカー中）に加え，1 時間程度激しくかき混ぜると溶液が白濁し，結晶が析出してくる．

❸室温で 24 時間放置した後，D-グルコサミン（塩酸塩）結晶（再結晶）をアスピレーターで吸引ろ過（目ざらろうと使用：図 7）により回収する（目ざらより少し大きめに切ったろ紙をガラス棒で目ざらの上にのせ，洗ビンから蒸留水を吹きかけてろ紙をぬらし，目皿に密着させる）．

❹回収した結晶（1g 程度の結晶性粉末）は，試薬ビンに入れデシケーターに保管する．

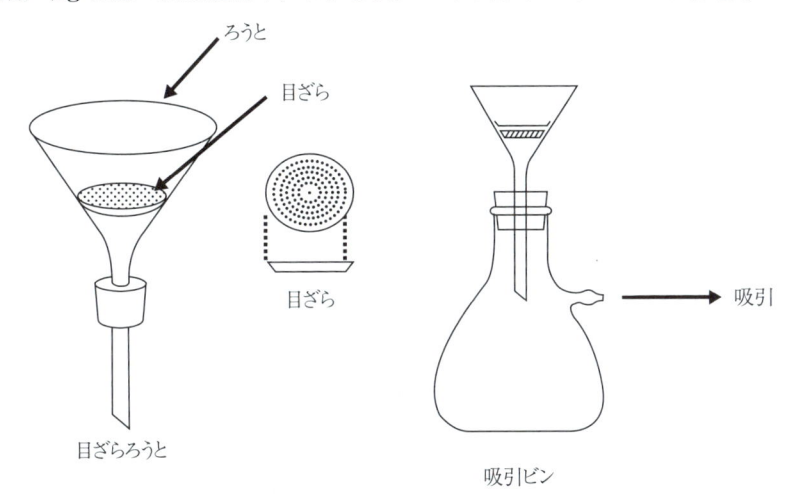

図 8　目ざらろうとを用いた吸引ろ過による結晶（再結晶）の回収

■実験のポイント・安全への配慮

1. 実験の全般を通じて強酸を使用するので，ドラフトでの実験操作に留意し，安全ゴーグル，耐酸性手袋を必ず着用すること．

2. 誤って試薬が手に付着した際は，大量の流水で皮膚を洗浄すること．

3. 実験に使用した強酸，有機溶媒などの実験廃液は，専用の廃液タンクに廃棄するなど決められた廃液処理法に従って処理すること．

3）融点の測定

■目的

カニ殻から精製したキチンに由来する D-グルコサミン（塩酸塩）結晶について融点（melting point）を測定し，その純度について考察する．

■理論

融点は，一般的には結晶性物質が加熱により融解し，固相と液相が平衡状態にあるときの温度とされるが，実際には，試料の加熱昇温過程での状態変化を観察し，溶け終わりの温度をもって融点としている．融点は，純物質においてはそれぞれに固有の値を示すことから，物質の同定，確認に用いられるほか，純度の指標になる．

■試薬・器具・装置

試薬

耐熱シリコン油（オイルバス用），D-グルコサミン（塩酸塩）標品（試薬：結晶性粉末）

器具・装置

融点測定用毛細管（市販品の一端を封じたもの，長さ：120 mm，外径 1.55 mm，内径 1.05 mm），融点測定用枝付きフラスコ（管径 30 mm，長さ 270 mm），温度計（100℃以上が測定可能なもの），家庭用電熱器（電気コンロ）

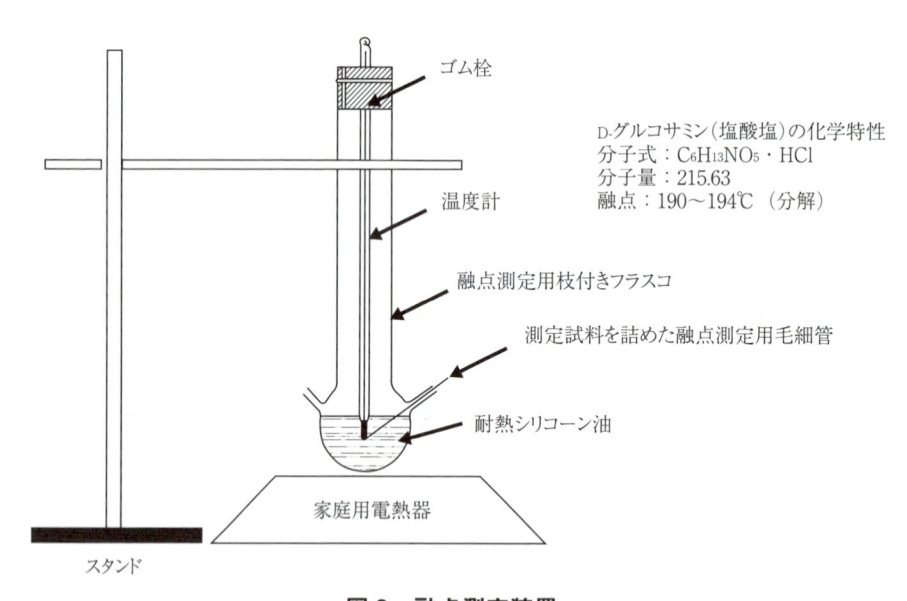

D-グルコサミン（塩酸塩）の化学特性
分子式：$C_6H_{13}NO_5 \cdot HCl$
分子量：215.63
融点：190〜194℃（分解）

ゴム栓
温度計
融点測定用枝付きフラスコ
測定試料を詰めた融点測定用毛細管
耐熱シリコーン油
家庭用電熱器
スタンド

図 9　融点測定装置

■操作手順

精製・再結晶化した D-グルコサミン（塩酸塩）（実験2），D-グルコサミン（塩酸塩）標品をそれぞれ融点測定用毛細管に 2.5〜3.5 mm の高さになるように詰めた後，融点測定装置（図10）を用いて融点を測定する．3回の測定値の平均値をとり，融点とする．

■安全への配慮

1. 融点測定用枝付きフラスコに入れる耐熱シリコーン油は，電熱器による加熱時，温度が100℃以上になるため，火傷に注意する．作業時は安全ゴーグルを必ず着用すること．

2. 水銀温度計を使用する際は，温度計の破損（水銀による汚染）に特に注意すること．

■参考図書

キチン，キトサン研究会編；最後のバイオマス　キチン，キトサン，技報堂出版（1995）.

キチン，キトサン研究会編；キチン，キトサン実験マニュアル，技報堂出版（1991）.

第十七改正日本薬局方（厚生労働省）：一般試験法，pp. 75-77（2016）.

キチンの表面構造

　本項では，日本人の食生活になじみ深いズワイガニ甲殻からのキチンの精製法を紹介したが，精製したキチンの諸性状を調べてみることは物質の機能性評価にも繋がり興味深い．ここでは応用研究の1例として，南西諸島に生息し，体全体が極めて硬い甲殻で覆われているヤシガニ *Birgus latro*（英名　Coconut crab）から本法により精製したキチンの走査電子顕微鏡（SEM：Scanning Electron Microscope）による表面構造観察について紹介する．走査電子顕微鏡は，医学・生物学の分野や金属，半導体，セラミックスなど様々な分野で活用され，物質の表面観察など世界中の研究機関で最もよく利用される研究装置の1つである．図10に示すSEM像は，甲殻（A），鋏脚（B）からそれぞれ精製したキチンの表面構造で，共にとてもユニークな構造をしている．特に鋏脚から精製されたキチンの表面構造は，きれいな網目状を示す．

　*キチンの表面構造観察には，広島大学自然科学研究支援開発センター（N-BARD）の超高分解能電界放出型走査電子顕微鏡装置（日立ハイテクノロジーズ製・S-5200）を利用した．キチンの表面構造観察にご協力いただいた同センターの前田　誠博士に感謝する．

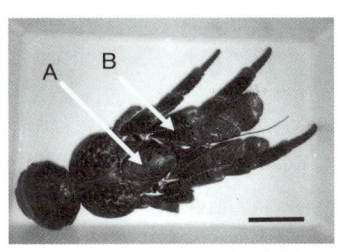

＊スケールバーは5cm

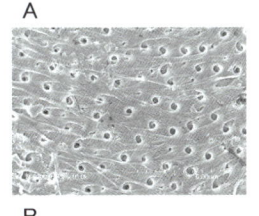

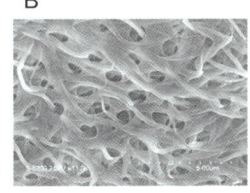

図10　ヤシガニ（写真左）甲殻から精製したキチンの走査電子顕微鏡（SEM：Scanning Electron Microscope）による表面構造
（A）甲殻（B）鋏脚

9. 食品中の色素の分離と定性

　水産食品は，陸上動植物由来の食品と同様に，カロテノイド，フラボノイド，ポルフィリン系など多種類の色素を含み，無機塩類，タンパク質，その他の生体成分との相互作用によって多様な色合いを呈する．身近な食用海藻には，天然に広く分布する β - カロテン，キサントフィル，クロロフィルなどの脂溶性色素が多く含まれる．これらの色素はクロマトグラフィーにより分離・同定することができる．

■目的

　カラムクロマトグラフィーにより，海藻の抽出物から脂溶性色素が分離され溶出する過程を観察する．さらに薄層クロマトグラフィー（TLC= Thin Layer Chromatography）を用い，アオサ（緑藻），ワカメ（褐藻），ノリ（紅藻）の抽出液中の色素を展開することにより，海藻に含まれる色素成分を目視で確認する．

■理論

　シリカゲルを担体とするカラムクロマトグラフィーでは，固定相（シリカゲル表面）の親水基と移動相（展開溶媒）に含まれる色素分子の親和性の違いによって，各色素成分がカラムから溶出する時間に差が生じる．この原理を用いて，抽出物から数種の色素を分離することができる．薄層クロマトグラフィーはカラムクロマトグラフィーと同じ原理に基づく．ペーパークロマトグラフィーに比べ色素が明確に分離でき，展開時間も短く，操作が簡便である．本項では緑藻，褐藻，紅藻に含まれる主な脂溶性色素をクロマトグラフィーで分離する方法を紹介する．

■試薬・器具

試料
生のアオサ（緑藻，ホウレンソウなど緑色植物も可），ワカメ（褐藻），スサビノリ（紅藻）など

試薬
展開溶媒(カラム用：アセトン／ヘキサン　4:1,薄層用：アセトン／ヘキサン／酢酸エチル 15:7:
　　2），クロマト用シリカゲル（ワコーゲル C-300 など），シリカゲル薄層プレート（メルク シ
　　リカゲル 60 など）

器具
乳鉢，乳棒，駒込（1 mL）およびパスツールピペット，クロマト管（全長約 15 cm または先の細
　　い部分を短くカットしたパスツールピペット)およびホルダー，大・小薬さじ，綿，ガラスキャ
　　ピラリー，TLC 展開槽，ドライヤー，ビーカー（100 mL），5 mL バイアルビン（1.5 mL マ
　　イクロチューブ），ポリプロピレン製遠沈管，定規，HB 鉛筆，ガラス棒

■操作手順

【1】試料の調製
❶試料 5 ～ 10 g を乳鉢に入れ，乳棒でペースト状になるまですりつぶす．試料の水分が多いと

きはシリカゲル粉末などを適量加えて吸収させると良い.

❷ペースト状または粒状となった試料を遠沈管にとり，ヘキサン／アセトン（4:1）5 mL を加えて 5,000 rpm で 5 分間遠心分離し，上清をバイアルビンに移し抽出液とする.

【2】カラムクロマトグラフィー

❶クロマト管として使用するパスツールピペットに綿栓をし（図1），ホルダーに固定する.

❷ビーカーにシリカゲル 5 g をとり，展開溶媒（ヘキサン／アセトン = 4:1）を 30 mL 加え，ガラス棒でよく懸濁する.

❸溶媒に懸濁したシリカゲル 1 mL をクロマト管の上部から駒込ピペットで注入する.

❹シリカゲル層の高さがクロマト管の約 6 割の高さになるまでシリカゲルを沈降させる.

❺展開溶媒の液面がシリカゲルの上端にほぼ達した時，抽出液約 0.3 mL を先の長いパスツールピペットでクロマト管内側の管壁をつたわらせながら静かに注入する.

❻抽出液の液面がシリカゲルのほぼ上端に達した時，❺と同様に先の長いパスツールピペットで静かに展開溶媒を加える．その後は常にシリカゲル上に溶媒が満ちているように，適宜溶媒を追加する.

❼展開に伴い色調が異なるいくつかの層に分離していくので，それぞれの層をバイアルビンに手動で分取する.

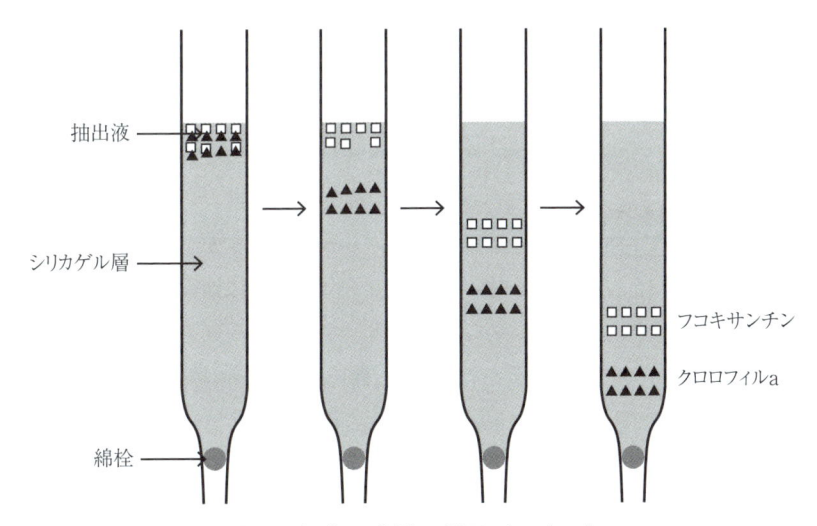

図1　色素の分離の様子（ワカメ）

【3】薄層クロマトグラフィー

❶シリカゲルの薄層プレート上に鉛筆で下から約 1 ～ 1.2 cm のところに薄く線を引き（シリカゲル面を傷つけないよう注意），各試料抽出液をキャピラリーでスポットする．スポットが広がらないようにドライヤーの冷風で乾かしながら 5 回以上重ねると，各成分が色濃く観察できる.

❷展開槽に展開溶媒（ヘキサン／アセトン／酢酸エチル 15:7:2）を入れ，槽内に溶媒を飽和させたのち，❶の薄層プレートを静かに入れ色素を分離する．原点スポットが展開溶媒の液面より上になるよう，スポットの位置および展開溶媒の量に注意すること.

❸薄層プレートの上端手前（約 0.5 cm を目安とする）まで展開液が達したらプレートを取り出し，

ドライヤーの冷風で乾かしながら溶媒が蒸発するのを待って，展開液の達した線（フロント）および各色素に鉛筆でうすく印をつけ，移動度（Rf値，Rate of flow）を次式で算出する．

移動度（Rf値）＝　B／A

　　原点からの展開液の移動距離　A cm

　　原点からの色素の移動距離　B cm

　　（図2ではクロロフィル a を例示）

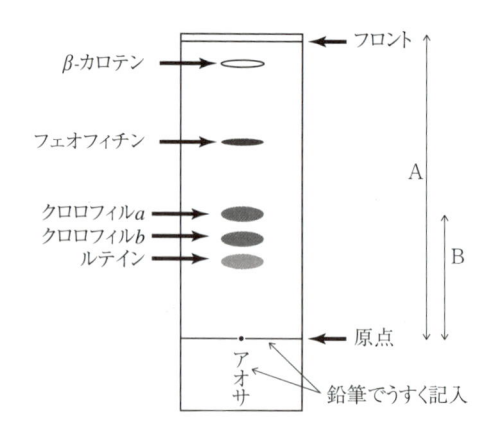

図2　アオサ抽出液の TLC パターン

※試料の抽出液の TLC 結果（例：図2）およびカラムクロマトグラフィーで分離した色素画分の TLC 結果から，色素が精製されたことを確認することができる．

■ **参考図書**

日本藻類学会編；海藻の疑問 50，成山堂書店（2016）．

海藻の主な脂溶性色素

■海藻の主な脂溶性色素に，β-カロテン（黄色），クロロフィル（緑色），ルテイン，フコキサンチンなどのキサントフィル（黄〜橙色）などが観察される．なかでも緑藻は，光合成色素クロロフィル a（青緑色）および b（黄緑色）の両方をもつ．緑藻が進化の過程でクロロフィル b を獲得したことにより，緑色植物と同様に効率よく光合成を行うに至ったとされている（表1）．

■試料に海藻の乾物を用いた場合，灰緑色色素のフェオフィチンが濃く検出される．これは，クロロフィルが分解し，配位していたマグネシウムが離脱したものである．
（第4章11.を参照）

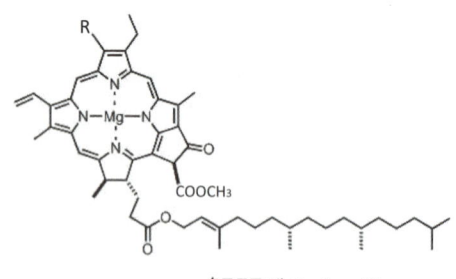

クロロフィル a　R = −CH₃
クロロフィル b　R = −CHO

クロロフィル a および b の化学構造式

表1　主要な光合成色素（脂溶性）の分布

分類	色素名	藍藻	紅藻	珪藻	褐藻	緑藻	植物
クロロフィル	クロロフィル a	◎	◎	◎	◎	◎	◎
	クロロフィル b					◎	◎
カロテノイド	β-カロテン	○	○	○	○	○	○
	ルテイン		○			○	○
	フコキサンチン			◎	◎		

注目される水産物カロテノイド

カロテノイドは赤，橙，黄色を呈するテトラテルペン色素化合物で，天然に750種類以上存在し，微生物，藻類，植物によって生合成される．動物は自ら作ることができないため，食物連鎖で取り込み，代謝変換することによって独自のカロテノイドを蓄積する．たとえば海洋の微細藻類が生合成したβ-カロテンは，甲殻類の生体内で酸化的に代謝されアスタキサンチンに変換される．サケ科魚類はこのアスタキサンチンを体内に取り込み蓄積するが，ブリ，マグロはこれをさらに還元してツナキサンチンとして蓄積する．表2に水産物に分布する主要なカロテノイドを示す．カロテノイドは抗酸化活性を有するプロビタミンAとして以前からその生理機能が知られていたが，近年，特にアスタキサンチンおよびフコキサンチンがさまざまな健康機能をもつ水産物カロテノイドとして注目される．

アスタキサンチンは甲殻類や赤色魚の主要な体色素であるが，魚類の婚姻色にも関わる．また，多くの海産動物の生殖巣に蓄積し，さまざまな酸化ストレスから卵や生体を防御し，孵化率を向上させる．アスタキサンチンは強力な抗酸化作用を示すとともに，免疫増強，持久力向上，眼疾患予防など，幅広い生理作用が見出されている．一方，ワカメ・コンブに多く含まれるフコキサンチンは，ガン細胞に対する増殖抑制，アポトーシス誘導作用がアスタキサンチンより強いとされ，顕著な抗炎症・抗酸化作用を示すことが報告された．フコキサンチンは分子内にエポキシ基とアレン骨格をもつ特異な化学構造を示し（下図），水酸基と近接するアレンが脂肪蓄積抑制作用の活性部位と考えられている．アスタキサンチンおよびフコキサンチンは，ともに抗肥満・抗糖尿病作用，抗炎症作用も示すほか，美肌効果から化粧品分野での利用が期待されるなど，今後も目が離せない水産物カロテノイドである．

表2　水産物に存在する主なカロテノイド

β-カロテン	魚類の体表および各組織、藻類
ルテイン	魚類の体表および卵巣、緑藻
アスタキサンチン	魚類の卵巣・卵、赤色魚、甲殻類
ツナキサンチン	黄色魚
エキネノン	ウニの生殖巣
フコキサンチン	褐藻、珪藻
ゼアキサンチン	藍藻、緑藻

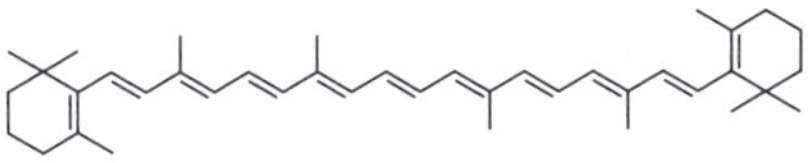

β-カロテン

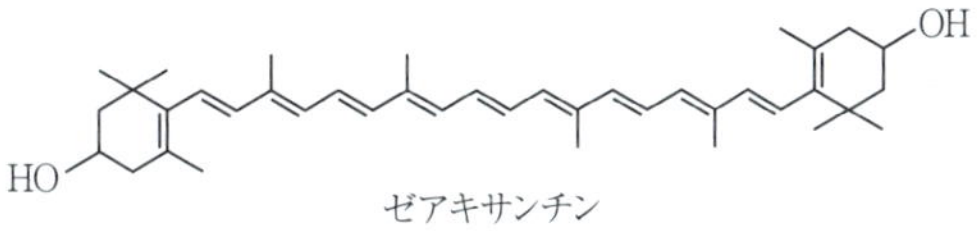

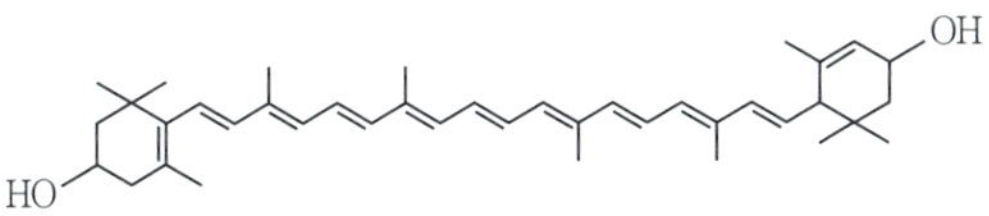

ルテイン

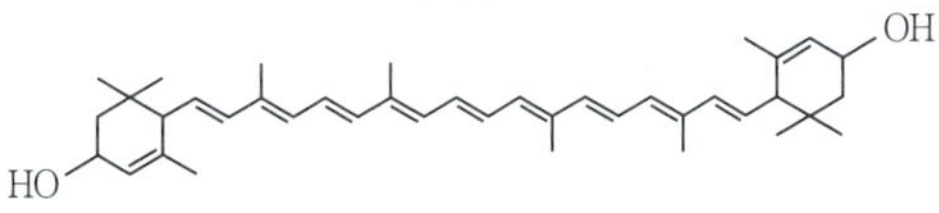

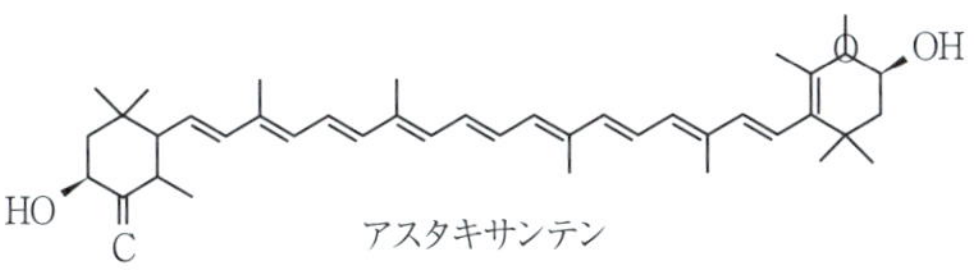

アスタキサンテン

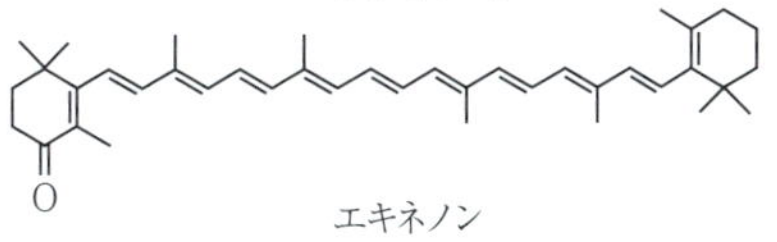

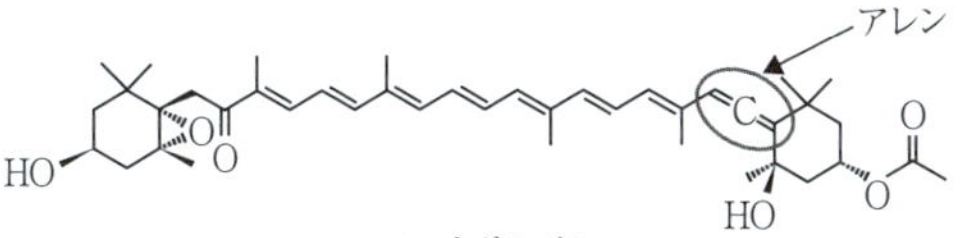

フコキサンチン

アレン

ゼアキサンチン

ツナキサンチン

エキネノン

10. 食品添加物の分離と定量

　食品添加物はさまざまな目的で広く食品に用いられ，今日の豊かな食生活には不可欠な存在といえよう．わが国では食品添加物の安全性の面から対象食品に応じた使用基準が細かく設定されている．多岐にわたる食品添加物のうち，保存料，殺菌料，防カビ剤，酸化防止剤などは食品の腐敗・変質の防止を目的とするものである．多くの水産加工食品には，腐敗などに関与する各種微生物の増殖を抑える目的で，保存料のソルビン酸，安息香酸，およびそれらの塩類が添加されている．

■目的

　水産練り製品，燻製品，魚卵珍味品などに含まれる保存料のソルビン酸（塩）と安息香酸（塩）を定量し，それらが対象食品に使用基準通りに使用されているかどうかを調べる．

■理論

　食品で上記の保存料を分析する際は，抽出に水蒸気蒸留法が採用されることが多いが，ここでは安全性が高く簡便な透析法を用いる．透析法は，適正な分画分子量サイズの透析膜を用い，試料液中の小さな保存料分子をタンパク質などの大きな分子から分離する方法である．試料液を透析膜の内側に入れ（透析内液），透析液（透析外液）に浸漬すると，透析膜の内側と外側で濃度勾配ができ，溶液中の小さな分子は内液と外液の濃度が平衡になるよう膜を通過し自然拡散する（図1）．

　こうして抽出した保存料は，オクタデシルシリル化シリカゲル（ODS）カラムを用いた高速液体クロマトグラフィー（HPLC）で分離し，230 nm における紫外部吸収を検出する．標準品のクロマトグラムのピーク面積から得られる検量線を用い，試料中の保存料を定量する．

■試薬・器具

試料

ソルビン酸（塩）または安息香酸（塩）の使用が表示されている「はんぺん」（イカ，タコの燻製品，ウニ，キャビアなどでもよい）

試薬

透析液：水酸化ナトリウム 0.8 g を水に溶かして 1,000 mL とする．

1%塩酸

0.2 M リン酸塩緩衝液（pH 4.0）：リン酸一カリウム 27.0 g に水を加えて溶かし，pH がおよそ 4.0 になるようにリン酸約 0.2 g を添加した後，水で 1,000 mL とする．

混合標準原液：ソルビン酸および安息香酸 各 0.100 g にメタノールを加えて溶かし，メスフラスコを用いて 100 mL にメスアップする．この液 1.0 mL をとり，水を加えて 100 mL にメスアップして混合標準原液とする（10.0 μg/mL）．

検量線用標準液：混合標準原液 1 mL を正確に量りとり，水を加えて 100 mL にメスアップする（0.1 μg/mL）．別に混合標準原液 1, 2 および 5 mL を正確に量りとり，それぞれに水を加えて 10 mL にメスアップする．（1, 2 および 5 μg/mL）．

器具・装置

包丁, まな板, ピンセット, 薬さじ, はさみ, ポリスチレン製秤量皿, 透析用セルロースチューブ（分画分子量約 12,000, 直径約 28 mm）, 木綿糸（たこ糸）, 割りばし, ビーカー（100 mL）, メスフラスコ（10 mL, 100 mL）, スターラーおよび撹拌子, セルロース製メンブレンフィルター（0.45 μm）, HPLC 装置（ポンプ, インジェクター, カラム, カラムオーブン, 紫外部吸収検出器, データ処理装置）, マイクロピペット

■操作手順

【1】 試料液の調製

❶透析用セルロースチューブを約 10 cm の長さに切り, 一方を木綿糸で縛り蒸留水に浸す.

❷試料を包丁で約 1 mm 角になるよう細かく刻み, その約 1.0 g を秤量皿に正確に採取する.

❸❶の透析チューブの中に❷の試料をピンセットまたは薬さじで入れ, さらに透析液 5 mL を洗い込みながら全量をチューブに移す. 中に空気を残さないようにしてチューブの他方の端を木綿糸で縛って閉じた後, よく混和する.

❹❸のチューブを図1のように割りばしを用いてビーカーに吊るし入れ, 透析液を約 95 mL 加え, スターラーで撹拌しながら室温で一晩透析する. 透析液を約 40℃ に加温すると 3 ～ 4 時間で透析できる.

❺チューブを取り出し透析外液を 1% 塩酸で pH 試験紙を用いて中和後, 水を加えて 100 mL にメスアップし, 抽出液とする.

❻❺の抽出液 5 mL を 10 mL メスフラスコに正確に量り取り, 水を加えてメスアップし, メンブレンフィルターでろ過して HPLC 用の試料液とする.

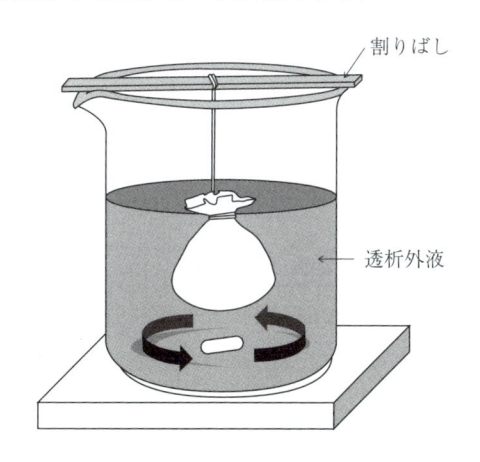

割りばし

透析外液

図1　透析操作

【2】 高速液体クロマトグラフィーによる定量

❶測定条件（図2）

・カラム：ODS, 4.6 × 150 mm, カラム温度：40℃, 流速：1.0 mL/ 分

・検出波長：230 nm　・試料液注入量：20 μL

・溶離液：メタノール：水：リン酸緩衝液（pH 4.0）＝ 36：59：5

❷検量線作成

ソルビン酸または安息香酸 0.1, 1, 2, 5 および 10 μg/mL の標準液を HPLC に付し，検量線を作
成する（図 2, 3）.

❸定量

同様に試料液を注入し，得られた検量線から試料液中の保存料濃度 C（μg/mL）を求め，次式
によって試料中の保存料含有量を計算する.

$$保存料含有量（g/kg）= \frac{C（μg/mL）× V（mL）}{1,000 × 1.0（g）} = \frac{C（μg/mL）× \frac{10}{5} × 1,000（mL）}{1,000 × 1.0（g）}$$

V：試料液の量（ml），W：試料の採取量（g）

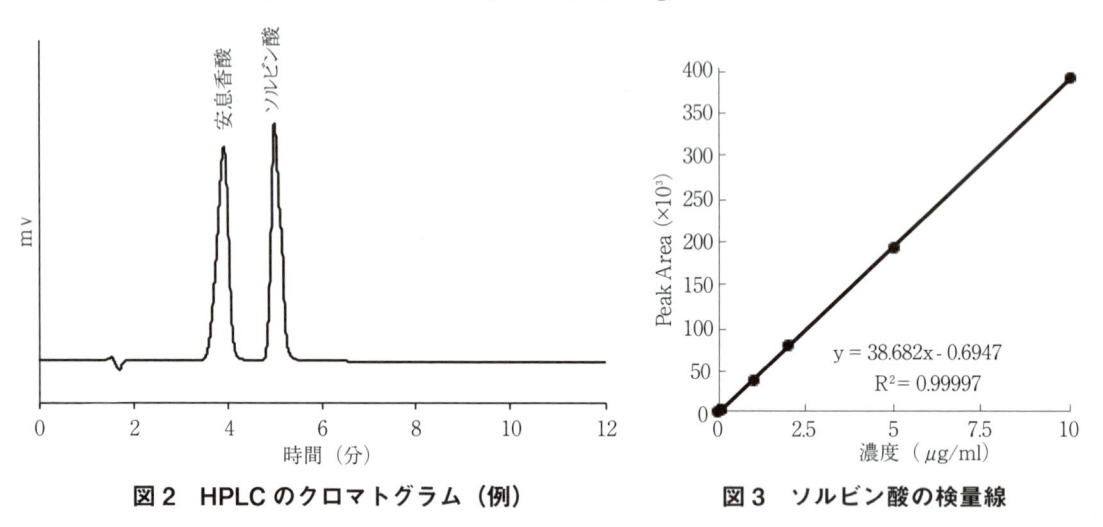

図 2　HPLC のクロマトグラム（例）　　　　図 3　ソルビン酸の検量線

■参考

食品添加物使用基準

ソルビン酸（K）	魚肉練り製品，ウニ	2.0 g/kg 以下（ソルビン酸として）
安息香酸（Na）	キャビア	2.5 g/kg 以下（安息香酸として）

■安全上の配慮

透析液には NaOH を含むため，直接手指に触れることのないよう，実験用手袋をはめて操作を
行うこと.

■参考図書

食安基発 0528 第 4 号通知；「食品中の食品添加物分析法」の改正について 別添 2

http://www.mhlw.jp/topics/yunyu/2010/100528-2.pdf

食品添加物の使用基準

食品添加物は，保存料，甘味料，着色料，香料など，食品の製造過程または食品の加工・保存の目的で使用される．厚生労働省は，食品添加物の安全性について食品安全委員会による評価を受け，人の健康を損なうおそれのない場合に限って，成分の規格や使用の基準を定めたうえで使用を認めている．また，使用が認められた食品添加物についても，国民一人当たりの摂取量を調査するなど，安全の確保に努めている．水産物を対象に用いられる食品添加物のうち，使用基準のあるものを表1に示す．

表1　水産物を対象とする食品添加物（使用基準のあるもの）

用途	物質名	化学構造式	対象食品
甘味料	サッカリンナトリウム	1)	魚介・海藻加工品とその缶詰、つくだ煮、魚肉練り製品
酸化防止剤	ジブチルヒドロキシトルエン（BHT）	2)	魚介冷凍品（非生食用）、魚介乾製品、魚介塩蔵品
	ブチルヒドロキシアニソール（BHA）	3)	魚介冷凍品（非生食用）、魚介乾製品、魚介塩蔵品
着色料	銅クロロフィル 銅クロロフィリンナトリウム	4)	こんぶ、魚肉練り製品
調味料	D-マンニトール	5)	こんぶ佃煮
乳化剤	ポリソルベート類	6)	海藻の漬物、缶詰、瓶詰
発色剤	亜硝酸ナトリウム	$NaNO_2$	魚肉ソーセージ、ハム、いくら、すじこ、たらこ
漂白剤	亜塩素酸ナトリウム	$NaClO_2$	かずのこの調味加工品、エビ・冷凍生かにむき身
品質改良剤	エリソルビン酸（ナトリウム）	7)	魚肉練り製品（すり身を除く）
品質保持剤	プロピレングリコール	8)	いか燻製品
保水乳化安定剤	コンドロイチン硫酸ナトリウム	9)	魚肉ソーセージ
保存料	安息香酸（ナトリウム）	10)	キャビア
	ソルビン酸（カリウム）	11)	魚肉練り製品、うに、いか・たこ燻製品、魚介乾製品

厚生労働省「食品添加物等の規格基準」（平成29年11月30日）

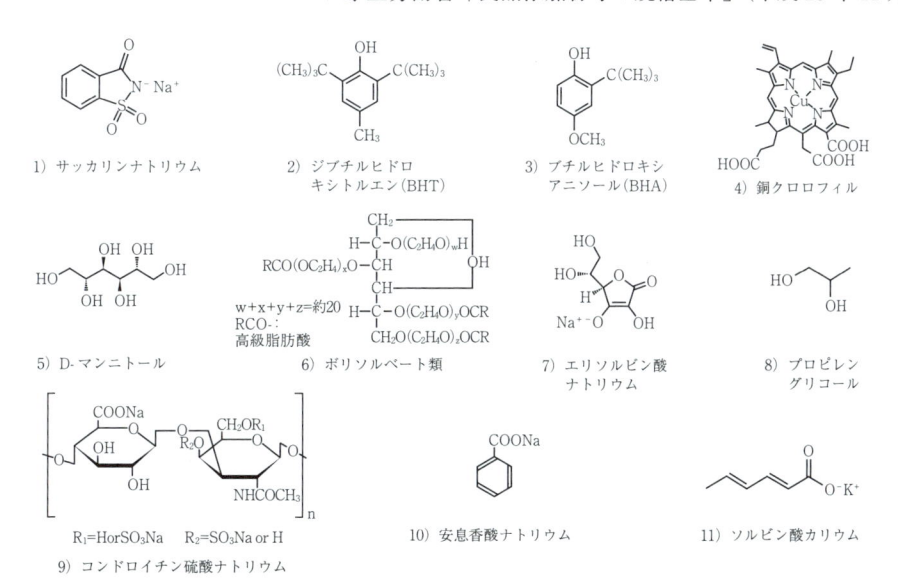

1) サッカリンナトリウム
2) ジブチルヒドロキシトルエン（BHT）
3) ブチルヒドロキシアニソール（BHA）
4) 銅クロロフィル
5) D-マンニトール
6) ポリソルベート類　w+x+y+z=約20　RCO-：高級脂肪酸
7) エリソルビン酸ナトリウム
8) プロピレングリコール
9) コンドロイチン硫酸ナトリウム　R1=HorSO3Na　R2=SO3Na or H
10) 安息香酸ナトリウム
11) ソルビン酸カリウム

11. 味の官能検査

■目的

官能検査の基本的な手法を理解し，味に対する自らの感度を調べる．

■理論

　検査の目的を明らかにし，心理的および生理的影響のない環境を整え意見を求めたり，試験液の提示条件を制御し，平易な回答用紙を用い実施する．会話も検査結果に影響を与えるので，ひとりごとを呟かないよう注意する．被験者は官能検査室，あるいは机上に厚紙のパーティションなどで仕切られた検査区域を設け，検査を行う[1]．試験液は舌先だけでなく，舌全体で味わうことを心がける．試験液を口中に長く留めると唾液で希釈されてしまうので，速やかに味を確認する．いずれの試験液も飲み込まず吐き出す．吐き出した後，すぐに口をすすがずにおくと，後から味がわかる場合がある．

1）濃度差識別検査

■試薬・器具

試薬（試薬一級でよい）

5 g/dL，5.25 g/dL および 5.5 g/dL ショ糖溶液

1 g/dL，1.03 g/dL および 1.06 g/dL NaCl 溶液

0.02 g/dL，0.022 g/dL および 0.024 g/dL 酒石酸溶液

0.2 g/dL，0.242 g/dL および 0.266 g/dL グルタミン酸ナトリウム（MSG）溶液

器具

駒込ピペット（10 mL），プラスチック製カップ（50 mL），トレー（30 × 40 cm）

■操作手順

❶ 5 g/dL，5.25 g/dL および 5.5 g/dL ショ糖溶液の 1 L ずつを調製し，それぞれ甘味 A 液，甘味 B 液および甘味 C 液とする（表1）．概ね 25 名の検査が実施できる．

❷ 1 g/dL，1.03 g/dL および 1.06 g/dL NaCl 溶液の 1 L ずつを調製し，それぞれ塩味 A 液，塩味 B 液および塩味 C 液とする．

❸ 0.02 g/dL，0.022 g/dL および 0.024 g/dL 酒石酸溶液の 1 L ずつを調製し，それぞれ酸味 A 液，酸味 B 液および酸味 C 液とする．

❹ 0.2 g/dL，0.242 g/dL および 0.266 g/dL MSG 溶液の 1 L ずつを調製し，それぞれ旨味 A 液，旨味 B 液および旨味 C 液とする．

❺検査は 2 回行う．まず，味の濃度差識別検査 1 回目では，4 味について A と C 液を用いる．A，C 液のそれぞれ約 20 mL を駒込ピペットにより 50 mL 容プラスチック製カップにとり，トレーに 4 味すべてを左右ごとに置いて被験者に渡す．4 味の順序はランダムでよいが，回答用紙の順序と一致していることが望ましい．甘味，塩味，酸味，旨味であることだけを被験者に示し，

各味の強い方を左右から選ばせ，回答用紙（図1）に記入させる．どのカップにどの試験液を入れたかは記録しておく．トレー上に，予め各液の名と左右を記しておき，その「左」「右」の文字上にカップを置く．

❻検査2回目では4味のAとB液を用いる．4味のA，B液のそれぞれ約20 mLずつを呈味試験用カップにとり，1回目の検査と同様，トレーに4味すべてを置いて被験者に渡す．被験者に各味の強い方を選ばせ，回答用紙に記入させる．2回の検査を通じ，被験者はどの味から検査を始めてもかまわないこととする．検査の前後において，水で口をすすいでもよいので，口をすすぐためのコップと水（水道水でもよい）を用意する．

2）5味の識別検査

■試薬・器具

試薬

0.4 g/dL ショ糖溶液，0.13 g/dL NaCl 溶液，0.005 g/dL 酒石酸溶液，0.05 g/dL MSG 溶液，
　　0.0004 g/dL 硫酸キニーネ溶液

器具

駒込ピペット（10 mL），プラスチック製カップ（50 mL），トレー（30 × 40 cm）

■操作手順

❶上記の各種溶液の1 Lずつを調製し，それぞれ甘味，塩味，酸味，旨味，苦味用の試験液とする．

❷トレーに，3桁の数字などのランダムな記号をつけられた8個の検査用カップを，8角形を描くように置く．

❸5個のカップにはそれぞれ各味各試験液を約20 mLずつを入れ，3個のカップには水を同量入れる．

❹被験者は，これら試験液の味について，回答用紙（図2）を用い回答する．被験者には予め，1つの味に複数の回答があってもよく，味に該当する試験液が見つからなくてもよい，と伝えておく．

表1　検査溶液の濃度（g/dL）

	味の濃度差識別			5味の識別	閾値（%[2]）
	A	B	C		
ショ糖（甘味）	5	5.25	5.5	0.4	0.5
NaCl（塩味）	1	1.03	1.06	0.13	0.2
酒石酸（酸味）	0.02	0.022	0.024	0.005	0.0012（酢酸）
MSG（旨味）	0.2	0.242	0.266	0.05	0.03
硫酸キニーネ（苦味）	−	−	−	0.0004	0.00005

試験液は飲み込まず吐き出すこと.

左右2個ずつ1組になっている試験液を左右で比較し，味を強く感じる方のカップを○で囲んでください.

検査は2回行います．1回目の回答を下表の左側の列に，2回目の回答を右側の列に記入してください．4組それぞれの味は，甘味，塩味，酸味，旨味ですが，どの味から検査しても結構です．

1回目			2回目	
左　　右		旨味	左　　右	
左　　右		酸味	左　　右	
左　　右		塩味	左　　右	
左　　右		甘味	左　　右	

図1　味の濃度差識別検査－回答用紙

試験液は飲み込まず吐き出すこと.

8個の試験液を味わい，その中から甘味，塩味，酸味，旨味，苦味を感じるものを1個ずつ選び，該当するカップの記号を表に記入してください．5種の味に該当するものは必ずあります．もし同種の味が2個以上ある時は，その記号すべてを記入し，一番強く感じたものの記号を○で囲んでください．5種の味に該当しないもの（水）が3個ありますが，味を感じていない場合，表への記入は不要です．

	カップ記号
甘味	
塩味	
酸味	
旨味	
苦味	

図2　5味の識別検査－回答用紙

味の濃度差識別検査では2回の検査の中で誤答が2個以下，5味の識別検査では誤答が1個以下を合格とする．表2に社会人と大学3年生の正解率の例を示す．

表2　社会人（n=2117）[1] と大学3年生（n=1250）による味の官能検査の正解率（%）

	味の濃度差識別				5味の識別	
	1回目		2回目			
	社会人	大学3年生	社会人	大学3年生	社会人	大学3年生
甘味	78.9	70.6	65.1	61.4	67.5	67.8
塩味	73.6	60.4	63.6	57.0	66.7	70.8
酸味	75.2	70.9	60.8	59.4	66.5	80.9
旨味	71.8	73.8	70.5	66.1	62.0	74.5
苦味	－	－	－	－	54.9	70.3

■参考図書

1）古川秀子：おいしさを測る－食品官能検査の実際，幸書房（2012），p. 5.

2）太田静行；食品調味論，幸書房（1979），p. 9.

官能検査

官能という言葉を辞書で引くと『①感覚器官の機能. また, 一般に生物諸器官のはたらき. ②俗に「感覚」「感官」と同意に用い, 特に性的感覚をいう』と書かれている. ここでいう官能という意味は, もちろん①である. 検査という言葉も, 品物を何らかの方法で測定した結果を, 判定基準と比較し, 個々の品物の良否, または合格や不合格の判定を下すこと以上の広い意味をもち, 測定あるいは評価と言い換えることもできる. 官能検査法の命名について, 佐藤信著「官能検査入門」(日科技連出版社, 1985) によれば, 1955 年に官能検査法が組織的に研究され始め, 官能検査という名称が議論されたようである. 結局, 既に官能検査という言葉が使われていた事例もあり, 官能検査という言葉に落ち着いたという.

官能検査は 2 つに大別できる. 第 1 は, 食品の味による品質検査などのように, 人の感覚を測定器として品物の特性を測定する場合で, これを分析型官能検査という. 第 2 は, ジュースの甘さはどの程度が好まれるかなど, 人の嗜好を調査する場合のように, 品物を使って人の特性を測定しようとする場合であり, これを嗜好型官能検査という.

一般に多方面で官能検査が使われている理由には次のことが考えられる. 官能検査が機器測定より迅速で簡便であり, 安価で感度も良い場合, あるいは機器測定法が開発途上の場合などで, 分析型官能検査が使われる. 一方, 調味液の好みやワインの好き嫌いなどのように人の感覚によって判断される場合には嗜好型官能検査が必要とされる.

人の感覚には, 無意識のうちに偏りの結果を導く場合がある. 例えば, 濃いショ糖液を味わった後, 薄いショ糖液を味わうと, 後者に甘味が感じられないことがあり, この現象を対比効果という. また, 目隠しをして初めにガムを味わってもらい, 次いで同じガムを味わってもらい, どちらがおいしいかと訊ねると, 前者がおいしいという答えが得られることがある. このように 2 つの品物を比較し, その順序によって判断が変わる現象を順序効果という. さらに, 品物の好みを比較するとき, その品物に付けた記号によって判断が影響されることがあり, 数字の 1 から 10 の中で 5 が好まれるというような傾向がみられる場合, これを記号効果という.

A と B の 2 試料を比較し, 感覚によって両者の間に順位をつける方法を 2 点識別法という. A と B 間には客観的な順位が存在している必要があり, 感覚による順位の判断が客観的順位と一致するとき正答とする. また, 好ましい方を指摘する方法は 2 点嗜好法という.

A と B の 2 試料を識別できるかを判断するとき, A と B とを AAB, あるいは ABB のように 3 個を一組にして提示し「この試料 3 個のうち 2 個は同じもので 1 個は異なる. その異なる 1 個を選べ」という指示を与える方法を 3 点識別法といい, 同様にして「好ましい 1 個を選べ」という方法を 3 点嗜好法という.

第8章　実験を行った後に

1. データのまとめ方

■目的

　本書で紹介した水産・食品化学実験の内容は本質的には実験科学であり，まず新しい仮説を設定し，その仮説に基づいて対象を適当な規模のモデルに切り出し，モデルの性質を実験と観察によって調べ，その結果を公平客観的な方法で検証して，仮説の妥当性を判断するのが一般的である．したがって，科学研究に携わる人あるいは科学研究をこれから行おうとする人はこのことを常に念頭に置いて行動する必要がある．この場合，科学的検証の手段として使われるのが統計学であり，収集したデータは統計学的手法により検証することが常に求められる．

■原理

　収集された実験データをどのように検証するかは，それを実行する者の経験や背景によって異なり，様々な手法が用いられるものの，多くの場合，まず平均値のような'特性値'に変換する作業が行われる．しかしながら，特性値に変換する前に，データのバラツキの様子をグラフ化して，視覚的方法で大局性を把握することが重要である．データのグラフ表現のためによく用いられるのは，ヒストグラム，散布図，さらには定性的なデータの散布図に相当する分割表である．ヒストグラムは，主として1変量データに対応し，データの分布状況の把握や飛び離れたデータの検出に用いられる．散布図は，2変量データおよび多変量データに対応し，直線性か曲線性かの把握，相関の強さ，集積性（クラスタリング）の状況などを理解することができる．分割表は，クロス集計ともいわれ，定性データの散布図に相当する．

■平均，分散，標準偏差

　視覚的表示でデータのバラツキの状態（分布）を把握した後実施しなければならないのが，平均，分散，標準偏差の算出である．平均 X（mean）はデータの代表値の1つであり，分散 S^2（variance）はデータのバラツキを表す尺度の1つである．大きさ n の標本を $(X_1, X_2, \cdots, X_n)$ とすると，それぞれ

$$X = \frac{X_1 + X_2 + \cdots + X_n}{n} = \frac{\sum_{i=1}^{n} Xi}{n} \qquad (式1)$$

$$S^2 = \frac{(X_1 - X)^2 + (X_2 - X)^2 + \cdots + (X_n - X)^2}{n-1} = \frac{\sum_{i=1}^{n} (Xi - X)^2}{n-1} \qquad (式2)$$

で与えられる．分散の計算式の分母が n ではなく $(n-1)$ となっているが，$(n-1)$ は自由度（degrees of freedom）を意味し，データの数から推定した平均値の個数を引いた数である．式2は不偏分散とも呼ばれ，n で割ったものより統計学的性質が良いものであり，一般に分散といえばこの不偏分

散を指す．

■標準偏差

標準偏差 S（standard deviation，S.D. と略す）は，分散の平方根であり，

$$S = \sqrt{\dfrac{\sum_{i=1}^{n}(Xi-X)^2}{n-1}} \tag{式3}$$

で与えられる．これもデータのバラツキを表し，ある意味では分散よりも多用される．平均値と標準偏差（あるいは分散）の組み合わせは十分な統計量を構成する．この組み合わせを計算するだけで，1変量に関してのほとんどすべての統計処理が可能となる．

■標準誤差

標準誤差（standard error, S.E.）と標準偏差はよく混同して用いられることがある．標準偏差が，データの一つ一つのバラツキを示す統計量であったのに対し，標準誤差は標本平均 X のバラツキを示す統計量である．言い換えれば，標準誤差は平均値の信頼性を表現している．標準誤差は，標準偏差を S として，

$$\text{S.E.} = \dfrac{S}{\sqrt{n}} \tag{式4}$$

と計算される．いずれにせよ，標準偏差（S.D.）と標準誤差（S.E.）を区別して表記する必要がある．

■最小二乗法

比色定量などの実験においては，定量成分を段階的に濃くした濃度既知の標準溶液を用意し，分光光度計を用いてその発色度合いから，検体（未知濃度溶液）の発色度を定量する方法が採用されている．その際，ある波長であらかじめ濃度の異なった数個の標準溶液について吸光度を測定し，それらの値を濃度に対してプロットして検量線を作成し，その検量線に基づいて未知濃度溶液の含有量を算出する方法が用いられる（例えば，2章4．の図2）．このような場合，傾きを求めるときに用いられるのが最小二乗法（method of least squares）である．

例えば，A_0，β を定数として，

$$A = A_0 + \beta B \tag{式5}$$

の関係が予想されるときには，B のいろいろの値に対して求めた A の値を A_1, A_2, A_3, $\cdots$, A_n として，誤差 ΔA_i（$i=1, 2, 3, \cdots, n$）は

$$\Delta A_i = A_i - (A_0 + \beta B_i) \tag{式6}$$

となる．そこで，

$$C = (\Delta A_1)^2 + (\Delta A_2)^2 + (\Delta A_3)^2 + \cdots + (\Delta A_n)^2 = 最小$$

とする A_0 および β を求めると

$$A_0 = \frac{(\sum B_i)(\sum A_i B_i) - (\sum A_i)(\sum B_i^2)}{(\sum B_i)^2 - n \sum B_i^2} \qquad \text{(式7)}$$

$$\beta = \frac{(\sum A_i)(\sum B_i) - n(\sum A_i B_i)}{(\sum B_i)^2 - n \sum B_i^2} \qquad \text{(式8)}$$

となる.

　この計算は n が多くなるとかなり面倒になる. グラフ用紙上の $A_i \sim B_i$ の各点から, 各点がなるべく平等にそのまわりに散らばるような直線を引くと, これは $C = \sum (\sum A_i)^2$ を最小とする直線を目測により求めたことに相当する. この直線の切片および勾配より求めた A_0, β の値は, 点の数が多いと (式7), (式8) から求めた値とかなりよく一致する.

　現在は, 実験や研究を行なうほぼすべての人がコンピュータを用いてデータの解析を行っているであろう. 統計的処理も, マイクロソフト社が提供する Excel 系ソフトや IBM 社の SPSS ソフトなど, 様々な統計処理ソフトによって行われるのが一般的となっている. しかしながら, その原理を理解せずに安易に統計処理した場合, 間違った答えを導きだしてしまうこともあるため, 最低限の統計学の知識をもっておく必要がある.

■参考図書

丹後俊郎；医学への統計学, 朝倉書店 (1991), pp. 7-15.

有効数字

　計算機や表計算ソフトで得られたデータ (測定値) を処理していくと, 計算結果の桁数が際限なくなるが, その数値をそのままレポートに書き写してはいけない. 得られた数値を構成する数字には確かなものと不確かなものが含まれているからである.

　有効数字とは, 数値を構成する数字から, 位取りを示す 0 (ゼロ) を除いたもので, 意味がある数字のことである. 有効数字の最後の桁は不確かさを含むが, それより上の桁に数字には合理的な根拠があることを意味するため, 確実とみなす. 有効数字の桁数はまた, 測定方法の精度を表す.

　有効数字を明確に示すためには, 次のように数値を指数表記にすることが望ましい.

$A \times 10^n$ $(0 < A < 10)$　たとえば, 2.23×10^6

　有効数字を与えられている数値を用いて演算を行う時は, 用いる数値の中で桁数が最も小さいものに合わせる. その場合, 1 つ低い桁を四捨五入する. たとえば,

　$2.23 + 1.414 = 3.644$

　2.23 の有効桁数 3 に合わせ, 最後の 4 を除き 3.64 とする.

　$2.23 \times 1.414 = 3.1532\cdots$

　2.23 の有効桁数 3 に合わせ, 小数点以下第 3 位を四捨五入して 3.15 とする.

　このように, 実験で得られた測定値の取り扱いには十分に注意する. その前に, それぞれの実験で得られる数値がどの桁まで正確なのかよく理解しておく必要がある (第 2 章 1., 2. を参照).

　（落合芳博）

変量データ解析

■通常の実験の場合，目的とする事象は多面的な特性を備えている．例えば，魚貝類の味を評価する場合，各種アミノ酸，核酸関連物質をはじめ，その他多くの成分を考慮しなければならない．この場合の測定項目を変量という．

■この事象と要因との関係を解析する方法の1つは，それぞれの測定項目を取り上げてその差の有意性を検定するようなやり方である．一例として，かつお節の代表的な旨味成分の1つであるイノシン酸量の存在量を生産地域AおよびB間で比較する実験を行ったとする．この場合，生産地域AおよびBにおけるかつお節製品のイノシン酸を測定して平均値を比較し，その差の有意性を検定する．これを1変量解析という．あるいは，イノシン酸量とパネラー試験によって判断した旨味度との従属関係を調べて単回帰分析をするならば，これは2変量解析になる．

　もちろん，1つの測定項目だけでは事象を説明するのに不十分であるので，すべての項目について得られた個々の情報を総合して理解しなければならない．しかしながら，各々の測定項目の間には相互に関連があるのが普通である．

■特に，魚貝類の味の場合，核酸関連物質のイノシン酸とアミノ酸の一種であるグルタミン酸がともに存在する場合，単独の時よりも旨味が飛躍的に強くなる，いわゆる相乗効果が知られている．そこで，測定項目相互の関連を考慮しながら，項目全体を一組として同時に解析することが必要になる．これが多変量解析である．ただし，多変量データであっても，時間的な変化を扱うときは多変量解析には含めず，時系列解析として別に取り上げるのが普通である．

■近年の著しいコンピュータの普及とソフトウエアの開発に伴って，多変量解析法は食品分野のみならず様々な分野で広範囲に利用されている．

2. 情報処理実習

■目的

　実験により得られたデータの平均値は実験誤差を含むため，仮に平均値に差があったとしても，そのままでは数値間の比較のために使用することはできない．そこで，レポートや論文を作成する際には，データについて必ず統計処理による有意差検定を行わなければならない．本項では，基本的なグラフを作成する際，数値間での有意差検定を行うとともに，有意差の有無をいかにしてグラフ上に表現するかを解説する．

■理論

　実験誤差である数値のばらつきの程度は，標準偏差あるいは標準誤差により示される．標準偏差とはデータのばらつきの度合いを示す値であり，分散（それぞれの数値と平均値の差の二乗平均）の正の平方根をさす．　データが平均値に近い数値であるほど標準偏差は小さくなり，逆に平均値から遠い数値であるほど標準偏差は大きくなる．なお，標準誤差は標準偏差をサンプル数の正の平方根で除したものである（p 187 参照）．

$$標準誤差 = \frac{標準偏差}{\sqrt{サンプル数}}$$

　有意差検定を行う際，t 検定または分散分析を適用することが多い．t 検定は母集団が正規分布に従うと仮定する検定法であり，2組の標本について平均値に有意差があるかどうかの検定などに用いられる．標本が3組以上の場合は分散分析により検定を行う．検定の際には「標本間の平均値に差はない」とする仮説から始まり，その仮説が95％の信頼区間内にあれば仮説が採択され（平均値に差はない），信頼区間内になければ仮説は棄却される（平均値に差はある）という結論になる．この場合，95％ではなく5％（危険率）の方をとって「5％の有意水準で有意差がある（ない）」と表現するのが一般的である．

■準備

　実験により得られた生データを用いる．同じ実験を複数のグループが行ったのであれば，グループ間における有意差検定を行う．この場合，同じ実験であるので基本的には有意差は認められないはずだが，有意差を示すグループがあれば，なぜそのような数値が出たのかを考察する材料にもなる．また，異なる試料を用いて同じ実験を行ったのであれば，試料間での有意差検定を行う．計算は手計算でも可能であるが，一般的には Excel などの表計算ソフトを用いる．なお，t 検定であれば Excel のみで検定が可能だが，分散分析を行う場合，有意差が存在するか否かの結果しか示されず，どの標本間で有意差が存在するのかはわからない．そこで，アドインソフトである Excel 統計[®]などを利用する．あるいは，開発の歴史が Excel よりも古い SPSS も多く利用されている．

■方法

　有意差検定は表計算ソフトを用いるのであれば，表1のようにサンプルごとに数値を入力し，サ

ンプル（イ～ホ）ごと範囲指定してから検定方法を選択し実行する．

表1　データの入力例：比較したいグループ　イ～ホの数値を縦に入力する

サンプル名				
イ	ロ	ハ	ニ	ホ
5	4	2	3	2
5	3	4	4	2
5	5	5	2	2
3	4	4	3	2
3	3	3	2	1

　表2は検定結果の表示例（一部抜粋）を示す．

表2　検定結果の表示例

因子	目的変数	手法	水準1	水準2	平均値1	平均値2	差	統計量	P値	判定
因子数A	変数Y	Fisherの最小有意差法	イ	ロ	4.2000	3.8000	0.4000	0.6984	0.4930	
			イ	ハ	4.2000	3.6000	0.6000	1.0476	0.3073	
			イ	ニ	4.2000	2.8000	1.4000	2.4445	0.0239	*
			イ	ホ	4.2000	1.8000	2.4000	4.1906	0.0005	**
			ロ	ハ	3.8000	3.6000	0.2000	0.3492	0.7306	
			ロ	ニ	3.8000	2.8000	1.0000	1.7461	0.0961	
			ロ	ホ	3.8000	1.8000	2.0000	3.4922	0.0023	**
			ハ	ニ	3.6000	2.8000	0.8000	1.3969	0.1778	
			ハ	ホ	3.6000	1.8000	1.8000	3.1429	0.0051	**
			ニ	ホ	2.8000	1.8000	1.0000	1.7461	0.0961	

＊：5％有意，＊＊：1％有意

　検定結果が右端の「判定」に有意水準とともに表示される．この結果をグラフに記載する場合，「有意差のある結果には同じアルファベットを含まない」というルールに従うことが多い．例えば有意水準を5％とした場合，イはロ，ハとは有意差がないが，ニ，ホとは有意差があるので，イ，ロ，ハは同じ記号（例えばa）を表示し，ニ，ホにはaを表示しない．同様にして他の関係性も見ながら表示するアルファベットのセットを考えると，イ[a]，ロ[ab]，ハ[ab]，ニ[bc]，ホ[c]　となる．

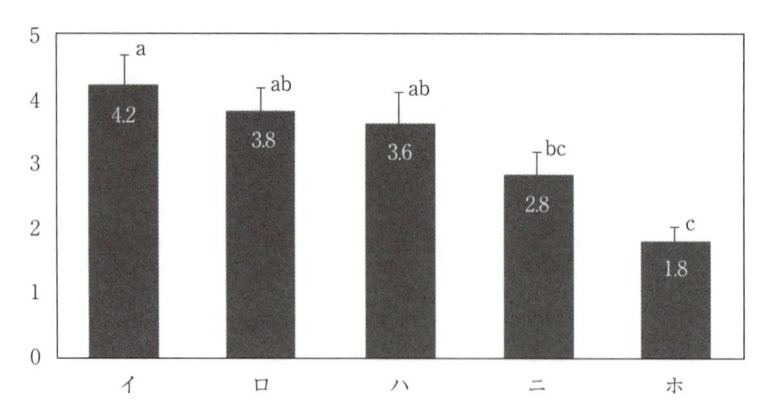

図2　有意差の示し方（平均＋標準誤差）

■**参考図書**

羽山 博 ：できる やさしく学ぶ Excel 統計入門 難しいことはパソコンにまかせて 仕事で役立つ データ分析ができる本，できるシリーズ編集部（著），インプレスブックス

有意差検定の悩み

　有意差検定結果をアルファベットで表現するのは骨の折れる作業である．本項のように標本が5個しかなければ何とかなるが，10個ともなるとそう簡単にはいかない．そこで，これをプログラムで自動判別すべく，プロのプログラマーにプログラム開発を依頼したことがあるが，途中で投げ出されてしまった．需要もあることなのでぜひとも開発していただきたいものである．なお，判定結果を総当たりリーグ戦のような表にしてしまうという裏技もある．どうしようもないときに試してみてはいかがであろうか．

IT 進化の功罪

情報処理において，その計算処理能力はもちろんであるが，記録媒体もそれと同じぐらいに重要である．2018 年現在，大容量の記録媒体ならハードディスク（HD），ブルーレイディスク（BD）などがあり，さらには個々の容量に頼らないクラウドもかなり一般的になっている．信頼性もひと昔前よりは高くなり，ある日突然読み出せなくなった………．茫然自失で目の前真っ暗，という悲劇は少なくなったかもしれない．

ただ，悲劇は忘れたころにやってくる．クラウドも結局は巨大サーバーの集合体であるので，機械的な故障の可能性は残る．そのためにバックアップのための建物が遠く離れた地域にあると聞くが，そことて自然災害を含めて万全ではない．一瞬にして積み上げてきたものが消滅する危険は常にそこにある．しかし，それを意識し心配するのは少数派であろう．

では，手元にデータが全部ある方が安全なのかというと，とてもそうは言い切れない．機械的な悲劇は必ず起きるので，こまめなバックアップは必須である．ところで，HD の容量が小さい時代には CD をよく利用したものだが，そのほかに，もはや忘れ去られた光ディスク（PD）だのスマートメディアといった様々なメディアが群雄割拠した時代があった．さらにその前ともなると 3.5 インチや 5 インチのフロッピーが活躍していた．これらに記録されたデータはどうなったのか？ もし読み出したくても，読み取り機器はもはやない（アマゾンならどこかにあるかもしれないが………）．

また，機器の他，ファイル形式も同様に問題である．メディアが変わってしまうので他のメディアへコピー………これは何はともあれデジタルデータをコピーするだけなので難しくはない．問題はファイルの形式が変わってしまうことである．古い話だがパソコンの黎明期において日本語を牛耳ったのは「一太郎」であった．2018 年の今もバージョンアップして市販しているが，訳あって 20 年ほど前のファイルを読みだそうとしたら結構苦労した．著者は「ワード」の利用者だが，これとてほとんど使わない機能をどかどか載せるためなのか，商業主義の宿命なのか，古いファイル形式は徐々に肩身が狭くなっていく．やがては「読み出せない」（正確には「読み出させない」）時代がくるのではなかろうか．

テキストファイルはまだしも，これが画像データになるともっと大変である．「画像ファイルの形式」で検索してみると，JPG，PNG，GIF，SVG，TIFF，EPSF，PICT，BMP 等々，いろいろ出てくる．これに動画も加わると大変なことになる．さらに，テキストなのか画像なのかよくわからないが圧倒的な地位を誇るPDF もある．これらのファイルをそのままにしておいたら，やがて役に立たないただのデジタルデータになってしまう時がくるであろう．

便利な反面，過去のデータが「抜け落ちる」時代がそのうちに現れるとも聞く．こういう話を聞くと，数千年前のことを今に伝える石や紙の上の文字のすごさに改めて考えさせられる．

3. レポートの書き方

　レポートは報告書であり，自分自身のための記録ではなく，あくまでも他者に読んで理解してもらうことを前提に作成する．出来具合はおのずと成績の良し悪しにつながる．まずは，実験記録を詳細に取っておくことが重要である．実験ノートの作成における注意点については成書（文献など）を参照していただきたい．実験専用の提出様式が定められている場合には，それに従う．

　レポートは一般の学術論文と同様に，次のような構成を取ることが望ましい．

①序論 Introduction（背景と目的）

②材料と方法 Materials and Methods：実際に用いた材料，行った方法について，正確かつ簡潔に書く．

③結果 Results：得られたデータについて客観的に記述する．

④考察 Discussion（必要に応じて，結果および考察としてもよい）

以上の項目の頭文字をとって IMMRD という．

⑤結論：必要に応じて加える．

⑥文献：論文，書籍，ウェブ上の情報など，できるだけ新しく，かつ信頼性の高い文献に当たり，参照あるいは引用する（後述）．

1）作成上の注意点

❶パソコンなどを用いて作成したレポートはプリンタで印刷するが，手書きの場合は黒か濃紺のインクを用いる．特に手書きの場合は，読み手にとってわかりやすく丁寧に書けているかどうか配慮する（文字の大きさ，判読可能かどうか）．文字が小さすぎると読みづらく，また大きすぎても好印象をもたれない．読みにくいレポートは，内容にかかわらず，低い評価を受けやすい可能性があるので注意する．よい評価を受けたければ丁寧に書き上げることが重要である．

❷体裁について：文字の大きさ，レイアウト（字配り），上下左右のマージンを適切に設定する．ワープロソフトのデフォルト（初期状態）でもおおむね適切な体裁とはなるが，読みやすさやわかりやすさを向上させるため，自分なりに工夫するとよい．また，表紙を除き，通しでページ番号をふる．

❸文体や用語はわかりやすく易しいものを心掛け，文学的な表現や修辞は使わないようにする．流行語や話し言葉の使用を慎むことは言うまでもない．

❹実験書や配布されるテキストに従って行われる実験でも，方法が一部変更されたりすることがある．その場合，実際に行われた方法について記述すべきである．実験ノートについては第1章1に記載した．

❺実験終了後，なるべく早く書き始めるとよい．実験記録を詳細に取っていたとしても，記憶が鮮明なうちに書いておいた方が楽であるし，正確を期することができる．

❻文体については，「である」調で書くこと，一人称（主語が私，我々など）を避けること，簡潔でわかり易く書くこと，文章が長すぎたり短すぎたりしないこと，序論，材料と方法，結果の項は過去形にすること，体言止めにしないこと，接続詞を適切に使う（長文にしない）こと，

などに気を付ける．特に考察については，実験結果や文献などの根拠にもとづいた論理的な展開を心がけ，勝手な思い込みを書かないようにする．特に求められない限り，「面白かった」などと個人的な感想は盛り込まない．

❼担当教員からレポート作成についての要求事項が示されていれば，それらを満たしているかどうか入念に確認する．

❽ 特に必要がないと指示を受けた場合を除き，表紙をつける．表紙には必要事項（提出年月日，標題，科目名，所属，学生番号，氏名，共同研究者など）を適切なフォント，文字サイズ，字配りで記入する．体裁について担当教員から指示があった場合は，それに従う．レポートの端を丁寧にそろえ，左上隅あるいは上側2カ所をホチキスなどで閉じる．

❾提出時までに折れ目やしわ，汚れなどがつかないよう，クリアファイルなどに挟んでおく．体裁の悪いレポートはたいがい低い評価を受けることになる．

❿提示された提出締め切りは必ず守る．やむを得ない理由により締め切りまでに提出できない場合は，事前に担当教員に申し出て指示を仰ぐ．

2）図表の体裁と引用

❶図表は他者にも見やすく，かつわかりやすいことを念頭において作成する．図表にはそれぞれ適切なタイトルをつけ，また，それぞれを単独で見ても，おおよその内容が把握できる程度の説明（記号や略号の意味など）をつける．図表は別々に通し番号を付け，文中に必ずすべてを次のように引用する．図のタイトルは図の下に，表のタイトルは表の上に置き，図表の横幅と合わせる（図1，表1）．必要に応じて脚注を記す（表1）．

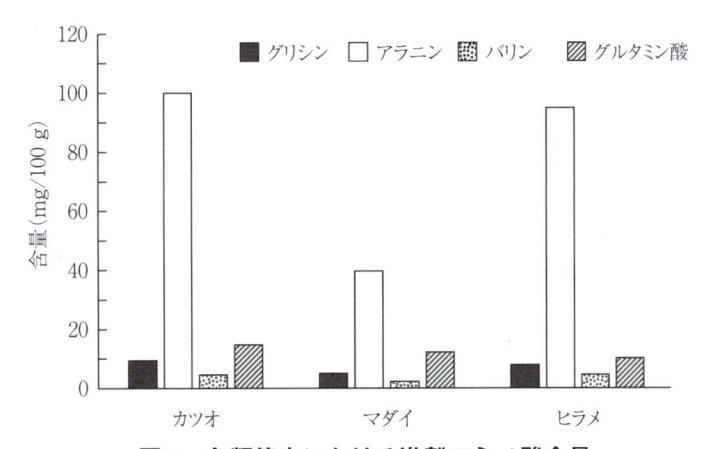

図1 魚類筋肉における遊離アミノ酸含量

表1 魚類筋肉における遊離アミノ酸含量 (mg/100 g)

アミノ酸	カツオ	マダイ	ヒラメ *
グリシン	10	5	8
アラニン	100	40	95
バリン	5	2	5
グルタミン酸	15	12	10

* 養殖

❷図や表のスタイルは，字体や大きさも含めて統一する．Microsoft Excel を使うと表やグラフの作成は容易であるが，他にも様々なソフトがあるので，使用することが望ましいかどうか確かめてみるとよい．

❸図表は可能な限り，最初の引用箇所の近くに挿入する．図表のサイズの関係で文中への挿入が難しい場合など，末尾にまとめてもよい．具体的な方法については担当教員の指示を仰ぐ．図表や写真の印刷物などをレポートに貼り付ける場合には，剥がれ落ちないように糊付け，テープ止めなどの工夫をする．

3）文献の引用

❶信ぴょう性の高い文献を検索する手段として，PubMed，Web of Science，Google Scholar，Scopus などの検索エンジンの使用が挙げられる．文献の引用にあたっては，必ず通読して全貌を把握した後，必要な部分に限って正しく引用することに心がける．論文のタイトルやアブストラクトだけで内容を判断してはならない．大学付属の図書館で使用法についての講習が行われることもある．

❷文献には本文に登場する順番に通し番号を付け，文中の引用箇所に該当する文献の番号を示す．例えば，…という報告がある（文献1），…という報告がある [1]．など．他にも，著者名と出版年で引用する方法がある．いくつかの科学雑誌を見て，比べてみるとよい．

4）仕上げ

　書き上げたレポートは注意深く読み返し，文章のつながりに問題はないか，表記（変換）ミス，誤字脱字などがないか，客観的な記述になっているかどうか，より良い表現はないか，無駄な重複がないかどうかについて，入念にチェックする．この作業を推敲（すいこう）といい，良いレポートを作るためには非常に重要な作業である．可能であれば，他の人（できれば，日頃レポート作成をしている人）に目を通してもらい，意見を聞くと良い．自分が書いたレポートの誤りにはなかなか気づかないものである．また良いレポートを書けるようになるには時間がかかる．毎回，全力でレポート作成を行うことの積重ねにより作成能力が向上していき，質の高いレポートが書けるようになる．作成能力向上のためには進んで添削指導を受けるようにする．また，日頃から質の高い論文に多く目を通しておくことも大切である．論文の質を見極める自信がつくまでは，教員などに良い論文を紹介してもらう．

5）著作権（知的所有権）への配慮

　インターネットからの画像（写真，イラストなど）や文章の全部または一部を，無断で貼り付けることは著作権の侵害にあたる恐れがあり，慎まなければいけない．書籍や論文などからスキャナーで図や写真などを取り込む場合も同様である．インターネットから情報を得る場合は，必ずしも専門知識を持たない人による情報提供が含まれていることに注意し，情報ソースやその信ぴょう

性について十分に考慮する．文献を引用したり，ダウンロードやコピーした画像データを使用したりする場合は，出典を正確に明記する（本項7）を参照）．文献については，著者名，論文タイトル，掲載誌（巻，号），ページ，出版年，書籍については，著者名，引用する章のタイトル，書籍名，編者，ページ，出版社，発行年を，ウェブサイトに ついては，掲載元，アドレス（URL），閲覧年月日を，表記や項目の配列順を統一して記載する．詳細は著作権に関する書物などを参照のこと．

　昨今は，データベースと照合して剽窃（無断引用，いわゆるコピペ）をチェックするツールなどのように，他のソースからの文章の類似性をチェックできるソフトも出回っており，安易なコピー・ペーストは見破られてしまう．また，そのようなソフトを使わなくても，経験豊富な担当教員には見破られる可能性が高い．近年，データのねつ造（でっちあげ）や改ざん（都合が良くなるような書き換え）などの科学者のモラルが問われる事例が多発したため，研究倫理が厳しく問われるようになった．実験レポートといえどもモラルやマナーをないがしろにせず，卒業研究などで執筆することになる論文のためにも，倫理観を持って作成に当たるように心がける．

6）口頭発表

　口頭のプレゼンテーションを求められる場合も，基本的に上記のような流れや考え方でスライド，ポスターなどを作成する．制限時間が設けられている時は，これを守るように事前に入念な準備と練習を行う．詳細については成書（文献）を参照のこと．

7）文献リストの書き方（例）

　[1] 水産太郎，海洋花子．レポートの書き方について．○○学会誌，2017; 25 巻：1-10．（和文の学術論文の場合）

　[2] Suisan T, Kaiyo H. How to write a report. Journal of Report Science. 2011; 25: 1-10．（英語を含む外国語の学術雑誌の場合）巻数やページ数が不明の場合はデジタルオブジェクト識別子（doi）を記載．

　[3] 水産太郎．「レポートの書き方について」恒星社厚生閣，東京，2017．（単行本全体を引用する場合）

　[4] 海洋花子．レポートの書き方について．「実験ノート」（水産太郎編）恒星社厚生閣，東京，2017; 1-10．（単行本のある章のみを引用する場合）

　以上いずれも，日本水産学会誌の投稿規定より抜粋（一部改編）．

■参考図書

飯島史朗，石川さと子：生命科学・医療系のための情報リテラシー 第2版，丸善出版（2015）．

索 引

ア行

アレルゲン　122
イオン交換クロマトグラフィー　146
エキス成分　128

カ行

海藻　98, 174
ガスクロマトグラフィー　116
活性化エネルギー　136, 140
活性染色　78
加熱殺菌　152
加熱変性　86
カラムクロマトグラフィー　174
吸光度　75, 85
吸収スペクトル　32, 42, 94, 99, 113
筋原繊維　80, 86
筋肉　60, 80, 82, 88, 94
原子吸光法　38
検量線　31, 42, 64, 83, 91, 107, 124, 180
酵素　74, 78, 82, 105, 122, 140
高速液体クロマトグラフ　35, 146, 178
恒量　24, 27, 28, 47
コラーゲン　62, 88

サ行

細菌数　118
酸化　112
酸化還元滴定　19
色素　94, 98, 174
脂質　102, 108, 112
質量分析法　70
脂肪酸　116
食物繊維　46
精度　23
染色　102
鮮度　146
粗タンパク質　24

タ行

タンパク質　60, 66, 70, 74, 80, 86, 98, 122, 136
中和滴定　16, 25, 44
データベース　72, 163
滴定　114
テクスチャー　132
電気泳動　66
透析　178

ナ行

熱変性速度恒数　86
粘度　56

ハ行

薄層クロマトグラフィー　105, 108, 174
破断強度　132
発色　109, 126
ビゥレット法　63, 81
比色分析　30, 38, 52, 63, 90
物性　132
分子量　56, 66
ペーパークロマトグラフィー　126

ヤ行

有機酸　44
融点　172
遊離アミノ酸　128

アルファベット

ATPase　82
DNA　156
ELISA　122
HPLC　34, 129, 146, 178
PCR　156
SDS-PAGE　66, 70, 78, 97
TLC　104, 108, 174

水産・食品化学実験ノート

2019 年 3 月 20 日　初版第 1 刷発行

定価はカバーに表示

編　著	落合芳博 © 石崎松一郎 神保　充
発行者	片岡一成

発行所　　　　株式会社恒星社厚生閣

〒 160-0008　東京都新宿区四谷三栄町 3-14
TEL　03-3359-7371　FAX　03-3359-7375
http://www.kouseisha.com/

印刷・製本：株式会社ディグ

ISBN978-4-7699-1616-1　C3043

JCOPY ＜（社）出版者著作権管理機構　委託出版物＞

本書の無断複写は著作権上での例外を除き禁じられています．
複写される場合は，その都度事前に，（社）出版社著作権管理機
構（電話 03-3513-6969，FAX03-3513-6979，e-maili:info@
jcopy.or.jp）の許諾を得て下さい．

好評発売中

水圏生物科学入門

会田勝美　編

B5判·256頁·定価(本体3,800円+税)

水生生物をこれから学ぶ方の入門書. 研究の細分化が進むなかで, 全体をまとめたテキストは少ないが, 本書では幅広く海洋学, 生態学, 生化学, 養殖などの基礎はもちろん, 現在の水産業が直面する問題をも簡潔にまとめた. 水生生物を扱う水産学部, 農学部·理学部系学生の, そしてまた, 水産業に携わる方にとっても便利な1冊.

水産利用化学の基礎

渡部終五　編

B5判·224頁·定価(本体3,800円+税)

魚貝肉が健康機能性に優れていることが明らかにされ, 世界的に魚食ブームが広がっている. 本書は, 魚貝肉の特性, 利用技術, そして衛生管理, 安全性など遺伝子組み換え技術も含め, 基礎から最新情報までを, わかりやすくまとめた. 食品に関連する企業, 大学などの研究者, 技術者, 食品衛生管理者, 学生必携のテキスト.

水圏生化学の基礎

渡部終五　編

B5判·245頁·定価(本体3,800円+税)

進展著しい生化学分野の基礎をコンパクトにまとめる. 最新の知見はもとより教育上の要請を十分取り込み, 本文中のコラム, 巻末の解説頁で重要事項を丁寧に説明した本書は, 生化学を学ぶ方の恰好のテキスト. 内容は, 生体分子の基礎, タンパク質, 脂質, 糖質, ミネラル·微量成分, 二次代謝化合物, 核酸と遺伝子, 細胞の構造と機能.

改訂 食品衛生学実験

細貝祐太郎　監修
川井英雄·廣末トシ子　著
B5判·122頁·定価(本体2,000円+税)

食品の安全·健全性に係り深い化学物質(食品添加物, 残留農薬, 動物医薬品など)と微生物の測定手法を平易に解説する. 新たな実験項目(水質検査など)を加え, 市販食品を試料として使用し日々の食生活と密接したものとなるよう編集. また学生の卒業研究やゼミで実施できるテーマも紹介. 栄養学系大学·短大, 栄養士養成施設のテキストに最適.

食品加工学 実習·実験

國崎直道　著

B5判·132頁·定価(本体1,800円+税)

食品の安心·安全が問題となっている今日, 食品の加工についての知識と認識が必要となってきている. 本書では, その必要性に応えるべく加工食品の基礎理論, 食品加工実習·実験, 品質検査など平易に解説した. 本書のねらいは実際に加工食品を自分で作ることを通じて理解を深めることにあり, そのための工夫を凝らした. 栄養士養成, 調理師過程の調理実習にも適応できる実習·実験書. 2色刷り.

恒星社厚生閣